中外室内设计简史

郭承波　编著

机械工业出版社
CHINA MACHINE PRESS

随着环境艺术学科的发展和深化，其理论的研究愈显重要。室内设计史是环境艺术学科的基础理论之一，但在我国却长期缺乏这方面的深入研究和理论著述，本书在这方面做了一些有益的探索。

本书采用上、下篇的结构形式，以简洁的语言，图文并茂地讲述了从史前文明直至近现代以来关于个人和公共室内空间的历史，篇幅适中，不臃肿累赘，以适合大专院校室内设计专业的师生及从事室内设计的人员阅读与使用。本书内容上涵盖中外室内设计的发展进程，可使读者在对比阅读中产生更深刻的认识。

图书在版编目（CIP）数据

中外室内设计简史/郭承波编著. —北京：机械工业出版社，2007.2（2019.7 重印）

ISBN 978-7-111-20933-1

Ⅰ. 中…　Ⅱ. 郭…　Ⅲ. 室内设计—建筑史—世界　Ⅳ. TU238-091

中国版本图书馆 CIP 数据核字（2007）第 023733 号

机械工业出版社（北京市百万庄大街 22 号　邮政编码 100037）

责任编辑：宋晓磊　责任校对：刘志文

封面设计：鞠　杨　责任印制：张　博

北京铭成印刷有限公司印刷

2019 年 7 月第 1 版第 18 次印刷

210mm×285mm · 16.5 印张 · 406 千字

标准书号：ISBN 978-7-111-20933-1

定价：29.00 元

凡购本书，如有缺页、倒页、脱页，由本社发行部调换

电话服务	网络服务
服务咨询热线：010-88361066	机 工 官 网：www. cmpbook. com
读者购书热线：010-68326294	机 工 官 博：weibo. com/cmp1952
010-88379203	金 书 网：www. golden-book. com
封面无防伪标均为盗版	教育服务网：www. cmpedu. com

前　言

改革开放以来，经济建设飞速发展，促进了室内设计学科及行业的发展，全国室内设计从业人员剧增，随着室内设计学科的发展和深化，室内设计理论的研究愈显重要。

室内设计史是室内设计学科的基础理论之一，但在我国却长期缺乏这方面的深入研究和著述。室内设计从业人员所阅读、参考的往往是散见于设计手册和建筑史、艺术史类书籍中缺乏系统性和完整性的有关论述。由此，作者产生了写作《中外室内设计简史》的念头。

本书拟采用上、下篇的结构形式，尽量以简洁的语言，图文并茂地讲述从史前文明直至近现代以来关于个人和公共室内空间的历史，内容上涵盖中外室内设计的发展进程，在篇幅上力求适中，尽量做到不臃肿累赘，使读者在对比阅读中产生更深刻的认识。

由于室内设计学科理论研究在不断深化，加之编写时间仓促以及作者水平有限，书中不免有疏漏之处，真诚希望各位专家、学者和广大读者给予批评指正。

编　者

2006 年 10 月

目　录

下篇 外国部分

上篇

中国部分

第1章 原始社会时期

中国是人类文明的发祥地之一，中国的史前时代即考古学家所称的旧石器时代和新石器时代，属社会发展史上的原始社会。在旧石器时代，人们的主要劳动工具是打制的石器，从事采集和狩猎活动，漫长的旧石器时代，我们的祖先在打制石器过程中，逐步培养起造型技能，萌发出审美观念。从距今约一万年前开始，人类社会进入新石器时代，当时的主要劳动工具是造型规整的磨制石器，在工艺领域的突出成就是发明了陶器，此外还出现编织、纺织、牙雕等工艺门类。在经济生活方面，除继续从事直接向自然索取的采集、狩猎、捕鱼等活动之外，还产生了生产性的原始农业和畜牧业，人类改造自然、支配自然的能力显著增强。这时，可以称为原始建筑的居所有两类，就是巢居和穴居。

1.1 最初居住形式的演变

以定居农业为基础的新石器时代，是我国古代建筑艺术的萌发时期。由于自然条件的不同，黄河流域及北方地区，流行穴居、半穴居及地面建筑；长江流域及南方地区，流行地面建筑与干栏式建筑。

旧石器时代原始人居住的岩洞在辽宁、贵州、广东、湖北、浙江等地都有发现，可见天然洞穴是当时被利用作为住所的一种较普遍的方式。

最早的穴居，是先在地下挖一个坑，再在上面搭一个简易的窝棚（见图1-1）。坑有深有浅，浅者称为半穴居，坑底逐渐提高后，便演化成后来的地面建筑和高台建筑。

早期穴居的平面形式都是圆的，如彭头山遗址中的穴居平面呈不规则的圆形，甘肃秦安大地湾一期的三座房址和河北武安慈山的四座房址平面也是圆形的，它们均为半穴居，平面直径为2.5~3m，结构形式有两种：一种是坑沿插木棍，向中心集中，搭成圆锥形的骨架，再在其上横架树枝，于表面盖草或抹草泥；另一种是在上述结构中，于坑的中间架立柱。稍后，有了矩形平面的穴居和房屋，也有了圆形和矩形平面组合的群体。河南密县遗址的半穴居有圆形和方形两种。西辽河流域的兴隆洼遗址有10座半穴居建筑，平面有圆角长方形，也有方形的，面积为20~140m²。

图1-1 半穴居建筑复原图

黄河流域有广阔而丰厚的黄土层，其土质均匀，含有石灰质，有壁立不易倒塌的特点，便于挖作洞穴，因此在原始社会晚期，穴居成为这一区域氏族部落广泛采用的一种居住方式。黄河中游原始社会晚期的文化先后是仰韶文化和龙山文化。

仰韶房屋的平面有长方形和圆形两种，墙体多采用木骨架上扎结枝条后再涂泥的做法，

图 1-2　龙山文化遗址

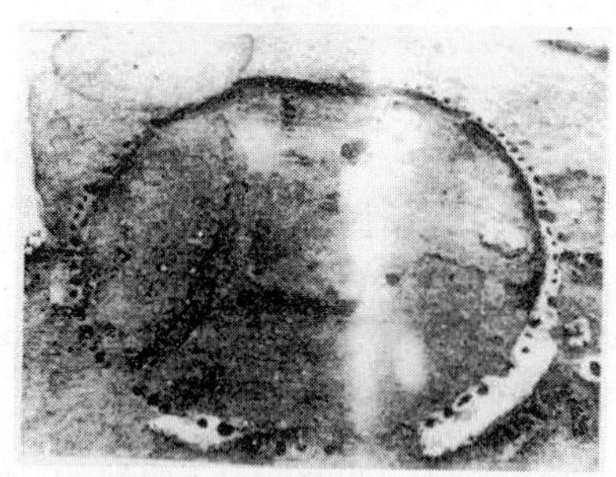

图 1-3　西安半坡圆形屋遗址

屋顶往往也是在树枝扎结的骨架上涂泥而成。为了承托屋顶中部的重量，常在室内用木柱作支撑，柱数由一根至三根、四根不等，说明木架结构尚未规律化。柱子与屋顶承重构件的联结，推测是采用绑扎法。室内地面、墙面往往有细泥抹面或烧烤表面使之陶化，以避潮湿，也有铺设木材、芦苇等作为地面防水层的。室内备有烧火的坑穴，屋顶设有排烟口。到仰韶末期，出现了柱子排列整齐、木构架和外墙分工明确、建筑面积达 150m^2 的实例，表明木架建筑技术水平达到了一个新的高度。

龙山文化的住房遗址已有家庭私有的痕迹，出现了双室相联的套间式半穴居，平面成“吕”字形（见图 1-2）。内室与外室均有烧火面，是煮食与烤火的地方。外室设有窖穴，供家庭储藏之用，这与仰韶时期窖穴设在室外的布置方式不同。套间的布置也反映了以家庭为单位的生活。龙山时期在建筑技术方面的发展是广泛地在室内地面上涂抹光洁坚硬的白灰面层，使地面有了防潮、清洁和明亮的效果。白灰面的出现在仰韶中期，某些仰韶晚期的遗址已在室内地面和墙上采用白灰抹面，但普遍采用是在龙山时期。

西安半坡的圆形屋和方形屋均有窄窄的门道，做成土阶或斜坡（见图 1-3）。前期门道在室内，后来移至室外，以便内部空间更完整。门道上有雨篷，前面有雨坎，以防雨水流入室内。入口部分的两侧有短墙，隔出一个小门厅，成为内外空间过渡，短墙也有引导气流的作用。室内的中央和稍稍靠前的部分是火坑，它是空间的中心，也是生活的中心，火坑正对入口可使冷空气加热，也便于空间处理，手法类似于今日常说的虚划线。火坑的另一侧是做饭和储藏物品的地方，室内若有柱子，则以火坑为中心对称地布置（见图 1-4）。

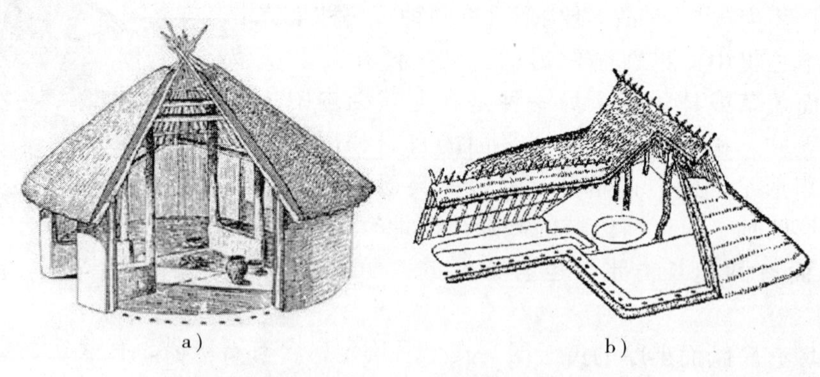

a）　　　b）

图 1-4　西安半坡圆形屋和方形屋遗址复原图

a）半坡圆形屋遗址复原图　b）半坡方形屋遗址复原图

南方干栏式建筑，在浙江余姚河姆渡遗址有重要发现。其中一座长度大于 20m，基础用四列平行桩柱，进深约 7m；居住面地板高出地表约 1m（见图 1-5）。建筑平面呈矩形，技术上已有榫卯、企口板和直棂栏杆等（见图 1-6）。

图 1-5 河姆渡遗址房屋复原图

图 1-6 河姆渡出土的榫卯构件

1.2 村落和宗教建筑

仰韶文化聚落遗址表明，每个村落都有中心广场，周围有分组的建筑，每个建筑都包括一座氏族成员集会的大房子，村落外围挖有供防御和排水用的壕沟（见图 1-7）。半地穴式住宅的平面，分圆形和方形两种；墙体多为木骨泥墙，屋顶有穹隆顶、硬山顶及四角攒尖顶等形式。室内的布局，通常于门道内挖有火塘，并有 2 ~ 4 根内柱。窗户或开在屋顶，或开在墙上。

龙山文化阶段，一般村落不再保留中心广场。作为当时建筑质量提高的主要标志，一是普遍发现白灰面，即用白灰涂抹的地面与墙裙；二是出现了夯土台基。

图 1-7 仰韶文化聚落遗址复原

陕西西安半坡村遗址，已发掘面积南北方向大于 300m，东西方向大于 200m，分为三个区域：南面是居住区，包括有 46 座房屋；北端是墓葬区；居住区的东面是制陶窑场。居住区在窑场、墓地之间由一道壕沟隔开。

祭坛和神庙这两种祭祀建筑也在各地原始社会文化遗存中被发现。

中国最古老的神庙遗址发现于辽宁西部的建平县境内，这是一座建于山丘顶部的、有多重空间组合的神庙。神庙的房屋，是在基址上开挖成平坦的室内地面后再用木骨泥墙的构筑方法建造壁体和屋盖的。特别引人注目的是神庙的室内已用彩画和线脚来装饰墙面，彩画是在压平后烧烤过的泥面上用赭红和白色描绘的几何图案，线脚的做法是在泥面上做成凸出的扁平线或半圆线。

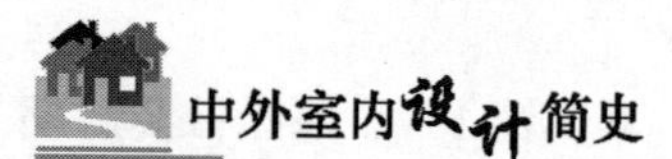

1.3 建筑装饰和室内空间

原始时代的建筑已有简单的装饰。半坡遗址中的房屋有锥刺纹样；姜寨和北首岭的遗址中的房墙上，有二方连续的几何形泥塑，还有刻画的平行线和压印的圆点图案。

原始时代，房屋地面都是土的。新石器早期，在兴隆洼遗址中，有数十座半穴式房屋，其穴底大都经过夯实，有的还用火烤过，形成一个光滑平整的硬土层；新石器中期，在湖北宜昌红花套和关庙山两个遗址中，也有用火烤过的地面，有些地面还用火烧的土块做垫层，以达防潮防水的目的，这些房屋有人称为“红烧土建筑”；新石器后期，先民们已知道使用石灰。龙山时期的建筑在考古学上被称为“白灰面建筑”，就是因为它们的地面和墙面都有一层白灰面，与以前的硬土和红土建筑相比，“白灰面建筑”是一个不小的进步。这种房屋在河南临汝煤山、汤阴白营等遗址中均有发现。

早期的墙面大多是用树枝编成的，然后在内壁上抹泥土。与地面的演化相对应，相继出现的是火烤的土墙面和白灰墙面；新石器中期，有挖槽垫基者；新石器晚期，有了土坯墙，河南龙山文化的许多遗址，都有土坯墙房，土坯尺寸不一，大都比现在的尺寸大，由日晒而干，具有更大的强度、耐久性和保温性。与土坯墙同时存在的还有垒土墙。它流行于黄河流域，是利用当地的黄土层层垒实筑成的。河南安阳后岗遗址就有不少垒土墙圆形屋。

图 1-8　河姆渡遗址的苇编残片

干栏式建筑的墙体是竹、木的，河姆渡遗址就发现了许多圆柱、方柱、桩木等遗迹，以及一些芦苇的编织残片（见图 1-8）。

新石器晚期，室内装饰又有新发现。河南陶寿遗址的白灰墙面上有刻画的几何形图案；山西石楼、陕西武功等白灰墙面上还有用红颜料画的墙裙等。

第2章
夏、商、周及春秋战国时期

甲骨文是先秦文明最确凿的证据，这些象形文字形象地反映了中国早期建筑的基本形态。比如“高”可以看出人字形屋顶、基本的梁柱结构，以及房屋下方高大的土台（见图2-1）。有些甲骨文还反映了建筑的装修形态和城市的形态。

图2-1　甲骨文中的象形字

2.1　建筑空间的发展状况

夏朝的活动区域主要是黄河中下游一带，而中心在河南西北部与山西西南部。人们不再消极地适应自然。公元前16世纪建立的商朝是我国奴隶社会的大发展时期，它以河南中部及北部的黄河流域为统治中心。随着生产工具的进步及大量奴隶劳动的集中，建筑技术水平也有了明显的提高。春秋战国时期，宫殿建筑的新风尚是大量建造台榭——在高大的夯土台上再分层建造，这种土木结合的方法，外观宏伟，位置高敞，非常适合宫殿的目的要求。

2.1.1　宫殿和庙宇

1959年人们在河南偃师二里头发现了规模较大的商朝宫殿遗址。经过复原，它是一座建于夯土台基之上、坐北朝南的大型木构建筑，屋顶为重檐四坡式，殿内可能按“前朝后寝”的方式进行划分；宫殿四周有廊庑环绕（见图2-2）。夯土台高约0.8m，东西方向长约108m，南北方向长约100m，台上有面阔8间、进深3间的殿堂一座，周围有回廊环绕，南面有门，殿前柱列整齐，前后左右互相对应，开间较统一，可见木构技术已有了较大提高，

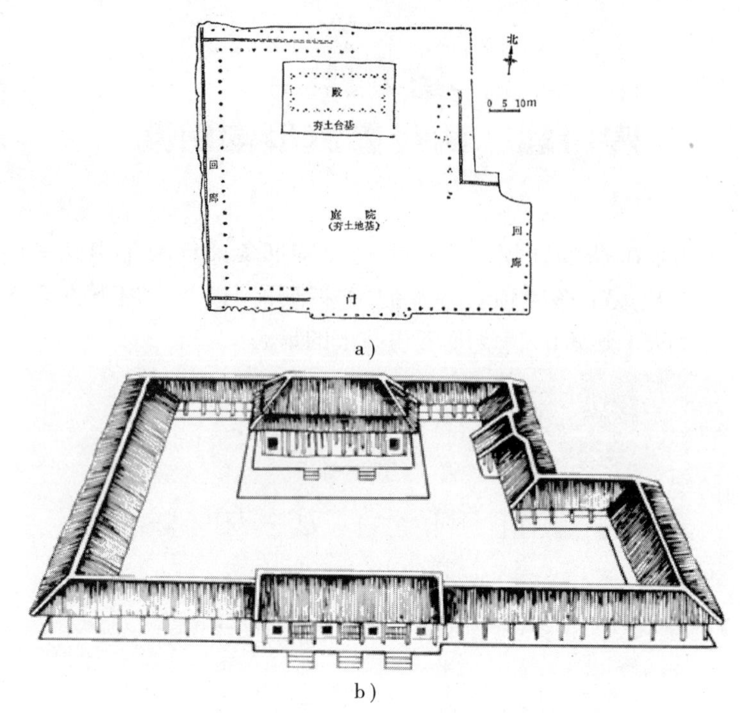

图 2-2　二里头宫殿遗址复原图

a）二里头宫殿遗址平面图　b）二里头宫殿遗址复原图

这座建筑遗址是至今发现的我国最早的规模较大的木架夯土建筑和庭院实例。

西周时，建筑技术进步很大，开始用瓦盖屋顶。20 世纪 70 年代后期在陕西山凤雏村发现的西周早期宫殿（或宗庙）遗址，全部房基建在夯土台基上，建筑组群以门道、前堂、过廊和后室为中轴线，东西两侧配置门房、厢房，左右对称，布局严谨；墙体皆夯土板筑而成，北墙较厚，墙面和室内地面皆抹三合土，坚硬光滑；房顶盖茅草，屋脊及天沟处已用少量的瓦（见图 2-3）。第二列房屋是“堂”，为一个前面有墙后面开敞的建筑，最后一列为“室”，被隔成三个单独的房间。三列房屋的左右，有南北走向的东西“庑”，“庑”内房间靠前的称为“厢”，靠“室”的称为“旁”。不同走向的房屋均以回廊相连接。

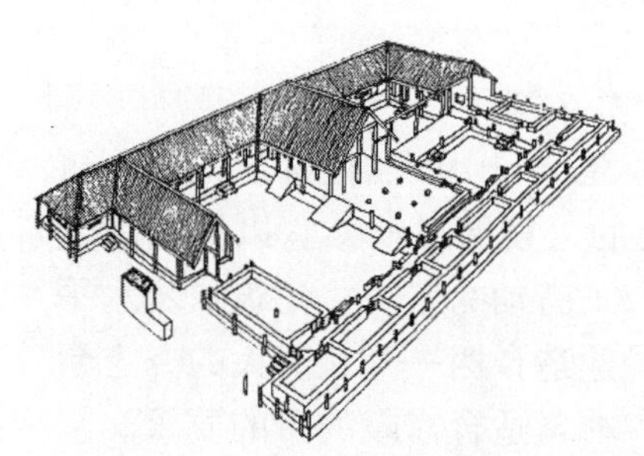

图 2-3　凤雏村宫殿遗址复原图

从内部空间组织角度来看，这组建筑有以下值得注意的特点：一是功能划分更加明确；二是根据功能性质，分别采用了开敞式空间和封闭式空间；三是空间比例良好，差不多均在 2:1 和 1.5:1 之间，利于使用；四是突出了“堂”的地位，堂大室小，既显主次分明又切合功能需要；五是回廊设置合理，不仅有保护墙面的作用，又是必要的交通面积和内外空间的过渡。

2.1.2　陵墓

商周陵墓，地下以木椁室为主，其东、南、西、北四向有斜坡道由地面通至椁室，称

"羡道"，天子级用四出"羡道"，诸侯只可用两出。

战国时期的高级墓葬，有两例直到封土之上，即为祭祀建筑所在，有基址柱础瓦砾遗留；这两处是河南辉县固围村的魏国王墓和河北平山县的中山国王墓群（见图2-4）。

图2-4 中山王陵享堂复原图

西汉同样以人工夯筑的宏伟陵体为中心，四向有陵垣和门，构成十字形对称的布局。这个基本形体，是和西汉残留的其他礼制建筑——宗庙、明堂或辟雍的形式相一致的。

2.2 建筑装饰和室内空间

2.2.1 夏、商、周时期

夏商与西周的建筑，尤其是宫殿建筑，可以明显划分为台基、屋身、顶层三大段。这是传统的中国建筑的一个重要特征，后来的建筑依然保留着这份形态，只是更加完整和成熟。

为保护垒土墙和土坯墙并取得平整的墙面，涂墁做法更加流行。它是原始时代木骨泥墙的继承，但在材料和技术上又有了新的发展。风雏村的发掘证明了这一点：其共事的地面和墙面都用细泥掺着砂子，白灰涂饰过。涂墁之余，不少建筑的墙面还以彩绘做美化。宁夏固原县发现了一所属于齐家文化的房屋，其墙面有一块几何纹壁画残迹，其时间相当于夏代。殷墟的某些宫殿也有壁画残迹（见图2-5）。

除涂墁墙面外，也常常涂地面。《尔雅》记"地谓之黝"，说明一般人家的地面为黑色。段注"然则惟天子以赤饰堂上而已"，说明只有天子才能涂红色。

木构件有做彩绘的，也有做雕刻的。夏商，尤其是西周已能使用多种颜色。但不同时期有不同爱好。据《考工记》记载，夏尚黑，商尚白，西周则尚红色。

斗拱是中国古代木结构建筑的特点之一。它的使用，成功地解决了剪应力对梁架的破坏性，同时加深了屋檐外挑的深度及高度，并且使建筑外观更加优美。

图2-5 北周时期的墙面壁画

2.2.2 春秋战国时期

春秋战国继承了前代的建筑技术，但在砖瓦及木结构装修上又有新的发展。随着制砖、制瓦技术的提高，还出现了专门用于铺地的花纹砖，燕下都出土的花纹砖有双龙、回纹、蝉纹等文饰（见图2-6）。

木结构的装修装饰逐渐丰富，贵族士大夫的宫室"丹楹刻角"、"山节藻悦"、"设色施章"、"美轮美奂"极尽彩绘装修之能事。此时的彩饰已经不是简单的平涂，很可能就是初始的彩画了。到了战国时期，当时的宫室殿宇的门楣，刻镂绮文、朱丹漆画，已是相当华丽。

a）　　　　　　　　　　b）

图 2-6　燕下都出土的花纹砖

a）战国鹿纹瓦当　b）战国瓦当纹样

春秋战国时期的斗拱比此前的更完美，在战国中山国王陵出土了一座四龙四凤案（见图 2-7），支撑处有斗拱，形式已经很完整。在河北中山国都邑灵寿城出土了一批陶斗，其类型也比以前的更丰富。

图 2-7　战国四龙四凤案

2.3　家具与陈设

2.3.1　家具

夏朝为我国历史上第一个有阶级差别的奴隶制国家，当时人们已经知道用油漆涂抹家具，初步掌握了漆器工艺。并且开始用雕刻来美化家具。从陵墓中所发现的随葬品来看，不难想象当时宫室内部的陈设相当华丽，当时的木架上可能有某些雕饰，表面涂有红色的颜料，宫内建筑及家具陈设应极尽奢华。

春秋时期铁制工具的出现，大大促进了家具的进步和发展。此时先民已经掌握了木材干燥和涂胶技术，还创造了许多榫卯形式，使家具有了更加坚实合理的结构。

战国时期的家具更丰富。战国时期青铜工具逐渐为铁器所代替，铁斧、铁锯、铁凿、铁铲、铁刨等工具的应用，为家具的发展和提高创造了极好的条件。建筑构架中的燕尾榫、凹凸榫、割肩榫工艺也用于家具制作。随着手工业的发展，在木制家具的表面进行漆绘的工艺已达到相当高的水平（见图 2-8）。

战国时期是我国低形家具的形成期，因为那时的生活方式仍然是“陈之曰筵，坐之曰席”的跪坐式。此时家具的总体特点是造型古朴、用料粗硕、漆饰单纯而粗犷（见图 2-9）。

图 2-8 曾侯乙墓出土的彩绘衣箱

图 2-9 战国墓出土的彩绘漆俎

床的最早实物同样出自长台关的楚墓中，该床长 218cm，宽 139cm，足高 19cm，周围有栏杆，数处用铜脚缔固和装饰。床屉为棕编，六足有回纹，床框通体漆黑，上有朱漆彩绘回纹，栏杆用竹、木条做成网格状，前后两侧之中部有缺口，是供人上下的地方（见图2-10）。

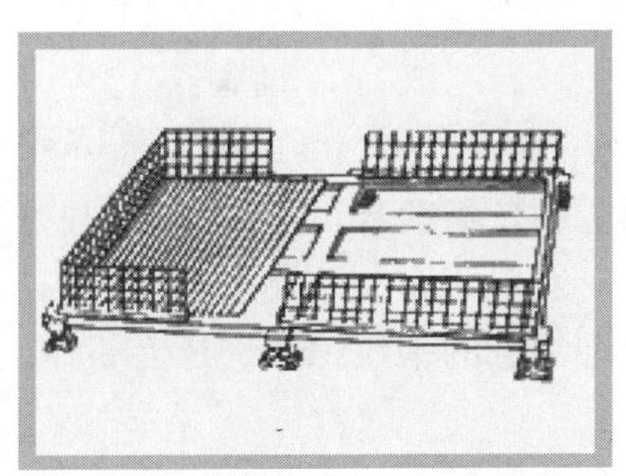

图 2-10 河南出土的彩绘漆木床

屏具是挡风和遮蔽视线的，但后来却有了观赏的意义，并成了室内空间的重要分隔物。

2.3.2 室内陈设

进入奴隶社会以后，青铜器的发展给社会生产和人们的生活带来了巨大的变化。昔日具有时代标志意义的陶器已经逐渐失去了原有的光辉。商代的陶器仍有一些灰陶、黑陶好作品，此外，还有两项应该提及的成就：一是出现了原始瓷；二是出现了刻纹白陶。

随着手工业的发展，特别是制铜技术的成熟，青铜器成为人们生活当中不可缺少的器物。这些青铜器被制作得相当精美，上面布满了美丽的花纹。它们不仅是生活中的器皿，而且也是重要的室内装饰品（见图 2-11）。商代是我国青铜器文化高度发展的时代，不但有青铜制的农业生产工具，还有青铜制的手工工具、武器及供奴隶主使用的日用器皿、装饰品和乐器等。这些青铜器造型奇特、装饰绚丽、气氛神秘，在世界文化艺术史上占有重要的地位，对当时的室内设计也有深刻的影响。

中国是世界上最早应用蚕丝的国家，传说中，有黄帝的妻子嫘祖教民蚕桑的情节。出土

a）

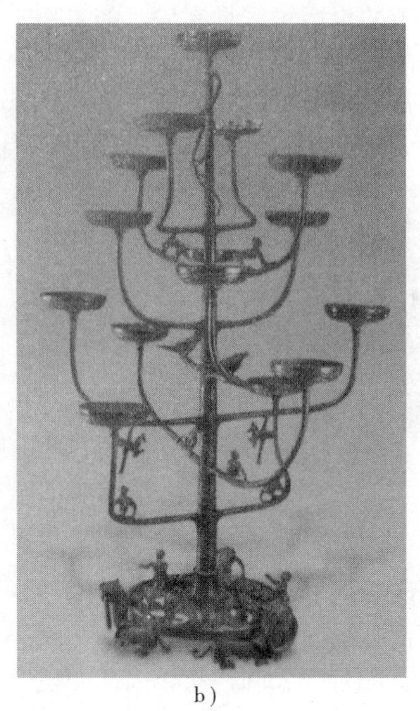
b）

图 2-11 青铜器
a）战国凤鸟熏炉 b）战国十五连盏铜灯

文物中，也有新石器时代的蚕茧和丝织残片可佐证。商周时代的丝织品有绢、纱、罗、锦缎和刺绣。在洛阳发掘的商墓中还发现了布制画幔上有黑、白、红、黄诸色绘制的几何纹。早期周墓中出土的丝织品中不仅有常见的平纹织品，还有机织的提花织品，图案为简单的菱形纹。

楚国墓葬出土的雕花板和其他纹样的构图相当秀丽，线条也趋于流畅。

第3章 秦、汉时期

秦、西汉（含新莽）、东汉三个朝代，是中国统一的多民族封建国家建立与巩固时期，也是我国民族艺术风格与发展的重要时期。公元前221年，秦始皇嬴政统一中国，定都咸阳，建立了我国历史上第一个中央集权制的封建大帝国，在政治、经济、文化等领域，进行了一系列改革，高度重视造型艺术，使其为宣扬统一功业、显示王权威严的政治目的服务，在建筑、雕塑、绘画等方面，都取得了极其辉煌的成就。秦传至二世，即被陈胜、吴广领导农民大起义推翻，代之而起的是西汉王朝的建立。西汉初期的统治者鉴于秦王朝覆灭的教训，采取了轻徭薄赋、安济百姓等缓和阶级矛盾的措施，使社会经济获得恢复和发展。武帝执政时期先后开辟通往西域及南海的道路，扩大了汉帝国的疆域，促进了汉族与周围各少数民族的融合，密切了中、外经济文化的交流。秦汉时代处在中国封建社会的上升时期，造型艺术表现了广阔无垠的宇宙意识，体现了浪漫主义和现实主义相结合的精神。

3.1 建筑空间的发展状况

秦、汉时期伴随着统一的中央集权制封建国家的建立与巩固，国力增强，都城、宫苑、陵园等各类建筑的规模急剧扩大，建筑艺术也日趋成熟。秦汉建筑规模宏大、类型繁多，充分体现了雄浑、豪放、朴拙的风韵，并已初步具备中国传统建筑的特征。其独特的风格与艺术成就，对后世具有深远影响。

3.1.1 都城和宫殿

秦朝（前221年—前206年），是我国历史上第一个中央集权的封建大帝国，它的历史虽然只有短短的十几年，很多措施却给予后代深远的影响。1974～1975年，在约旦咸阳故城中轴线附近的“牛羊沟”东西两侧，发现了秦宫一号（在沟西）、二号（在沟东）遗址（见图3-1）。秦宫一号遗址做了发掘，证明它是一处台榭式建筑，台高约6m，平面成曲尺形，南部卧室曾发现壁画残片；台顶主体宫室之厅堂部分，有压磨光洁的朱红色地面；厅堂东侧连接卧室，内有壁炉设备。大台西侧还有大卧室、大浴室和贮藏室，可能是妃嫔、宫娥居住区。

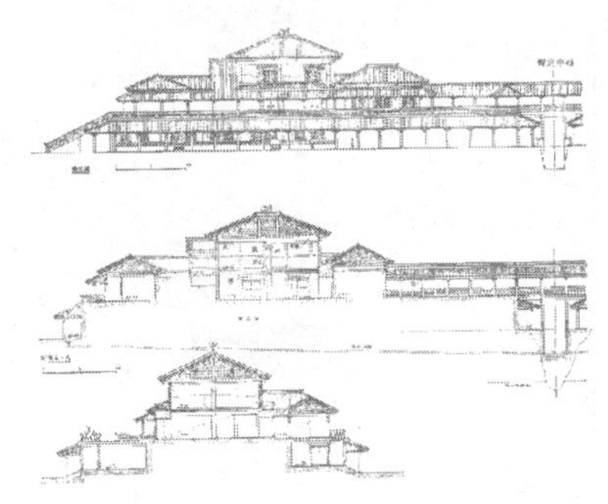

图3-1 秦宫一号复原图

西汉都城长安，遗址在今西安市西北约3km处（见图3-2）。调查发掘结果表明，长安城的形制布局，基本上符合《周礼·考工记》“面朝后市”的规制：城市平面大体上近似方形，由于城址北临渭水，南部长乐、未央两宫东西错裂，故而平面形状不算规整，除东城墙比较端直外，其余三边均有转折。经实测，长安城总面积约为36km^2，每面城墙约长6km，12个城门平均分布在四面，每个城门有 3 个门道。汉长安城南郊，有王莽执政时营造的明堂、辟雍、灵台等礼制建筑。

西汉长安城中最大最早的宫殿是长乐宫，周长约 10km，主要供太后居住。汉高帝七年（前 200 年）由萧何监修的未央宫是汉代皇帝朝会场所，平面呈方形，四面筑围墙，每面各开 1 门，东门与北门外建有仪阙，宫内主要建筑多取中轴对称的群体构图方式，未央宫同永乐宫一样位于长安地势最高的龙首原上，周长 9km，其中景象极为壮观，殿堂众多，主殿长 120m、宽 35m、高 80m，以龙首山为殿台（见图 3-3），前殿用名贵的木兰、文杏等木材作房屋的梁、柱、檀、椽等；玉石的门户上缀以金色的门环；墙上用黄金和珍宝、玉石作装饰。未央宫中温室殿的墙壁用椒涂，取其温，而气味芬芳，然后绘制美丽的图案，用桂树做柱子，为取暖设火屏风，并且用大马的鬃毛作帷帐。清凉殿中，用玉石作的床绘着华丽的花纹，用琉璃做帷帐。并且用晶莹剔透的玉盘盛冰以降暑温。

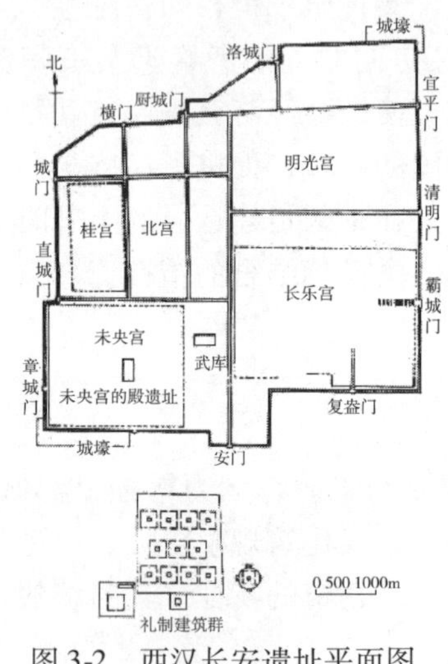

图 3-2　西汉长安遗址平面图

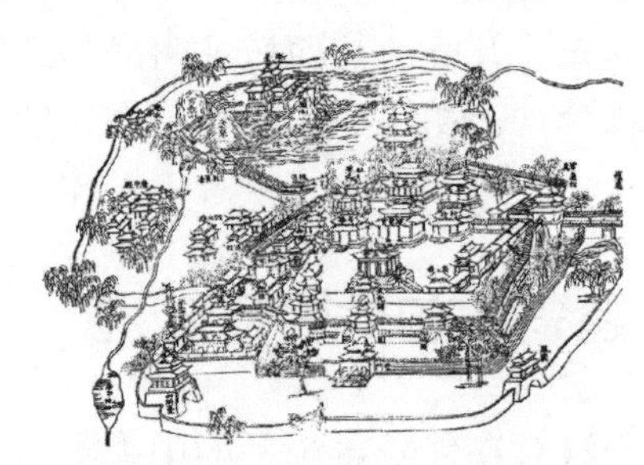

图 3-3　未央宫复原图

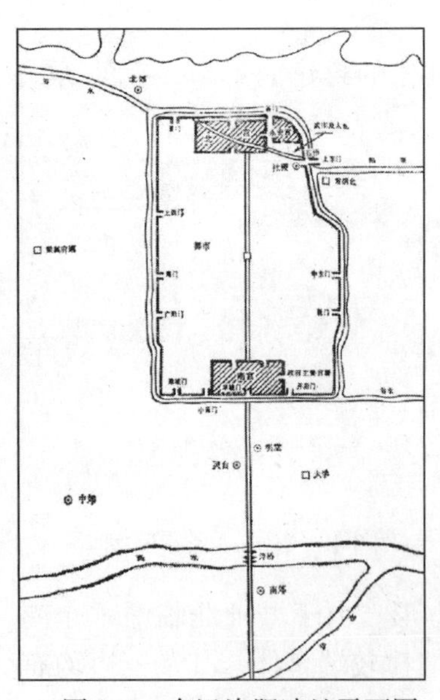

图 3-4　东汉洛阳遗址平面图

汉武帝太初元年（前 104 年），又在长安西营造建章宫，因属离宫性质，故其宫殿布局比较灵活自由。南门称阊阖门意即用建章比拟天宫，门楼 3 层，下以玉为陛，上以铜凤饰楼顶，充分反映了汉武帝晚年祈求长生、贪图享乐的思想情趣。

东汉的洛阳城遗址，全城平面略呈长方形，南北约合汉代九里，东西约合汉代六里，故有“九六城”之称（见图 3-4）。除南面城墙因洛河改道被冲毁外，其余三面城墙遗址尚存。墙垣有曲折，全城共设 12 个城门，东、西各 3 门，南面 4 门，北面 2 门。城内有南、北两宫，相距 7 里（另说仅隔 1 里），由复道相通。太仓、武库设在城北的东北角。洛阳有三个工业商业区：金市设在城内西侧，南市设在南郊，马市在东郊。东汉光武帝中元元年（公元 56 年）建造的辟雍、明堂和灵台，均设在南郊偏东处，20 世纪 70 年代已作清理发掘。东汉王朝的宫殿建在城南北两侧，用并列的三条大道相连，中间一条为皇帝专用。西汉以前流行的高台建筑风格在这里开始减退。

古代中国砖石技术很早就有一定成就，拱券技术也在地下陵寝等得到应用，中国人独特的宗教政治观念使砖石没有太大用途。中国古代建筑主要考虑实用，建筑主要是供活着的君主居住。这样的宫殿可以平面铺开，以院落为主。建筑也成为维持统治秩序和伦理道德的工具。工匠没有创新，也不是艺术家，中国古代建筑几乎一成不变地流传下来。

3.1.2 陵墓

秦汉陵墓都有高大的覆斗形封土，通常情况是陵前建享堂，侧陵建寝殿（见图3-5）。东汉大墓前通常建立双阙，并设置石兽、墓碑、墓表，加强了陵墓的纪念气氛（见图3-6）。

图 3-5 骊山陵远景

图 3-6 汉武帝的茂陵远景

3.1.3 住宅建筑

关于汉代的住宅建筑及单位建筑形式，从河北安平与辽宁辽阳的汉墓壁画、山东沂南与诸城的汉画像石、四川与河南的东汉画像砖上，从广州、郑州、陕县、武威等地出土的东汉陶武模型上，都可以获得具体的形象资料（见图 3-7 和图 3-8）。总的来看，汉代的封建庄园坞壁，均筑高大的围墙，正面、后面两面开门，上建门楼，墙院四隅设有角楼，或在院内建高楼，上有部曲家兵手持弓弩或执刀警卫，院内有多种功能的单体建筑。作为中国建筑特色的各种屋顶，汉代已经齐备，木构建筑的斗拱形式，除流行“一斗二升”外，在四川新津出土的院落画像石的门阙形象上，还可以看到“一斗三升”的形式（见图 3-9）。

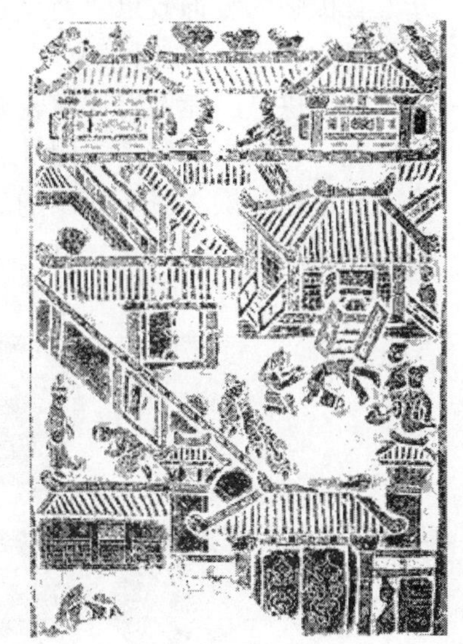

图 3-7 地主宅院画像石之一

秦、汉时期规模较小的住宅，平面一般为方形或长方形，房门开在中央或一边。规模较大的住宅，都是以墙垣构成一个院落，也有两进院落的，形成“日”形布局，其中央的建筑较周围的高大，其院落的整体外观造型高低错落，变化丰富。

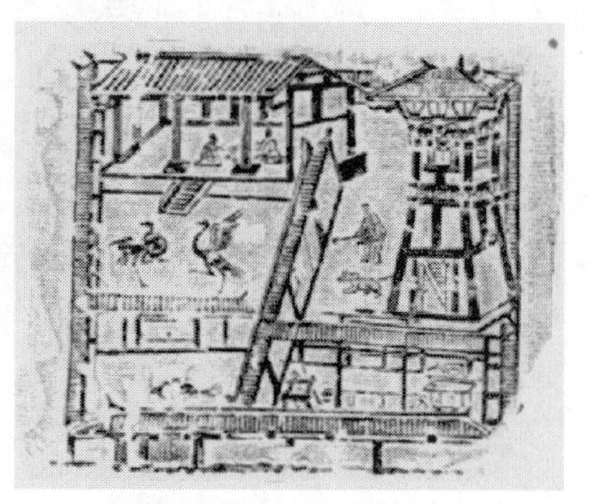
图 3-8　地主宅院画像石之二

图 3-9　画像石上的斗拱

3.2　建筑装饰

秦、汉时期的建筑装饰，主要包括壁画、画像砖、画像石、瓦当等 4 个门类。秦始皇统一中国后，瓦当图案更加丰富多样，除流行云纹与葵瓣纹瓦当外，咸阳、西安等地还出土了四鹿纹、四兽纹、子母凤纹及鹿鸟昆虫纹瓦当，构图更为饱满，形式益加华丽。此外，秦代开始出现吉祥文字瓦当。两汉最流行卷云纹瓦当及吉祥文字瓦当。西汉末年到新莽时期，出现青龙、白虎、朱雀、玄武等四神瓦当，形象矫健活泼，瓦当中央的半球形图案越来越显著（见图 3-10）。汉人擅长将表意的汉字，变成庄重典雅的装饰艺术品。

秦、汉时期建筑装饰纹样题材丰富多样，大致可分为人物纹样、几何纹样、动物纹样、植物纹样四类。人物纹样包括历史事迹、神话和社会生活等；植物纹样以卷草、莲花为主；动物纹样有龙凤、蟠漓等。这样的纹样以彩绘与雕、陶等方式用于地砖、梁柱、斗拱、门窗、墙壁、天花板和屋顶等处。

斗拱是中国古建筑中独特的结构构件，除具有结构功能外，也是建筑形象的重要组成部分，有极强的装饰效果。斗拱在汉代得到了极大的发展，它的种类十分之多，可谓达到了千奇百怪的程度。在各种阙、墓葬及画像砖中我们都可以见到它的形象（图 3-11 和图 3-12）。此时的斗拱虽已能做得比较复杂，但没有往前出挑的，且各地做法很不统一，有的结构也不尽合理，在相当的程度上是工匠们个人的摸索。后世中成熟的斗拱，便是经过了实践的检验，从这些斗拱中脱颖而出的。在建筑材料上，出现了板瓦、筒瓦、人字形断面的脊瓦和圆形瓦钉（见图 3-13 和图 3-14），瓦的出现解决了屋顶的防水问题。

图 3-10　西汉的四神瓦当

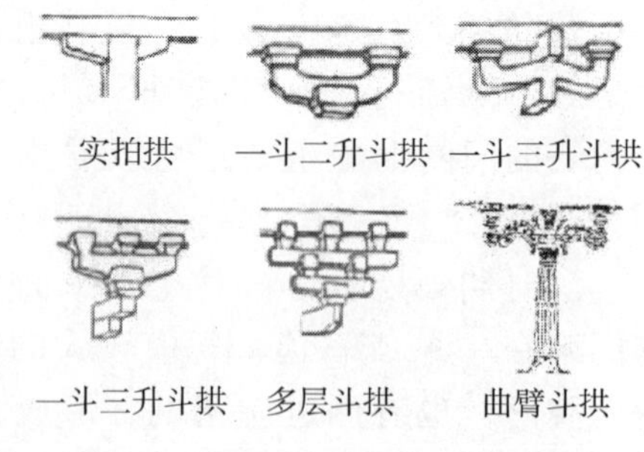

图 3-11　汉代的各种斗拱形式

图3-12 斗拱在汉代墓阙上的形象（霍去病墓）

图3-13 圆形瓦钉

图3-14 瓦钉的用法

3.3 室内装修

秦汉宫殿的墙壁大都是垒土和土坯混用的，中间有壁柱。其表面先用掺有禾茎的粗泥打底，再用掺有米糠的细泥抹面，最后以白灰涂刷。也有一种特殊的做法，以椒涂壁面，多用于后宫，取椒多子之意，进而将这种宫室称“椒宫”。还有一种彩色壁面，东汉洛阳灵台两层壁面在刷白后，又于东、西、南，北四个方向分别涂上青、白、红、黑四种色，使其符合四方四色之意。

地面除传统做法外，多铺地砖，铺地砖以方形居多，上有花纹，河南密县等地出土了不少这样的铺地砖。还有用黑、红两色漆地的做法。毛毯在西北少数民族中使用极为普遍，用法和席一样，很像今日的地毯，秦、汉时期有铺地毯的，但主要是在宫殿中。

用色彩装饰木构件的做法早已出现，比较正规的藻井彩画则出于秦汉。藻井多画荷等水生植物，常用于顶界面的重点部位，如宫殿中帝王宝座的顶部，寺庙中神像佛龛的顶部等。它如同弓然高起的伞盖，突出于空间构图的中心，以渲染庄严、神圣的气氛。秦汉时期的藻井，虽然没有之后的藻井复杂，但作为一种高等级的装修，也只能用于祠堂、庙宇、陵墓和宫殿。

秦汉壁画大量出现，不仅见于宫殿、庙堂，还普及至贵族堂室、宦吏宿舍、学校和陵墓。秦之壁画出土者不多，最早的是咸阳秦都第一号宫殿遗址出土的40多块壁画残壁。最有价值的是第三号宫殿遗址的壁画，它以长卷式的形式描写了当时的社会生活，包括车马步行图、仪器图、建筑图和植物图四类内容，具有极高的艺术价值和历史价值（见图3-15）。与秦代相似，汉代壁画也以历史故事、功臣肖像、生活情景为主要内容。

综观秦汉壁画，可以归纳出以下几个特点：第一，壁画已成为室内装修的一部分，或画

图 3-15　秦汉墓室壁画《舞乐杂技》

于某面墙，或画于四面墙，或画于藻井上，都与界面紧密相结合；第二，不是纯艺术，而是教育的工具，具有明显的精神功能；第三，以现实材料为主，以写实画法为主。

画像石是以刀代笔在石板上进行雕刻的做法，常用线刻，也有浮雕式，是一种半画半雕的装饰。画像石的载体是砖，其上面的纹样是模印和拓印出来的，画像石与画像砖比一般壁画耐久，用其装饰陵墓，更有永生的意义。其实，汉代的画像石和画像砖也不完全用于陵墓，也有用于祠堂、寺庙的。

画像石和画像砖的题材大致有以下几大类：一是神话传说，如东王公、西王母、女娲等；二是生产生活景象（见图 3-16），如狩猎、出行、歌舞等；三是建筑，如宅院、门阙等；四是自然风光，如山川河流、天体星座等；五是历史故事、历史人物等。

a）

b）

图 3-16　汉画像石

a）《纺织图》　b）《君车画像》

3.4　家具与陈设

3.4.1　家具

秦、汉时期的家具已相当丰富，可分为：床榻、几案、菌席、箱柜、屏风等几大类。秦汉时期的几案形式各异，多为木制油彩髹漆，陶案也很普遍，铜案造型精美。箱柜的使用始自商周，与椟和匮同意。一般存储衣被、书籍之用，其装饰精美。

秦汉之时，家具有向高形渐进的趋势，床前榻前设几、设案的情况便随之多了起来（见图 3-17）。几是古代人们坐时依凭的家具，案是古代人们饮食、读书时设置酒菜、书简的家具。从形式上看，两者近似。按习惯，较大的称案，较小的称几。案有书案、食案、奏案等，几的类型不太清楚，最多是坐时依凭的，称为凭几，但也有供坐的坐几，甚至成为放置杂物的架子（见图 3-18）。汉几较多，精美者应属湖南长沙马王堆一号汉墓出土的彩器几。汉几除沿用了以前的直形凭几之外，还有一种曲形凭几，出现于汉后期，其特点是凭板为接近半圆形的曲木板，其下有三足。

图3-17 汉代的榻和几

图3-18 汉代的漆器家具

汉代之柜，门向上开，主要用于存放衣物。其形象首见于河南灵宝张湾汉墓出土的陶柜，该柜身为长方形，上有小门，下有四个兽形的柜足，正面有锁饰，通体涂绿釉。河南陕县刘家渠汉墓也出土过类似的陶柜。

屏风在室内最具有装饰和美化作用。秦、汉时期屏风被普遍地使用，一般有钱有地位的人家都有屏风。屏风的主要功能为挡风和遮蔽，同时更为装饰性的陈设。初时为木作，出现纸以后，以木为框，用纸糊之，也有用锦帛糊的，然后在屏风上描绘图画或写生，人们将这种屏风称之为书画屏风；有种透雕各种纹样或图案的屏风称之为雕镂屏风；玉屏风为用玉石做装饰的屏风。

3.4.2 室内陈设

秦汉的铜器已脱离庙堂而进入人的日常生活。从风格上看，豪华者有之，但纹样大大减少。素器流行，可说是达到了高峰期，它们造型洗练、单纯精练、内涵丰富、便于使用，充分体现了实用与装饰统一的原则。

汉代的金银器为装饰品，完全用金银制作的器皿，陈设较少。多数是以铜制作再以金银装饰的，如河北满城出土的错金铜熏炉、鎏金铜壶，以及河南偃师寇店出土的东汉鎏金铜和铜牛等。

秦、汉时期，漆器有了新的发展，在贵族生活用品中，华丽的漆器已经代替了青铜器。汉代的漆器比战国的丰富，大件的有器鼎、器壶等；小件的有漆盘、漆盒等。其设计既考虑了使用上的要求，也注意了尺度上的适度和图案的装饰效果。

汉代陶器有黑陶、红陶、彩绘陶、釉陶和青陶等，其中，以彩绘陶、釉陶、青陶最有特色。后汉时，青瓷技术已渐成熟，但还没有完全形成自己的风格，其器型有罐、壶、碗、杯、盘和灯，其纹样多为圆圈、菱形等几何纹。

汉代是我国古代灯具的鼎盛期。此时，有官营铜器制造业，专为宫廷打制铜器。铜灯便是这些铜器中重要的品类（见图3-19和图3-20）。《西经杂记》有记：“长安巧工于缓者，为常满灯，七龙五凤，常以芙蓉莲藕之奇”，也足见汉代确有杰出的能工巧匠和精美绝伦之灯具。汉代灯具类型繁多。从材料上看，有铜灯、铁灯、玉灯、瓷灯和石灯；从造型上看，有器皿型灯、动物型灯、人型灯和连枝型灯；从结构上看，有盘灯筒灯和虹管灯。虹管灯是利用虹吸原理制成的，可使灯烟进入灯座，浴于灯座的水中。

汉代的纺织、印染和刺绣技术都很发达。各类纺织成了宫室、贵族、官僚的必需品，就连民间也有较多的需求（见图3-21）。“丝绸之路”的开拓，使中国汉代的丝织品远销欧洲和中亚、西亚，这一切又反过来对汉代的纺织、印染、刺绣业的发展起了很大的刺激作用。纺织品的增多，增加了室内环境的内容。帷幔、帘幕等不仅参与空间的分隔与遮蔽，也增加了室内环境的装饰性。

图 3-19　汉长信宫灯

图 3-20　西汉中期朱雀灯

图 3-21　马王堆出土的汉帛画

第4章
三国、魏晋南北朝时期

魏晋南北朝是中国历史上一个动荡战乱的时代，阶级和民族矛盾尖锐，政权分裂，战争频繁不断。魏晋时期发展了汉末的察举制度而形成曹魏九品官人制，进一步确立了士族制度的特权。士族的行为和思想也影响了当时的文学、艺术。在思想意识上，继汉末腐朽的经学束缚被冲破后，产生了玄学。虽然玄学的基本思想是唯心的，但玄学的发展也促进了逻辑思辨的发展和理论探索的自由空气。佛教传入后，在南北朝时期被统治者利用，发展十分迅速，佛教的传播也为中国的古代文化形成带来某些新的因素。西行求法运动促进了中国文化交流，尤其是大量寺院的兴建和造像的盛行，推动了建筑艺术和美术创作的发展。魏晋以来，少数民族对北方的侵袭，在社会经济上虽然造成了严重的破坏，但少数民族的文化丰富了中原固有的文化传统，从而形成了中华民族文化传统的新特色。北魏统一北方后，特别是孝文帝采取汉化进步措施以来，经济、文化也有了发展。黄河、长江两大流域内的封建经济、文化实力有了前所未有的发展，这为强盛的唐朝的出现准备了条件。

4.1 建筑空间的发展状况

东汉末年，中国陷入大战乱时期，直到589年隋朝才再次统一中国。这300多年是中国历史上又一个民族文化大融合、思想观念大革命的时期。但战争给人们的身心都带来了极大的伤害。于是，佛教走进人们内心，宗教建筑成为主流。

佛教建筑在东汉末年开始兴起，魏晋隋唐是开窟建寺的高峰时期，此后直到封建社会晚期，一直是中国建筑的一个重要内容。佛教建筑主要包括佛寺、塔和石窟。

4.1.1 都城建筑

北魏都城从平城（今大同市）迁至洛阳城，洛阳城的明显特点是按不同的功用，规划得比较明确，宫城集中，突出了皇权的思想，居住和商业区划严格整齐。这时的高台建筑逐渐减少，但是宫殿的设计仍继续着前代的传统，常是飞阁相通，凌山跨谷，形成高低错落、复杂而又灵巧的外观。大量出现的佛教寺院以及高耸的佛塔，使这一以高大宫廷建筑为主体的城市，增加了空间轮廓线的变化。

4.1.2 寺庙和佛塔

471年北魏孝文帝即位，他促进了侵入北方的各游牧民族与汉族的融合。洛阳城内的白马寺是我国历史上的第一所佛寺（见图4-1）。

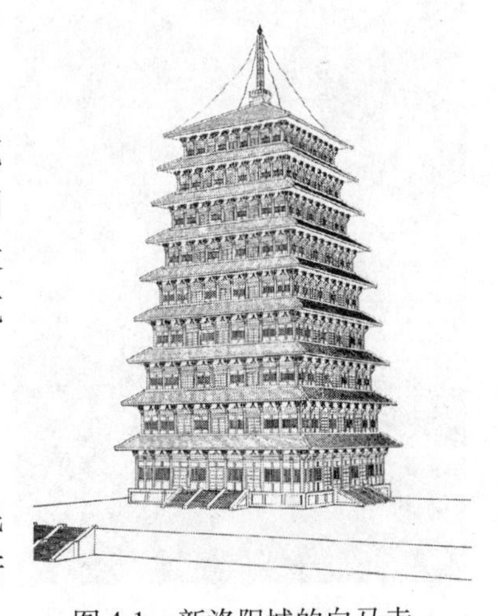

图4-1 新洛阳城的白马寺

在魏晋时期，有许多寺庙是由皇亲和官吏们把官府宅第改建成佛寺的，所以，中国古代的佛寺建筑，与封建统治阶级的官府、宅邸、宫殿在形式上并无太大的区别。早期佛寺建筑布局多与大型宅第衙署相似，其主要不同的是佛寺建有塔，形成平面方形木构楼阁式塔，这也是南北朝最通行的一种形式。北魏胡灵太后于熙平元年（516 年）在洛阳建的永宁寺是历史上最著称的佛寺，寺院规制宏大，堪与宫廷建筑相比拟，其中最重要的建筑是佛塔（图 4-2 和图 4-3）。据称永宁寺塔高 90 丈（1 丈 =3. $\dot{3}$m），刹高 10 丈，去地千尺（又有称高 40 余丈者），共 9 层，距京城百里都可遥遥望见，是一座平面方型木结构楼式塔。塔为四面，每面三门六窗，朱漆扉扇，绣柱金铺。这座以郭安兴为首的工匠修建的高塔，无疑是当时建筑技术与建筑艺术上的杰作。除楼阁式塔外，尚有单层砖石塔和密檐多层砖塔。

图 4-2　永宁寺塔基遗址

图 4-3　永宁寺复原图

佛塔自印度传到中国后与中国建筑形式结合，创造了中国楼阁式木塔。北魏正光四年即公元 523 年建造的河南登封县嵩岳寺塔，是我国现存年代最早的用砖砌筑的佛塔（见图 4-4 和图 4-5）。塔平面为十二角形，塔高约 39m，底层直径约 10m，内部空间直径约 5m，壁体厚 2. 5m。塔身立于简朴的台基上，塔底部，东西南北砌圆券形门，以便出入，其余 8 面为光素的砖面；其上叠涩出檐，塔身各角立倚柱一根，柱下有砖雕的莲瓣形柱础，柱头饰以砖雕的火焰和垂莲，12 面中，正对 4 个入口的砖砌圆券形门，其余 8 面，各砌出一个单层方塔形的壁龛，并以隐式的壶门和狮子做装饰。它不同于传统的楼阁式塔，塔身上的层檐用叠涩出挑，十分密集，外轮廓呈圆润的曲线向内收。外观 15 层，实际却是 10 层。这样类型的塔被称为密檐塔，后来十分盛行。塔的平面为十二边形，我国现存古塔中仅此一例。内部空间呈八边形，

图 4-4　河南登封嵩岳寺塔外观

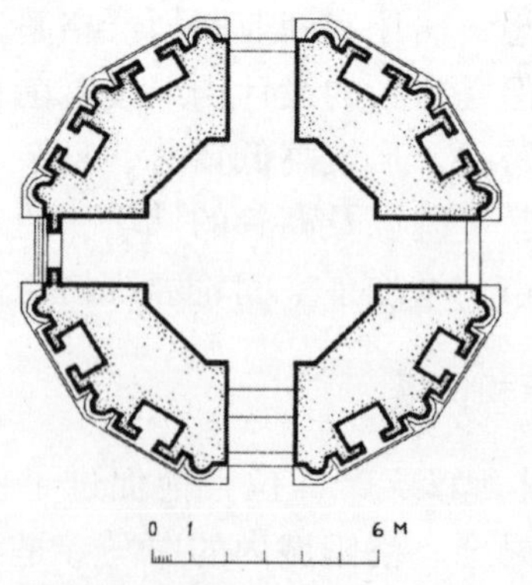

图 4-5　河南登封嵩岳寺塔平面图

每层均有木造楼板。

4.1.3 石窟

石窟是最能反映魏晋南北朝时期佛教兴盛的建筑艺术。它来源于印度，故先出现在新疆，特别是喀什、准葛尔、拜城、库车和吐鲁番等地，甘肃敦煌的莫高窟是我国最早开凿的石窟群之一（见图 4-6）。它的布局呈僧院型。两侧墙上各开四个小洞，窟顶及四壁布满壁画，题材多和佛教有关。北魏平定河西后，佛教进一步向东传播，石窟也陆续在内地开凿，最早开凿的是大同云冈石窟（见图 4-7）。

图 4-6 敦煌莫高窟全景

石窟空间形式大体有四类：第一类，近似印度的“支提窟”，可称中心塔柱式，其特点是平面呈正方形，中间偏后处竖立一个四方形中心塔柱，由地面直立窟顶，塔柱四周有神龛，内塑有佛像，塔柱前部的窟顶呈双坡屋顶，通称为“人字披”；第二类，是覆斗式石窟，这种石窟呈方形或长方形，中间设有中心塔柱，左、右、后三侧或后壁有壁龛，窟顶为覆斗式，也有少数为攒尖式，覆斗式和攒尖式模仿木构的做法；第三类，是毗坷罗式，其特点大都是方形，前面为入口，左右有小室，后壁凿神龛。两侧的小室空间很小，只能容一僧禅坐，毗坷罗式窟型很少，只见于北朝；第四类，是有檐式。早期石窟多有木构窟檐，由于木材容易腐烂，现已无存。

图 4-7 大同云岗石窟全景

4.2 建筑装饰与室内装修

这时单体建筑仍以木结构为主，建筑物大体以台基、梁架、屋身和屋顶三部分组成，恰当处理各部分的比例关系和外形轮廓，以及运用不同的材料、色彩、装饰物，可以造成不同的艺术效果，外观上有着醒目的屋顶是古代中国建筑独特的传统（见图 4-8）。南北朝时屋顶举折平缓，正脊与鸱尾衔接成柔和的曲线，出檐深远，因而给人以既庄重又柔丽的浑然一体的印象。此时已出现少量的琉璃瓦，一般只用于个别重要的宫室屋顶作剪边处理，色彩则以绿为主；檐口以下的部分则以柱身和承托梁架及屋檐的斗拱组成，色彩、装饰方面，一般建筑物是“朱柱素壁”的朴素风格，而重要建筑物则画有彩绘并且常常绘有壁画。以二方连续展示的花纹以卷草、缠枝等为基调，十分高雅、妩媚，为隋唐装饰风格奠定了基础。

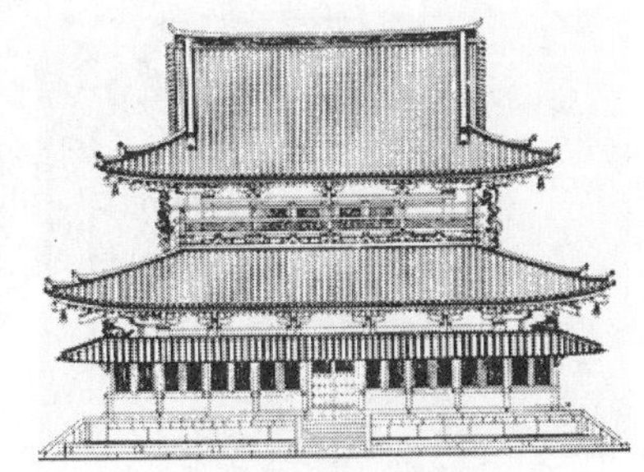

图 4-8 魏晋南北朝时的单体建筑形制

建筑艺术及技术在原有的基础上进一步发展，楼阁式建

图 4-9　敦煌壁画中的北魏建筑

筑相当普遍，平面多为方形。斗拱方面，额上施一斗三升拱，拱端有卷杀，柱头补间铺作人字拱，其中人字拱的形象也由起初的生硬平直发展到后来优美的曲脚人字拱。屋顶方面，东晋壁画中出现了屋角起翘的新样式，且有了举折，使体量巨大的屋顶显得轻盈活泼（见图 4-9）。

此时的建筑多在墙上、柱上及斗拱上面作涂饰，流行的设色方法是“朱柱素壁”，“白壁丹楹”。这种设色方法背景平素、红柱鲜明、靓丽而不失古朴，故也为后来的建筑所沿用。

敦煌莫高窟 251、252 窟有木制斗拱的实物，位于人字披脊方、檐方与山墙的交接处，造型虽然简单，但能体现出斗拱的功能，且是现存斗拱中年代最久者（见图 4-10）。

魏晋南北朝时，许多木结构的表面都绘有绚丽多彩的彩画。木件结构也有雕刻文饰的，《邺中记》中，就有关于北齐邺都朝阳殿“梁袱间刻出奇禽异兽，或蹲或踞，或腾逐往来”的记载。

这一时期的室内装修主要体现在墙面的壁画上，魏晋南北朝继承和发扬了汉代的绘画艺术，呈现出丰富多彩的面貌，并逐渐成为一门独立的艺术门类，一方面继续发挥着教育作用，另一方面又成了可供审美的艺术品。绘画的题材多种多样，对表现当时的生活显露兴趣，肖像画尤受重视，有了“悟对通神”、“览之若面”的要求，实质是士大夫阶层想从绘画中得到自我表现。壁画可分为殿堂壁画、寺观壁画、墓石壁画和石窟壁画，但今日真正能得一见的是墓石壁画和石窟壁画（见图 4-11）。

图 4-10　敦煌莫高窟 251 窟斗拱

图 4-11　敦煌莫高窟壁画

4.3　家具与陈设

4.3.1　家具

从东汉末年到三国及两晋南北朝，是一个政治上很不稳定，战争破坏严重，国家长期处于分裂状态的时期。家具生产之所以有所发展，主要有以下三个原因：一是当时的手工业工人已有一定的独立性和自由度；二是动荡的社会在一定程度上促进了民族和区域间的文化交流；三是佛教和外域文化的影响，魏晋南北朝时，印度僧人和西域工匠纷纷来到中原，他们带来了融希腊、波斯风格为一体的犍陀罗艺术，对中国的家具和其他艺术门类都有较大的影响（见图 4-12）。

由于民族大融合的结果，家具普遍升高，虽然仍保留席坐的习俗，但高坐具如椅子、方凳、圆凳、束腰形圆凳已由胡人传入（见图 4-13 和图 4-14），床已增高，下部用壶门作装饰，屏风也由几摺发展为多叠式。这些新家具对当时人们的起居习惯与室内的空间处理产生了一定影响，成为唐以后逐步废止床榻和席地而坐的前奏。

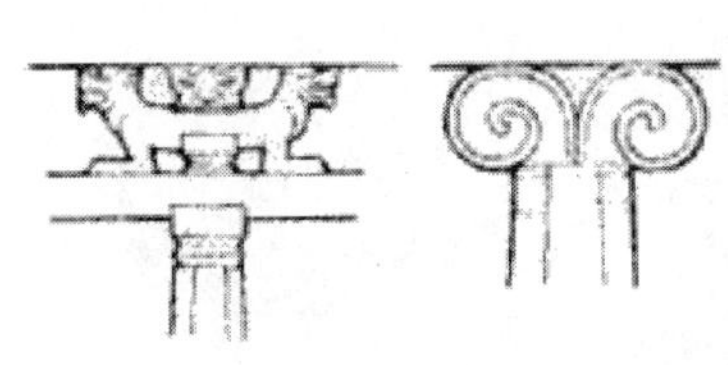

图 4-12　云岗石窟中的波斯柱式和希腊柱式

图 4-13　敦煌 285 窟西魏壁画中的扶手椅

图 4-14　东晋《释迦降生图卷》中的方凳

这时的高形坐具有凳椅、胡床和筌蹄。椅出现较晚，例证也较少；胡床又叫马扎，以相交的两框为支架，可以折叠，以便搬运，可以打开，供人垂足而坐；筌蹄即后来的绣墩，魏晋南北朝时的筌蹄是一种用藤或革编成的高形坐具，其形如束腰长鼓。

魏晋南北朝的床榻，与汉代的床榻没有明显的差别，只是在尺度上更大，应用更广，并有了汉代少见的架子床。

由于此时仍然保留着席地而坐的习俗，作为凭依的凭几不仅继续流行还有些新发展，突出表现是除直几之外，又出现弧形几。南京甘家巷六朝墓曾经出土过陶凭几，其几面弯曲，下有三足，是专供人们坐时依凭的。

魏晋南北朝的书案，与汉代的书案也有一些不同之处，汉代书案多用曲腿带托泥，此时书案多用直腿带托泥。

屏风在魏晋南北朝时依旧流行。

魏晋南北朝时的家具，正处于我国古代家具的探索期，其表现是低形家具继续发展，高形家具问世，特点是吸收、融合在一定程度上有创新。

4.3.2 室内陈设

魏晋南北朝时代，由于手工业较发达，工艺品的成就仍然保持在一个较高的水准上。此前已有的青瓷，已从成熟达到完善的阶段，无论是质地还是产量，均已超过汉代，贵族中的不少铜器或漆器，已逐渐为瓷器所代替。

除青瓷之外，此时的黑釉瓷、黄釉和白瓷也达到了很高的水平。后汉的黑釉瓷是黑褐色而发涩，此时的黑釉瓷，漆黑而光亮。北齐的白瓷是目前见到的最早的白瓷，它不但丰富了我国瓷器的品种，还为此后生产彩瓷创造了必要的条件。北方的白釉挂绿彩瓷、淡黄挂绿彩瓷和黄褐釉瓷，在此前都很少见，它们的出现为唐三彩的诞生奠定了必要的基础（见图4-15和图 4-16）。

中国织锦沿“丝绸之路”向西远销，也从波斯、拜占廷、叙利亚和埃及等得到了新的启示。此时的织锦，除了用汉代纹样，增多了植物纹样外，已有清新活泼的散点花和波斯风的连珠纹，这一切都为唐代织锦的焕然一新作了必要的准备。

三国、魏晋南北朝时期，仍有铜灯和陶灯，但瓷灯已有取代陶灯的趋势（见图 4-17）。除主流灯具瓷灯外，此时还开始使用石灯，并有了多种造型的烛台。

图 4-15　南朝青瓷莲花尊

图 4-16　北齐青釉花瓶

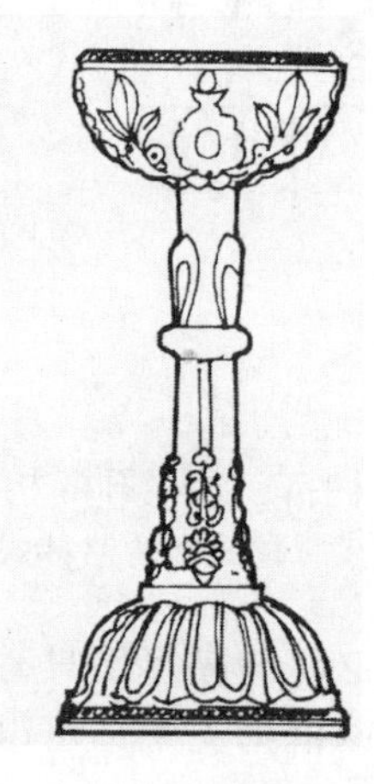

图 4-17　北齐的瓷油灯

第5章 隋、唐时期

隋、唐是结束了300多年分裂混乱局面之后，相继建成的统一王朝。隋的历史较短，但是为了巩固统治，隋采取了恢复和发展社会经济的措施，缓和了社会矛盾，促进了农业、手工业和商业的发展，稳定了社会秩序。唐代的“贞观之治”和“开元盛世”表现为社会经济繁荣。手工业、商业发达，各民族接触密切，中外经济文化交流频繁，创造了辉煌灿烂的文化艺术，使唐王朝发展到兴盛的顶点，成为当时世界上最强大、最富庶，具有高度文明的大国。“安史之乱”以后，由盛而衰，最终酿成了“五代十国”的分裂局面。

5.1 建筑空间的发展状况

唐代经济发展，社会富庶。首都长安、东都洛阳在政治、经济、文化及国际交流中占有重要位置，都城建筑已经形成完整的体系，宫殿建筑风格雄伟壮丽。这个时期佛教、道教乃至统治阶级所提倡的大规模的石窟造像不断涌现。有敦煌莫高窟、洛阳龙门石窟、太原天龙山石窟和四川大足北山石窟。

5.1.1 都城建筑

公元589年隋完成国家统一，618年李渊建立唐朝。社会安定、经济发达、文化繁荣，是我国古代历史的最高峰。唐朝沿用大兴为都，改名长安，并加以扩建。唐都长安是当时世界上最大的城市之一。它的布局方整、对称、功能区划明确，是经济文化高度发展的象征，对封建社会都城建筑有长期的重大影响。其特点是有明确的中轴线和严谨对称的布局，皇城区设在北部，皇城之外有成正角相交的街道区划出110坊为居住区，克服了汉长安“宫室与百姓杂居”的缺点，也改变了汉长安宫廷堡垒的性质。

图5-1 大明宫含元殿复原图

大明宫建于长安城外龙首原的高地上，平面呈不规则长方形，长约2.5km，宽约1.5km。含元殿为正殿，雄距龙首山上（见图5-1）。殿基高出地面约10m，前面的龙尾道长75m，左右有两阁，以曲尺形飞廊与面阔11间的大殿相连，气势雄伟。

5.1.2 寺庙

隋唐国力空前强大，建筑艺术也呈现一片繁荣景象。隋唐建筑艺术在继承前代的基础上，大都有新的创造，其艺术风貌恢弘壮观，显现出一定社会时期的深远发展和国力扩张，体现出了封建社会上升时期的一种时代精神。

西安荐福寺小雁塔（景龙元年，707年），平面呈方形，密檐式共15层（现存13层），

图 5-2　西安荐福寺小雁塔外观

塔身有显著的收分，外观十分尖耸秀丽，是反映唐代艺术风格的代表作（见图 5-2 和图 5-3）。

山西五台山是我国有名的佛教名山，这里较好地保存了两座我国目前现存年代最早的木构建筑，其中之一是南禅寺大殿（见图 5-4 和图 5-5）。大殿规模不大，屋顶歇山式为我国古代建筑屋顶主要样式。斗拱有力，出檐口深远。曲线平缓，不失优雅。大殿平面呈方形，面阔进深皆为三间，但中央省去了柱子。大殿内没有天花板，木结构简练清晰。

另一处是佛光寺大殿（见图 5-6 和图 5-7），佛光寺始建于北魏孝文帝时期，后被毁，857 年得以重建。大殿面阔七间，进深四间。中央形成面阔五间、进深两间的内槽，以供佛像。由于大殿前后柱等高而空间由外向内却逐渐升高，高出的部分用多层柱头仿构成围合壁体。顶棚有天花板，由裸露的梁支撑，称为"明袱"，外形像月牙，又名"月梁"。天花板之上还有一层梁用于支撑檩条和屋架，由于不外露，不加装饰，称为"草袱"。草袱上直接用人字形叉手支撑屋脊，这种做法后世很少见。外檐柱头铺作雄大，在近看的角度，拱形与下昂交错，给人的印象深刻，表现出唐代雄伟的气魄。檐下使用硕大的斗拱，斗拱和柱高的比例为 1∶2，使斗拱在结构和艺术形象上发挥了重要作用，突出地表现了唐代建筑稳健雄丽的风格，在简单的平面里创造了丰富的空间艺术，表现出了高度的水平和中国古代建筑的优秀传统。

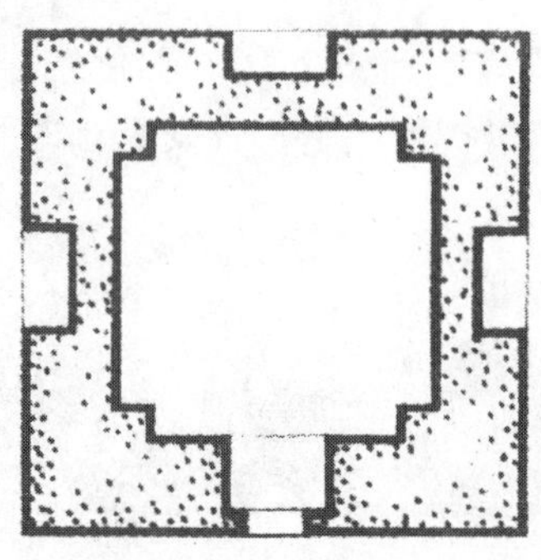

图 5-3　西安荐福寺小雁塔平面图

图 5-4　南禅寺大殿

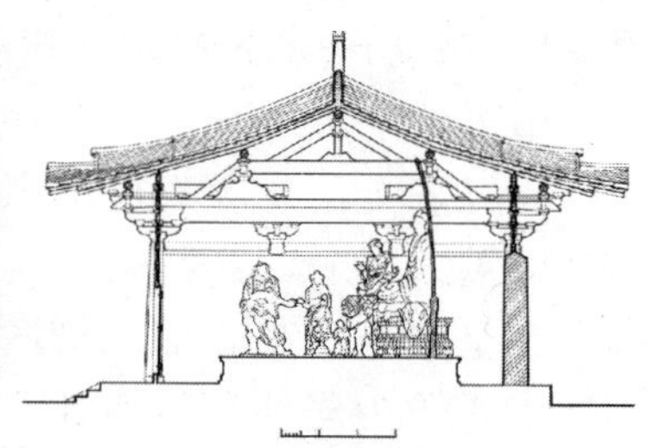

图 5-5　南禅寺大殿剖面

图 5-6　佛光寺大殿

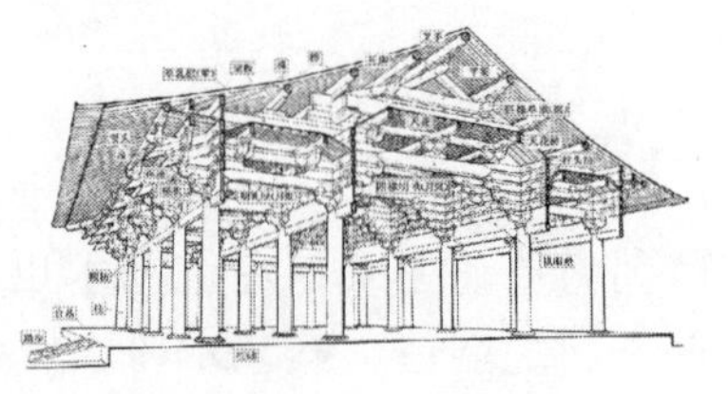

图 5-7　佛光寺大殿结构详解

布达拉宫是西藏喇嘛教达赖喇嘛居住和办佛事的地方，位于拉萨市区以西（见图 5-8 和图 5-9）。初建于 7 世纪藏王松赞干布时期，后由五世达赖于 1645 年着手重建。全寺占地大于 6ha，总建筑面积 14 万 m^2。四周绕以厚墙，北部主体建筑沿山修建、高 178m，外观 13 层，实为 9 层，分红宫、白宫两大部分。全部建筑用石块砌筑，工程浩大、坚实挺拔的建筑轮廓与高耸的山峰融为一体，造型雄伟，构图严谨均衡。寺庙内幽暗深邃的空间，光怪陆离的色彩，恐怖阴森的壁画，有力地渲染了神佛境界的高深莫测，体现了一种宗教的审美情调。

图 5-8　西藏布达拉宫外景

图 5-9　西藏布达拉宫内部空间

自隋唐以来，河北承德陆续建造的 11 组宏伟壮丽的寺庙，是中国古代喇嘛教建筑的重要代表。现在保存比较完整的还有 7 处：即溥仁寺，普宁寺，普佑寺，安远庙，普乐寺，普陀宗乘寺，须弥福寿庙。这些喇嘛寺都依山傍水，选择在向阳之处，坐落在风景优美之地区。它采用了我国古代造园借景的方法，巧妙地利用了当时的地形、自然风景和人工建筑物，造成丰富多彩的景观。

5.1.3　佛塔

佛塔是中国佛教建筑的一个重要组成部分，现存的古塔林立在祖国各地，形式多种多样。塔的建造源于印度佛教，是保存佛骨的坟墓。中国的佛塔是在中国木构楼阁的建筑基础上吸收了印度佛塔的形式而形成的民族建筑形式。其造型优美，形式多样，主要有四种形式：楼阁式塔、密檐式塔、喇嘛塔、金刚塔。

隋、唐时期的许多木塔都已不存在了，现存的砖塔有楼阁式塔、单塔、密檐塔三种。隋、唐时期留下的楼阁式塔中，有建于唐朝的西安兴教寺玄笑塔、西安积香寺塔、西安大雁塔。密檐塔的典型有云南大理崇圣寺的千寻塔、河南嵩山的永泰寺塔和法王寺塔等单层塔作为僧人的墓塔，其中河南登封县高山会善寺的净藏禅师塔，山西平顺县明惠大师塔是最典型的范例。

图 5-10　龙门石窟奉先寺

5.1.4　石窟

佛教在唐朝达到盛极。672 年开凿的龙门石窟奉先寺是唐朝凿造的第一座大石窟（见图 5-10）。石窟呈大殿状，南北36m，东西40m。石窟主像为卢舍那佛，高17.14m，左右两侧立两弟子，以及两个协侍菩萨和四大天王。

隋唐石窟的窟形主要有两种：一种是北朝就已经出现的覆斗形窟，另一种是少量的大佛窟。覆斗式石窟是对于现实中“斗帐”的模仿，中心高起，没有压抑感，没有中心柱，既保证了充足光线，也为绘制大型的壁画提供了条件。这种石窟多由三部分组成，即前厅、洞室和佛龛。

5.1.5 居住建筑

隋唐之际，平民住宅多为单层单幢的，富人住宅即大宅可称为“第”，一般均为院落式。从空间组织角度看，宅院是多个空间的组合体。隋唐宅院内外关系明确，主次空间分明，整体布局紧凑，功能分区合理，说明在多空间的连接、过渡等方面已经达到了相当纯熟的程度。

5.2 建筑装饰与室内装修

唐代殿堂、陵墓、寺院、住宅等建筑的装饰纹样丰富多彩，最常见的除莲瓣外，窄长花边上常用卷草构成带状花纹，或在卷草纹内杂以人物。这些花纹不但构图饱满，线条也很流畅挺秀。此外还常用回纹、连珠纹、流苏纹、火焰纹及飞仙等富丽饱满的装饰图案。

隋唐建筑的墙壁多为砖砌，宫殿、陵墓尤其如此，已经发掘的唐永泰公主墓的甬道和墓室就都是用砖砌筑的。木柱、木板常涂朱红，土墙、编笆墙及砖墙常抹草并涂白，故自魏晋起就有“白壁丹楹”和“朱柱素壁”的记载。

地面多用铺地砖，有素砖、花砖两类，花砖的花纹多以莲花为主题。

顶棚的做法有两类：一类是“露明”做法；另一类是“天花”做法。露明做法到宋代称为“彻上明造”，即将“上架”的坊、椽等直接暴露于室内，把屋顶的空间纳入室内空间，不另外做顶棚。其好处是做法简单，室内空间高爽，故常用于古代早期建筑及后来的次要建筑。天花做法又可分为三种：第一种是软性天花，即用秸秆扎架，于其上糊纸，多用于一般的住宅，讲究一点的，可以木条为料，贴梁做成骨架，再于其上糊纸，称为“海墁天花”，这种做法表面平整，色调淡雅，明亮亲切，多用于大型宅第和宫室；第二种是硬性天花，也称井口天花，做法是由天花梁坊，支条组成井字形框架，在其上钉板，并在板上彩绘图案，或做精美的雕饰，这种天花隆重、端庄，故多用于宫殿等较大空间；天花做法的第三种是藻井，藻井主要用于天花的重点部位，如宫殿、坛庙的中央，特别是帝王宝座和神像佛龛的顶部等，它如突然高起的伞盖，渲染着重点部位庄严、神圣的气氛，并突出构图的中心，藻井是天花中等级最高的做法（见图5-11和图5-12）。

广义地说，这时壁画也属界面装修，但它是一种十分特殊的装修，因为壁画的主要意义不像一般涂饰那样是为了保护界面少受物理、化学因素的损害，甚至也不是为了界面更美观，而是以其特定的内容传达某种主题，达到宣传教化的目的。隋唐五代壁画，在中国艺术史上占有重要的地位（见图5-13），特别是隋唐，可为我国壁画发展的黄金时代。隋唐壁画有石窟壁画、寺观壁画、宫殿壁画和墓室壁画，其作者不仅有民间花匠，还有大批著名画家如阎立本、吴道子、卢楞枷、杨庭光、王维、李思训和孙位等。隋唐五代的装饰雕刻散见于桥、塔和陵墓（见图 5-14）。

图 5-11 南禅寺大殿的顶棚

图 5-12 佛光寺大殿的顶棚

图 5-13 莫高窟第 148 窟壁画

图 5-14 唐昭陵神道的雕像

5.3 家具与陈设

5.3.1 家具

隋唐五代是我国家具史上一个变革的时期，它上承秦汉，下启宋元，既融合了各个民族的文化，又大胆吸收了外来文化的优点。唐代是我国高低形家具并行的时期，高形家具在原来的基础上又有了较大的发展，其时，人们的起居习惯呈现出席地跪坐、伸足平坐、侧身斜坐、盘足迭坐、垂足而坐同时并存的现象（见图 5-15 和图 5-16）。隋唐家具内容丰富，造型雍容大度，色彩富有洒脱，构图注重整齐对称，在艺术上具有很高的水平。坐凳种类繁多，从壁画等资料看，有四腿小凳、圆面圆凳、腰凳和多人同坐的长凳；椅子中，木椅有扶手椅、四出头官帽椅和圈椅等多种。

坐具中，除凳椅之外，还常见筌蹄和胡床。筌蹄是用竹藤编制的，呈圆形，南北朝时，已出现于佛教活动中，隋唐流行于上层家庭，西安王家坟唐墓出土了一件唐三彩持镜俑，该

图 5-15 《六尊者像》中的坐具之一

图 5-16 《六尊者像》中的坐具之二

俑就坐在这样的筌蹄上，它形似腰鼓，上下及腰部均有绳纹装饰，胡床在隋唐时仍能见到。此外，独坐小榻和多人坐的长榻，也作为坐具与凳椅并存。

隋唐五代的卧具有床、榻和火坑。床有四腿式和壶门台座式两类。前者曾在新疆吐鲁番阿斯塔那唐墓出土过一件。长 2.9m，宽 1.0m，高 0.5m。用当地红柳制成，上铺柳条。后者是隋唐宋式的代表，属高级卧具，绘在壁画中颇多。

隋唐是由低形家具向高形家具转化的时期，故低形家具如几、案等仍在使用（见图5-17和图 5-18）。案有平头案和翘头案，高度在 300 ~ 500mm 左右。高桌和高案是在低形几案的基础上发展起来的高形家具，高度在 650 ~ 800mm。唐代桌的桌腿，多用板材角拼，至五代，角拼作法逐渐减少，大都改为圆腿桌，并常用夹头的牙板货牙条，还在腿之间横撑。

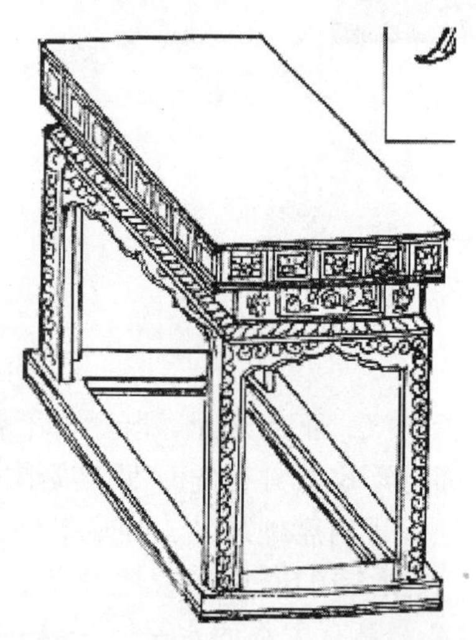

图 5-17 《六尊者像》中的几

图 5-18 《六尊者像》中的案

唐时之箱，有木质、竹质、皮质三种，且有长方形和方形录顶等不同形式。唐时之柜，多为木制，板做柜体，外设柜架，多数横向设置，有衣柜、书柜、钱柜等多种类型。

隋唐屏风主要有两种，即折屏与坐屏（见图 5-19）。折屏是多扇组成的，最少的是两扇，最多的可达 10 多扇。由于要互成夹角立于地上，故一律为双数。盛唐前后的折屏，大都用六扇，因此，又专以“六曲屏风”而称之。坐屏也叫做硬屏风。下有底座，不折叠。由于常取对称形式，屏扇为 3、5、7、9 等基数。屏扇下面有腿，插入屏座之中，边有站牙，顶有屏帽，屏帽常常雕花，屏面常以木雕、嵌石、嵌玉、彩绘为装饰。隋唐时期，大量用纸糊屏扇，不大采用实板。

家具用料有桑木、桐木、柿木和苏枋木，还有讲究的紫檀、楠木、花梨、胡桃、黄杨和沉香木。竹藤家具已普遍使用，有些家具还使用了绳、布等材料。家具饰面有多种做法：平民用的，朴实无华，有的刷桐油，有的索性用白茬；宫廷用的开朗、豪迈、富丽，大都采用彩绘、螺嵌、平脱等装饰。螺丝多用于漆木家具上，为增加表现层次，还可以在其上作线刻。

图 5-19 《勘书图》中的屏风

唐代还开始流行根雕家具，体现了人们热爱自然和向往返璞归真的情趣。

5.3.2 室内陈设

随着科学技术水平的提高，冶炼、制作、装饰工艺技巧日益高超，加上金银产地扩大，为金银器的生产提供了技术和物质上的保证。唐代金银器器型繁多，除首饰之外，属于陈设的就有盆、碗、盘、罐、熏炉等。1970 年，在西安南郊河家村，发现一个唐代贵族的两翁窑藏文物，其中仅金器、银器就有 270 件。

隋朝铜镜没有自己的风格，基本沿用六朝和汉代的样式，纹样主要有青龙、白虎、朱雀、玄武“四神”和十二生肖（见图 5-20）。唐朝铜镜之所以得到发展，有两个原因：一是瓷器普及，许多铜器日用品均已被瓷器所代替，铜器的工艺只能集中到铜镜上；二是当时的铜镜不只是生活用品，还是皇家赏赐百官，国际交往，人们互送的礼品。

隋朝的陶器由汉代之衰逐渐转盛，品种有釉陶、灰陶和彩绘陶，器型有陶罐、博山炉和陶鼎等（见图5-21）。唐朝陶器中最引人注目的是“唐三彩”。它是一种低温烧制的铅釉彩

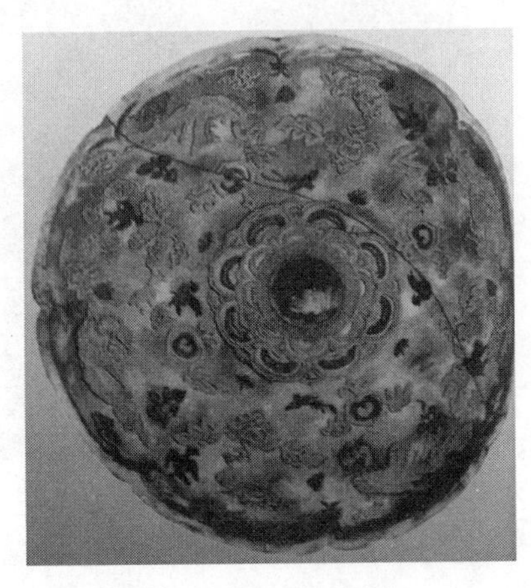

图 5-20 唐代花鸟纹铜镜

图 5-21 唐代花釉彩瓷罐

a）

b）

图 5-22 “唐三彩”
a）骆驼 b）马车

陶器，名为“三彩”，实际上有黄、绿、褐、蓝、黑、白等多种颜色，只是黄、绿、褐色用得较多，才俗称“唐三彩”（见图 5-22）。隋代青瓷的做法主要是刻花和印花，装饰风格简洁质朴，造型比例恰当而圆润。总的来说，隋唐时期的陶器有如下特点：一是陶瓷器型增多，日用陶瓷更重实用功能，随着高形家具的增多，日用陶瓷多带手柄，以满足人们从桌案取用的要求；二是由于思想活跃，生活水平提高，大量采用生活气息浓郁的花草题材；三是造型设计更加丰富多彩，常常采用仿生造型，特别是瓜形壶、花形盘等植物造型和凤形瓶、双龙柄壶等动物造型，致使陶瓷器物更具“陈设”的意义。

唐代的织物有丝织品和棉织品两大类。丝织品中的锦，图案丰富，有“团纹”、“散化”、“对称纹”、“几何纹”。题材多取现实生活中的鸟鱼、花草和佛教中的宝相花及莲花等（见图 5-23 和图 5-24）。隋唐织物用于室内的方式是很多的。一是用作幔帐，形成一定的虚空间；二是用作桌布和椅凳垫等，这在许多壁画和绘画中同样能够找到可信的证据；三是做成小饰物。

隋唐时期，陶瓷业发达，铜器减少。陶瓷制品不仅有餐具、茶具、酒具、文具和玩具，也包括应用广泛的灯具。宫灯最先出现在宫廷，最早的宫灯主要用于节庆日，有一些也直接转为宫廷的日用灯。宫灯的种类较多，单独使用的有灯笼灯和走马灯，遇到重大节庆日，还可用为数众多的灯盏组成灯树与灯楼。灯楼以竹篾或铁丝为骨架，外糊细纱或薄纸，里面点蜡烛，可挂可提，色彩较鲜艳。

图 5-23 苏州丝绸博物馆复制的唐代花鸟纹锦

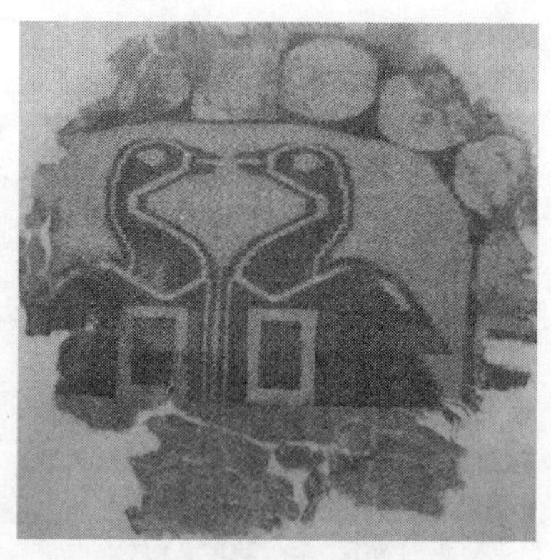

图 5-24 唐连珠对鸭纹织锦

第6章
五代、宋、元时期

五代、宋、元已处于中国封建社会后期。五代的分裂，北宋的相对统一，宋金对峙及元王朝的建立，其不同时期的政治形势与经济发展对建筑和室内空间有着不同程度的影响。手工业和商业的发达，科学技术的进步，促进了工艺美术的发展和提高。皇室贵族对艺术品需求量的增长，统治阶级对美术的爱好和重视，士大夫文人对书画文玩的欣赏收藏也蔚然成风。城市的繁荣，市民阶层的壮大，使建筑空间的布置与社会群众建立了较前代更为广泛的密切联系。辽、金地区及元代建筑发展中出现了各民族间的交流与融合，这一时期的建筑在唐代建筑和装饰风格雄厚的基础上又获得全面的发展，出现技巧的成熟和创作的繁荣。

6.1 建筑空间的发展状况

6.1.1 都城建筑

979年宋太宗统一了中原和南方地区，宋朝在经济、文化、对外开放上取得了很大成就。宋朝首都的街坊制度与前朝不同，沿街的高墙被商店、茶楼、酒馆、药肆、戏台、作坊取代。

宋代城市繁荣，手工业发达，市民阶层的壮大，对建筑艺术产生了很大的影响。建筑风格上变唐代雄伟质朴为秀美多姿。宋代城市里突破了里坊制的限制而使规划布局出现重大的变化。位于运河、黄河交汇的汴京继长安洛阳后成为北宋首都。汴京城池宫阙均在旧城衙署基础上改建，由外城、内城、宫城三重，城内遍布商业店铺，人烟稠密，宫廷正门两旁建阙楼，御街可直观内外城之南门，两旁开渠种莲，栽植花树，长廊排列，华夏壮观，城北还建有艮岳，西城门外有琼林园、金明池等皇家园林（见图6-1）。

图6-1 《金明池夺标图》

金代燕京城在今广安门一带，元定都后废弃旧城另以琼华岛为中心重新规划修建都城，以南北方向中轴线为对称轴左右展开，宫廷位于中轴线主要部位。前部以大明殿为中心，大明殿面宽是一间，后有走廊接大明后殿，坐落在三层工字形的白石高台上，殿顶铺琉璃瓦，庄严宏伟，为朝会之所；后部以延春宫为中心，左右分布东西宫，是帝王以及后妃日常居寝的地方。元宫廷主要是汉族传统样式，但也有维吾尔殿、棕毛殿等带有少数民族风格的建筑。有的殿堂内壁上悬挂毛皮，地上铺地毯则体现了游牧民族的习惯，大都及皇城内还利用天然湖泊构成园圃，使城市宫苑更加优美。

图 6-2 晋祠圣母殿外景

图 6-3 晋祠圣母殿的昂形华拱

6.1.2 宗教建筑

这一时期的宗教建筑可分为佛教、道教、宗祠建筑三个类型。具有代表性的有：山西太原的晋祠圣母殿，河北正定隆兴寺、独乐寺观音阁、山西大同的善化寺等。

山西太原晋祠是一所祠庙建筑，在山西太原西南郊，原为纪念周武王次子叔虞而建。现存的圣母殿是祠内少数几个仍为北宋原物的建筑，面阔七间，进深六间，重檐歇山顶，屋脊略带曲线（见图 6-2）。殿身部分面阔五间，进深三间，殿内无柱。殿身环以柱廊，左右和后方进深一间，前廊进深两间，减掉四柱，更加宽敞。前廊八根柱子上雕蟠龙，角注有明显的侧脚和升起，其斗拱做法讲究，下檐出挑的华拱外端做成昂嘴形，是现存最早的昂形华拱实例（见图 6-3）。殿内有宋代彩塑圣母及女侍 43 尊，殿前泉水上筑有十字形石桥（见图6-4）。整个祠庙落于浓阴曲水的环境中，富园林情致，体现了宋代优美柔和的建筑风格。

正定隆兴寺内的大悲阁，又叫佛香阁、天宁阁（见图 6-5）。这座木结构楼阁式建筑物处于隆兴寺的后部，始建于宋代开宝四年（971 年）。以后，金、元、明、清各代，都对这座楼阁进行过维修。初建时的大悲阁面宽七间，进深五间，高三层，33m，五檐歇山顶。阁内有木制楼梯从底层直达楼顶。1944 年重修后的大悲阁高度仍然为三层，33m，仍然是五檐歇山顶，屋面上铺着绿色琉璃瓦，阁内仍然有楼梯从底层直达阁顶，但面积缩小了：面宽由原来的七间缩减成五间，进深由原来的五间缩减为三间，占地面积比原来缩小了三分之一。集庆阁、大悲阁、御书楼三阁并列，这是宋代佛寺建筑的典型布局。

图 6-4 圣母殿前的十字形石桥

图 6-5 大悲阁外观

天津的独乐寺始建于唐代，在辽代重建。主要建筑观音阁是我国现存年代最早的木构楼阁建筑，阁顶为单檐歇山顶，出檐深远有力（见图6-6和图6-7）。平面面阔五间，进深四

图6-6 天津独乐寺外观

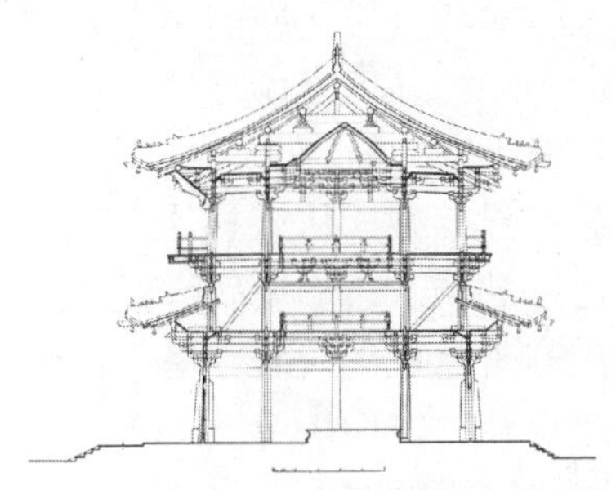
图6-7 天津独乐寺剖面

间，中心减去两柱，形成内外槽构造。外观两层，腰檐内暗含一层。内部结构条理清晰，24类斗拱各司其位，暗层的斗拱在外观上成为“平坐”。第二、三层柱子叉立于下层柱头斗拱之上，称为“叉柱造”，其位置稍微内缩。三层用梁分明袱和草袱，且均为直梁。第二、三层中间开有空井，二层的为方形，三层的为六边形，中空作套筒式，一尊16m高的泥塑观音直达殿顶（见图6-8）。此阁形象兼具雄健及柔和之美，反映了辽代寺庙既继承唐代风格，又受北宋影响的风格特征。

图6-8 天津独乐寺内部空间

山西大同的善化寺始建于唐代，在辽、金时重建。寺中的大雄宝殿、三圣殿是我国木构建筑的重要遗物。大雄宝殿面阔七间，单檐庑殿顶，屋脊略带曲线（见图6-9）。内部进深五间，第二、四两排柱子各减去中央四根，前槽形成专供礼佛用的前敞厅，内槽内供五尊泥塑坐佛，中央主佛顶部采用藻井（见图6-10）。大雄宝殿加高内柱，与空间形态保持一致，外槽的梁一端架于外柱斗拱上，另一端则与内柱身相交。宋、辽、金后多用此法。

图6-9 善化寺大雄宝殿外观

图6-10 善化寺大雄宝殿内部

山西洪洞县的广胜寺是元代传统佛教建筑的代表，有上寺、下寺之分。下寺中有几处保存原貌较好的建筑，是元代木构的典范。下寺的正殿是悬山式，面阔七间，建于1309年。其斗拱用料明显减少，但还没完全沦为装饰。柱列设置运用了流行的“减柱法”和“移柱法”：除了中央四柱外，前排左右各减两根立柱，后排左右各减一根，并将各剩的一根移至开间中央。这样，前后间的梁只能有一端支撑在前后檐柱上，朝内的一端无法架在内柱上，只能向上斜起并支撑在内额枋上，内额枋因而增加了尺寸，前部不得不采用上下双重额枋构造，后世仍得在其中央添补支柱以支撑重力。

佛教建筑中，塔刹为一项重要内容。在这一时期，从材料上看，一般可分为砖塔、石塔和木塔等不同类型。从式样上分有单座塔、密檐式塔和阁楼式塔。从平面来看又分为方形塔、六边形塔、八边形塔等，这一时期重要的塔有：应县佛宫寺释迹塔、江苏苏州报恩寺塔、五代苏州虎丘山云岩寺塔、内蒙古巴林左旗辽庆州白塔、福建泉州开塔、河北正定开元寺塔、北京妙应寺白塔等。

阁楼式塔构造多以木料建成，所以保存下来的较少，现存的有山西应县佛宫寺木塔，建于辽代清宁 2 年，塔高 67.1m，五层六檐，外观八角五层，但二层以上内部又有暗层，故实为九层。二层以上每层出平座，设游廊栏杆，八面凌空可供眺望，塔体结构巧妙（见图 6-11）。是我国保存最早和最高、最大的木塔，也是世界上保存最高的古代木构建筑。

开元寺料敌塔，建于北宋，正定地处宋辽边界，此塔可供宋兵辽望，故名。塔分八角十一层，每层用砖叠涩挑出短檐，高达 84m。宋代砖塔多转向玲珑华丽，但此塔明快简洁朴实无华，是最高的古塔（见图 6-12）。

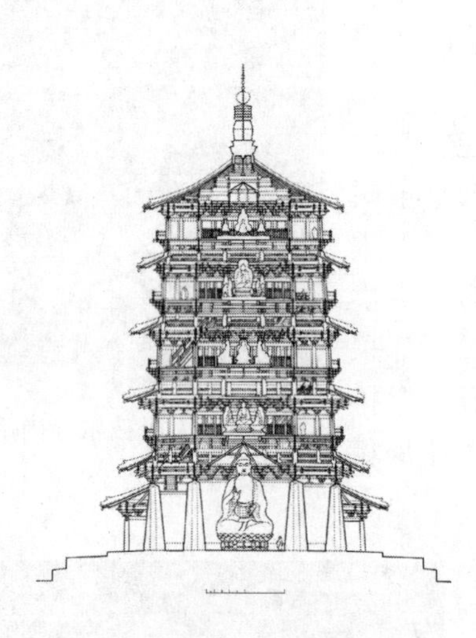

图 6-11　佛宫寺木塔剖面图

图 6-12　开元寺料敌塔外观

喇嘛塔主要建于喇嘛寺院内，这种塔有高大的基座，巨大的圆形塔肚，塔顶竖很长的塔颈，塔顶上有圆华盖。我国现存最早造型最优美的喇嘛塔是北京妙应寺白塔（见图 6-13）。白塔在北京城内西区，始建于至元九年（1272 年），原是元大都圣寿万安寺中的佛塔。该寺形制宏丽，于至元 25 年（1288 年）竣工。寺内佛像、窗、壁都以黄金装饰，元世祖忽必烈及太子真金的遗像也在寺内神御殿供奉祭祀。至正 28 年（1368 年）寺毁于火，而白塔得以保存。明代重建庙宇，改称妙应寺。由塔基、塔身、塔刹三部分组成，塔身不用雕饰，而轮廓雄浑，气势磅礴，是我国古代喇嘛塔中的杰作。

金刚式塔的形式奇特，源于印度。现存的主要的金刚塔有北京香山碧云寺和西黄寺的两座，云南妙堪寺的一座，河北正定县广惠寺的一座。

经幢是佛教建筑中的一种新的类型，它是 7 世纪后半叶随着密宗东来而出现的。经幢在寺庙被放置在殿前，有的单置，有的双置，有的群置，宋辽时期经幢不仅采用多层形式，还以须弥座和仰莲承托幢身，其雕刻日趋华丽（见图 6-14）。

图 6-13 北京妙应寺白塔外观

图 6-14 河北赵县陀罗尼经幢

道教在东汉末年兴起，它同佛教一样在各地修建大量宗教建筑，称为“宫”或“观”。始建于西晋的玄妙观位于江苏苏州（见图 6-15）。主殿为三清殿，是于南宋时期建造的我国现存最大最古老的道教建筑之一，供奉元始天尊、灵宝天尊和太上老君三尊泥塑金装像。该殿为重檐歇山顶，面阔九间，进深六间，是国内最高、最大规模的道观建筑。70 根柱位无一减缺，斗拱做法独到。

图 6-15 玄妙观三清殿外观

6.1.3 陵墓

宋陵的基本形制是：陵本身一般为垒土方锥形台，称为上宫，四周绕以神墙，各墙中央开神门，门外为石狮一对，在南神门外有排列成对的石象生，最南为石望柱和栏台，越过广场前端为阙台形主入口。在上宫的西北建有下宫，作为供奉帝后遗容、遗物和守陵祭祖之用。

宋陵与前朝各代的陵墓有着明显的不同，具有自己的特点：第一，宋陵在形制上大体沿袭唐陵的制度，但宋陵规模较小。第二，宋陵明显的是根据风水来选择陵址。第三，各陵占一定地段，称为兆域，在兆域内布置上宫、下宫和陪葬墓，兆域以荆棘为篱，其范围内遍植柏树，包括上宫的陵台，常绿覆盖。

6.1.4 建筑著作

元宋时期出现了完整的建造系统的著作，有些建筑家名字流传了下来。北宋初，木工喻浩曾著有《木经》（已佚）。1103 年李诫主持编写的《营造法式》是中国古代木构建筑发展到成熟和鼎盛时期的不可多得的文献。它全面条理地编订了建筑设计、结构、用料和施工的规范，图文并茂，并总结了 1000 多年来的实践经验，是史上第一次采用国家颁布的形式对建筑进行的规范。其中重要的规定就是模数制的确立，以斗拱的拱材料面高度尺寸为一“材”，并以此为基本模数确立整栋建筑的一切比例和尺寸（见图6-16）。建筑的尊卑等级以“材”本身的大小等级来确立，从大到小分八等。此外还规定了从建筑整体到构件局部的艺术加工方法。这样既满足封建礼教，也方便了房屋的建造，为以后历代所继承。

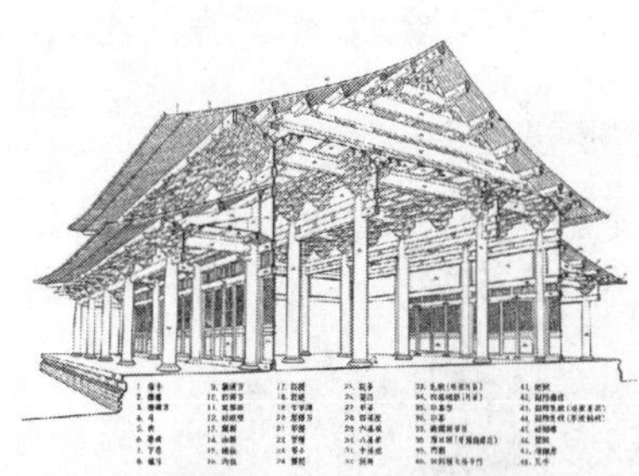

图 6-16 《营造法式》中对殿堂大木作的示意图

6.2 园林的发展

宋朝的私家园林随着地区的不同，已开始具有不同的风格。北宋洛阳的园林，一般规模较大，具有别墅性质，引水凿池，盛植花卉竹木。园中垒土为山，建有少数堂厅水榭，散布于山池林木间，利用自然环境，采用借景手法，使整个林园更加宏阔，层次丰富多变。宋元时期的园林意识正是明清时期造园盛况的良好铺垫。

6.3 建筑装饰与室内装修

宋、辽、金时的建筑，包括许多较大的殿堂，都不要作吊顶，而是将梁架暴露在外，以表现梁架的结构美（见图 6-17）。这种作法，在《营造法式》中被称为“彻上露明造”。也有做吊顶者，并称其为天花，虽然遮挡了梁架，但能使空间显得更加整齐和完美。天花形式有两种，一称平闇，一称平棊。平闇是以东方木条组成方格网，再在其上加盖板，板子不施彩，现存的实例是辽代独乐寺的观音阁。平棊也可写成平棋，它以间广和步架为准，四周做埕枋，埕枋上面钉背板，大致如棋盘。藻井大都用在佛殿或宫室，是用顶部的构件架构并装饰的（见图 6-18）。

图 6-17 佛光寺文殊殿顶部

图 6-18 大同华严寺大雄宝殿的顶部藻井

建筑立面的柱子其造型除有圆形、方形、八角形之外，还出现了瓜楞柱，并且大量使用石造，在柱的表面往往镂刻各种花纹，柱础的形式在前代覆盆及莲瓣的基础上趋于多向化。

建筑上大量使用开启的、窗棂条组合极为丰富的门窗，有极强的装饰效果。门窗棂格的纹样有构图富丽的三角纹、古钱纹、球纹等。这些式样的门窗，不仅改变了建筑的外貌，而且改善了室内的通风和采光。

与建筑风格由质朴转向华丽相对应，宋时彩画也渐趋繁美，按《营造法式》的说法，可以从色彩的角度分为三大类：第一类称“五彩遍装”，做法是在构件的边缘用青或绿色叠晕轮廓，中间以朱色衬底（或者用朱色叠晕轮廓，用青色衬底），在衬底上面五彩花饰，或同时使用金色，其形象比较华丽。第二类称“碾玉装”，特点是以青绿色为主调，不用朱色，具体做法又有许多种。第三类称“解绿装”，特别是以暖色为主调。除《营造法式》的构图之外，辽代彩画，有在梁底部和天花板上画飞天、卷草、凤凰和网目纹的。这一时期，室外彩画的范围相当广泛，不仅包括梁、额、枋，而且还包括椽、斗拱、柱子等。与唐代彩画相比，宋及宋后的彩画有以下特点：从部位看，以栏额为主，有些斗拱有彩画，而此前柱子上面也有彩画；从纹样看，以花卉和几何纹为主，花卉接近写生画，这可能与宋代花鸟盛行有关；从色彩看，以青绿为主调，不似以前多用红黄等暖色；从构图来看，布局更显得自由，相同的图案用于不同的部位，同一个部位又可使用不同的图案；从技法看，叠晕、对晕法已经普遍应用，到明清则成为主要配色方法。

与唐代相比，宋、辽斗拱纤细柔弱，装饰作用日益突出，不像唐代斗拱那样具有雄厚、疏朗的风格。

雕刻技术成熟于唐，至宋代已广泛用于室内外。室内的石雕多为柱础和须弥座。木雕是中国传统建筑中常用的装饰，从《营造法式》可以看出，宋时木雕已有线刻、平雕、浅浮、高雕和圆雕等多种。砖雕有两类，一类是先模制后烧造，另一类是在烧造好的砖上雕花饰。

相对而言，元代的建筑和室内装饰风格在继承了中原风格的基础上，又具有了一些游牧民族的异域风情。元代建筑的地面有砖的、瓷砖的、大理石的，但更多的是铺地毯；建筑的墙面、柱面以云石、琉璃装修，还常常包以织物，甚至饰以金银，元代已大量用金箔；建筑的天花常常张挂织物，这在此前是较少见到的；元代建筑中广用刺绣，间用雕刻，其内容甚至包括圣母像等，说明此时的内外交流对建筑的影响极其深刻；元尚白色，以白为吉，这在《蒙兀儿史记》中已有记载。元宫殿装修豪华富丽，诸多陈设构思奇巧，还有许多工艺品直接出自外国匠师之手，这在此前也是少有的。

6.4 家具与陈设

6.4.1 家具

始于东汉末年，经两晋南北朝兴起的垂足而坐的起居方式，到两宋已完全普及至民间。由此，桌、椅、凳、床、柜、案等各种高形家具便普遍地流行起来（见图6-19）。除此之外，还出现了一些新的家具，如圆形和方形的高几、琴桌、炕桌，以及专供私塾使用的儿童椅、凳、

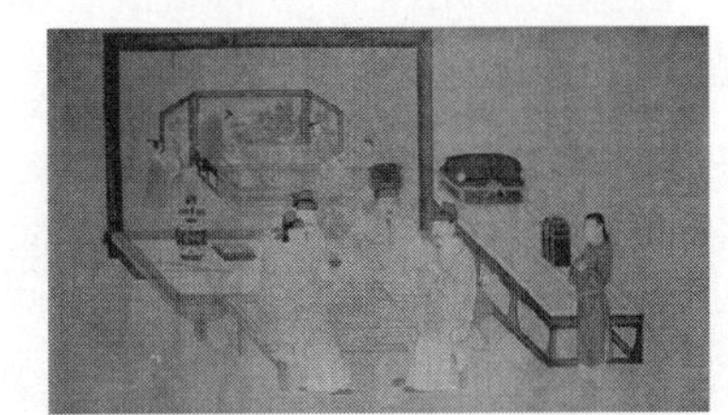

图6-19 《重屏会棋图卷》中的家具

案（见图6-20）和为了适应宴会要求而制作的长桌、连排椅（见图6-21）。室内空间也相应地有所变化。

图6-20　宋代的课桌、椅、凳

图6-21　辽代的长条餐桌

造型上，由于受建筑木作的影响，在隋唐时流行的壶门式箱柜结构已被梁柱式框架结构替代。桌案的腿、面交接开始运用曲形牙头装饰，一些桌面四周还带镶边，制有枭混形的凹凸断面与牙条相间做成束腰，有些牙条还向外膨出，腿部也作弯曲式，做成向里勾或向外翻的马蹄状，并出现了大量的装饰线脚（见图6-22）。

风格方面，以简洁、挺秀为特点，与唐代的富丽、豪华大不相同。两宋床榻，大体上依然保留唐与五代的遗风，但更显灵活、轻便和实用，不似唐代壶门大床那样庞大和厚重（见图6-23）。

图6-22　宋代的高桌、方凳

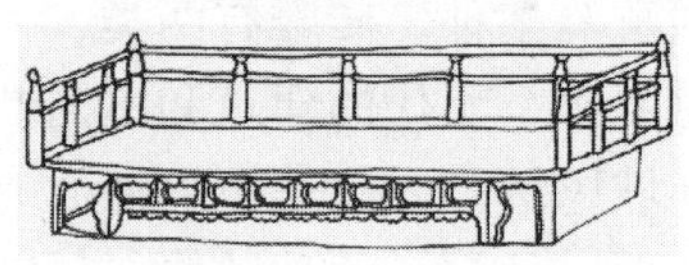

图6-23　辽代的桃形沿面雕木床

宋代，已普遍使用椅子。河北钜鹿出土的坐具最具代表性，其结构、造型和高度与现代椅子很接近。该椅子为搭脑出头靠背椅，是宋代座椅中流行较广的形式。从总体看，宋代的椅子是十分讲究的。宫廷的倾向华丽，上有彩绘花纹，下有宫吏和平民，倾向精致，结构也比较合理。

室内布置，一般厅堂在屏风前面正中置椅子，两侧各有四椅相对，或仅在屏风前置两圆凳，供宾客对坐，书房或卧室家具一般为不对称式布局。造型在室内装饰方面，出现了成套的精美家具，例如堂的布置，一般迎门对面为一大屏风，豪华气派，木作及彩画考究，有的还很奢侈，上嵌有宝石，造型一般为对称式，在屏风前为一把交椅，招待宾客时为主人座位，在交椅前两侧对置座位，是为客人而设的位置。在室内除了有精美的家具外，还有各种字、画的装饰。随着我国绘画艺术在五代、宋代时期的繁荣，室内布画也成为一种时尚，富豪人家在适当的位置布置一幅字画是必不可少的，既丰富了室内的视觉效果，同时又折射出主人的文化修养和艺术品位。

元代家具在宋辽的基础上缓慢发展，没有什么突变，只是在类型结构和形式上有些不大的变化。交椅在元代家具中地位突出，只有地位较高和有钱有势的人家才有，它们大多放在厅堂上，供主人和贵客享用（见图6-24）。元代家具中有一种带抽屉的桌子，见于山西元县北峪口元墓壁画，该桌造型奇特，为此前所少见。

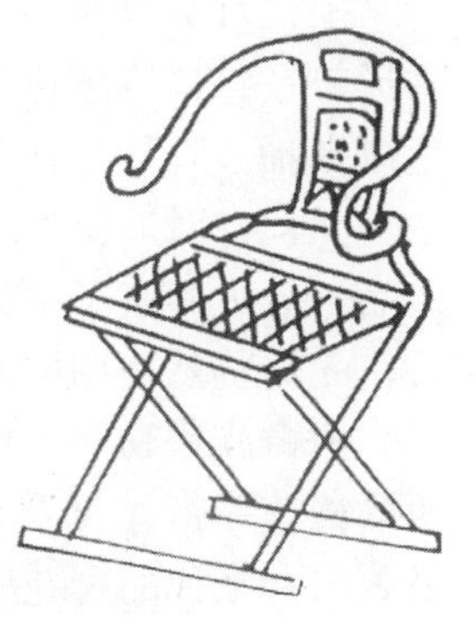
图6-24 宋代的交椅

6.4.2 室内陈设

宋、元工艺美术适应贵族及社会不同阶层的需要和商品经济的活跃而有了新的发展，官府中所设手工业管理机构（如宋代的少府监、文思院中所设众多的作坊）更为庞大，并有细致的分工，所制产品大多不惜工本，精美异常，工艺美术发展水平高于辽金。元代贵族使用的奢侈品生产最为突出，工艺美术发展则是不平衡状态。这个时期陶瓷工艺成就最为辉煌，染织、漆器等已有相应的发展与提高。工艺美术的长足进步，也大大地推动了室内陈设艺术的发展。

宋代工艺美术的成就以陶瓷为首。瓷窑遍及全国，除供应宫廷贵族高档瓷制品的官窑外，还有许多水平很高的民窑。多数论瓷者常把定窑、汝窑、官窑、哥窑和钧窑称为宋代的五大名窑，其实，流行于民间的磁州窑、吉州窑等也以独特的、清新质朴的产品风格占有重要的地位（见图6-25）。

宋代漆器的总体风格与宋瓷一样，是以造型取胜，着重表现器物的结构比例和韵律，朴素无华而较少繁缛的装饰（见图6-26）。

图6-25 宋代青釉雕花瓷壶

图6-26 南宋长方形黑漆盒

宋代织物多种多样，纹饰活泼，不光用于服饰，还大量用于书画装裱和室内陈设。

宋代经济繁荣，文化科学发达，人们更加重视现实生活和眼前利益，也更加向往自然、介入自然。于是，与商业、游乐气氛格格不入的宗教画和教化、助人论的作品日益减少，取而代之的，则是能够表现自然，能起“卧游”作用，能够吸引主顾、愉悦宾客、装饰性强、欣赏性强的山水画与花鸟画。

宋代灯具以陶瓷灯具为主，从出土灯具看，宋代的瓷灯比隋唐的矮小，但类型丰富，基本形势是直口或敞口，口沿较宽，腹部或直或弯，下有较高的圈足，装饰纹样多为花草，釉色以黑釉、青釉、白釉、绿釉、黄釉为主。

元代，对外交通发达，文化交流增加。在频繁交往中，吸收了外来技术，不断推出新的产品，大大丰富了工艺品的品种和形式。元代的宫廷陈设中，金银制品占有主要地位。同时，元代仍然使用屏风，并以挂画作壁饰。

蒙古族是马背上的民族，不大使用易碎的瓷器，元代生产的瓷器大都出自民间尤其是江西景德镇一带（见图6-27）。元代的瓷器有青花、釉里红、红釉和蓝釉等品种，其中以青花最著名，元代的青花瓷器，质地呈豆青色，淡雅清新，其上以蓝色绘制人物、动物和花卉，更显华美和名贵。在元代，织物在室内环境中的用途是非常广泛的，主要用途有：帐幕、地毯、挂毡、天花、屏风和挂画等。

图6-27　元代景德镇云龙梅纹瓶

第7章 明清时期

明、清是中国古代封建社会的最后阶段，自明代建国至1840年鸦片战争改变了中国社会的性质以前，中国社会处于封建社会的后期，这时也是中国艺术在一些方面走向衰落而在另一些方面取得空前发展的时期。1368年朱元璋建立了明朝，守旧压抑，闭关锁国。1644年，满族建立清朝，社会文化的保守使得与西方的差异进一步拉大。明清建筑，沿续古代建筑传统并继续发展，在定型化和世俗化方面有了新的突破，并获得了不小的成就，成为古代中国建筑史上的最后一个高峰。都城、宫廷、陵寝和苑囿规模宏大，一般官式建筑趋于规格化；地方公共建筑有了较大的发展，多姿多彩的私家园林尤为兴盛；宗教建筑仍以佛教寺塔最为突出，其中，藏族与蒙古族的喇嘛寺庙成就空前，在一些建筑中还出现了各民族建筑与中西建筑融洽的迹象。

7.1 建筑空间的发展状况

明清都城、公园、坛庙与陵墓的建造，虽设计思想旨在体现皇权与神权，但因集中了财力、物力及能工巧匠，所以反映了彼时建筑艺术的巨大成就，至今享有世界声誉。

由于制砖技术的进步，明清建筑大部分改用砖砌，深远出檐失去了原有的作用，斗拱也彻底沦为装饰性构件，显得十分纤小，但排列密度却大大增加（见图7-1），这增加了结构的负担，所幸可以通过彩画艺术加以掩饰。明清后很少减少柱子，中国传统建筑发展进入僵化状态。

图7-1 一般的明清斗拱

7.1.1 都城与宫殿

（1）故宫和紫禁城　明、清两代最伟大的遗产就是北京城故宫，这也是我国现存规模最大、最完整，也是最精美的宫殿建筑（见图7-2和图7-3）。北京的规划和宫殿的布局，以一条贯穿南北长达7.5km的中轴线为基准，整个故宫规模宏大，极为壮观。仅以宫殿的核心部分紫禁城为例，它东西长就有760m，南北长960m，占地大于72万m^2，规模宏大无比。宫城内以太和殿、中和殿、保和殿三殿为主。前面有太和门，两侧有文华殿、武英殿两组宫殿，是朝会大典的所在。内廷以乾清宫、交泰殿、坤宁宫为主，是帝王居住之处。两侧还有供嫔妃居住的东西两宫和宁泰宫、慈宁宫等。最后面为御花园。

图7-2 北京紫禁城全景

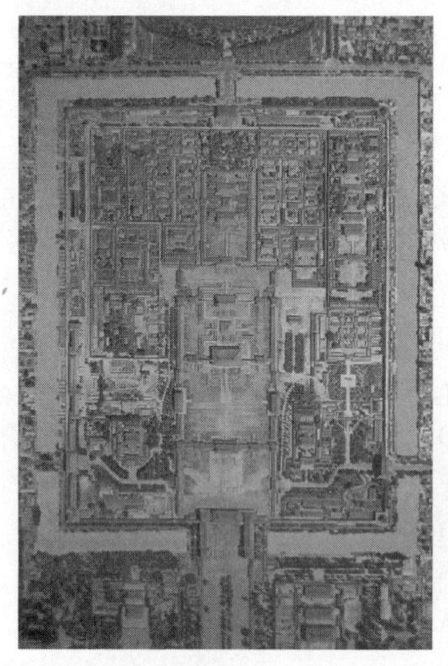

图 7-3 北京紫禁城鸟瞰

为了体现皇权至上并符合封建礼制的规范，都城与宫室的设计以中轴线为骨干，让所有的宫殿和主要建筑都建在这条中轴线上，或者沿着中轴线结合在一起，从而形成了整齐严肃的城市面貌。它的艺术性则在于通过平面布局的纵横开合与立体造型的体量变化，形成了纵贯全城的富于节奏的空间体系。午门是宫城的正门（见图 7-4），造型略近于唐代大明宫，在“凹”型的城墙台基上，中建庑殿顶楼，左右各建两座宋崇阁，以庑廊连二为一，构成庄严华美、气度非凡的五凤楼。午门内为外朝，以太和殿、中和殿、保和殿三大殿为中心，文华殿、武英殿两殿为双翼，占据了宫廷中最显著的位置，庭院亦为宫中最大广场，形成了工程建筑的高潮（见图 7-5）。三大殿建筑在“工”字形三级白色大理石基座上，每层均环绕汉白玉栏杆，饰满云龙雕刻。其中用于皇帝听政的太和殿最大（见图 7-6），初建时面阔九间、进深五间，意为“九五至尊”，时名奉天殿。重建后的大殿面阔达 11 间，宽 63m，进深 37m，重檐庑殿顶，高约 33m，是我国现存最大的古代单体建筑之一（见图 7-7）。整个建筑雕梁画栋，黄瓦、红柱，金碧辉煌。殿前月台上置日规、嘉量、铜龟、铜雀等，给人以端庄富丽的强烈印象（见图 7-8）。

图 7-4 北京紫禁城的午门

图 7-5 紫禁城太和殿广场

图 7-6 太和殿正立面

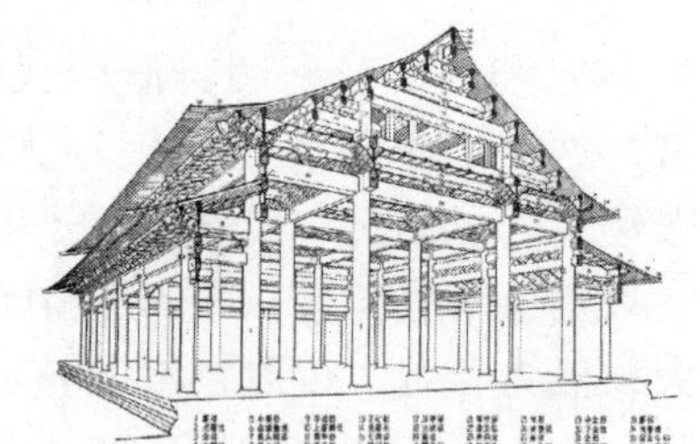

图 7-7 太和殿解构图

中国封建社会宗法观念的等级制度，在北京故宫中得到了典型的表现，从屋顶形式来看，按规定尊卑等级顺序是重檐庑殿顶、重檐歇山顶、重檐攒尖顶、单檐庑殿顶、单檐歇山顶、攒尖顶、悬山顶、硬山顶。在故宫中最重要的建筑用最高等级的屋顶，例如太和殿和乾清宫均使用了重瞻庑殿顶。建筑的开间数，也有明确的等级规定，最高为 9 间，依次为 7、5、3 间，如故宫中的太和殿为唯一的一座 9 间大殿，突出了它的重要地位。色彩和彩画也有着严格的等级规定（见图7-9）。色彩以黄为最尊贵，赤、绿、青、蓝、黑、灰次之，宫殿用金、黄、赤色，民居只能使用黑、白、灰色，故宫以强烈的原色调对比着北京城广大的灰色调民间建筑，显得格外醒目。彩画的题材以龙凤为最高等级，锦缎几何纹样次之，而花卉、风景只可用于次要的庭园建筑。彩画的等级还以用金的多少来判别，从高到低的顺序是：和玺、金琢墨石碾玉、烟琢墨石碾玉、金钱大点金、墨线大点金、墨线小点金、鸦乌墨等。故宫的太和殿面阔9间（清时改为11间），屋顶的走兽和斗拱出挑数是最多的，御路、栏杆及彩画使用龙凤题材，在色彩中用了大量的金色，藻井下的4柱为雕龙金柱，大门的裙板均为金色雕龙图案，殿前月台上陈设着日晷、嘉量、铜龟、铜鹤，都反映出了最高等级。

图7-8　太和殿内部空间

图7-9　乾清宫的外立面装饰

以宫城为中心的明清都城的布局匠心，使宫殿御苑居于全城的核心部分，满足了统治者至高无上又层层防卫的意旨。但由于在艺术上采取了中轴线上主体建筑与次要建筑造型的同中有异，又善于在平面布局上纵横交替，在空间组合上运用外轮廓线的变化及体量对比，所以形成了统一而变化的节奏，取得了既体现皇权又利于统治者使用的功能。

（2）天坛　北京天坛是封建皇帝祭天的地方。天坛的规模很大，原占地约有4000亩（1亩$=666.6m^2$，比故宫紫禁城的面积还要大两倍，总平面近似方形，西北、东北两角呈圆形。天坛始建于明代永乐十八年，主要建筑有圜丘、祁年殿、斋宫及神乐署四处（见图7-10）。建筑群南为祭天的圜丘及其附属建筑，北为祈年殿及其附属建筑，在这两组体量与形状不同的建筑间，以高出地表长达36m的丹陛桥相联，其下遍植柏树，造成了森严肃穆的气氛，并使高地面的两组主要建筑更为突出（见图7-11）。

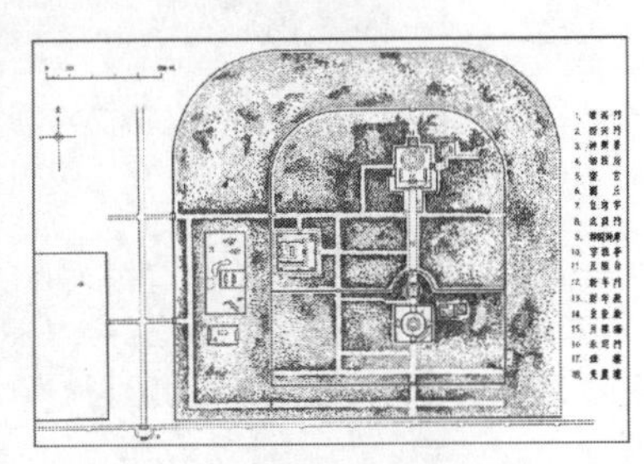

图7-10　天坛的总平面图

祈年殿本为天地合祭的长方形大殿，后分祭，该殿专门祈祷丰年（见图7-12）。祈年殿采取上殿下坛的构造形式，台基形制如圜丘坛，也分三层，每层护以白石砌栏。一座鎏金宝顶，三层重阶的圆形大殿立于台基之上，殿高38m，是昔日北京城最高的建筑之一。深蓝色的殿顶，白色调的台基，金黄的大殿立面，在空阔的广场上，无边的天空下，整个建筑显示着强烈的虔敬色彩，气氛肃穆而厚重。这座全木结构建筑，28根大柱支撑着整个殿顶的重量，其中4根支柱称“通天柱”，又名龙井柱，象征一年四季，中间金柱12根，象征一年的12个月，外层的12根檐柱，象征一天的12个时辰，中外层相加共28根，象征周天28个星宿，28根大柱加上顶部8根童子柱，为36根，象征36天罡。三层殿脊以鎏金斗拱作支撑，整体精美绝伦，富丽堂皇（见图7-13）。大殿内部也装饰得十分精美，足以代表中国古代室内装饰的最高水平（见图7-14）。与故宫诸殿相比，人间皇帝的殿堂以富丽宏伟取胜，该殿则颇有肃穆超然的气氛。

图7-11　天坛俯瞰全景

图7-12　祈年殿外立面

图7-13　祈年殿的内部空间

图7-14　祈年殿的装饰细节

7.1.2 宗教建筑

明清时期，各种宗教并存发展，宗教建筑异常兴盛，建造了很多大型庙宇，宗氏祠堂也广为流传，佛塔形式也多种多样。

其中佛塔以三种为主要代表，一种是楼阁式砖塔，外壁以琉璃装饰，如山西的广胜寺之塔（见图7-15）；另一种是兴于元朝的喇嘛塔，如扬州瘦西湖莲性寺旧址上清代修建的白塔；第三种为金刚宝座式塔，如北京西直门外大正觉寺（俗名五塔寺）的“五塔”（见图7-16），此庙又称五塔寺，建于明初，塔建于明成化九年（公元1473年），是我国此类塔最早的例子，它模仿印度的佛陀伽耶大塔，但在塔的造型和细部上全都采用了中国式样。

喇嘛教建筑一般均以经学院与院外佛寺为中心辅以其他建筑，而且大部分使用密架平顶构架，外部为极厚的土石垣，墙厚、窗小，造型雄壮坚实。其色彩使用则按教义规定，多用红、白、黑、金等色，对比强烈。位于甘肃夏河的拉卜楞寺是喇嘛寺院的典型代表（见图7-17和图7-18），始建于1709年，是一组规模很大的建筑群。寺院内的建筑虽然体形各异，但使用了基本相同的装饰手法，使整个建筑群艺术风格统一、协调。色彩和装饰采用对比的手法，经堂和塔刷白色，佛寺刷红色，白墙面上用黑色窗框，红色木门廊及棕色饰带，红墙面上则主要用白色或棕色饰带，屋顶部分及饰带上重点点缀镏金装饰或用镏金屋顶。在室内、柱子林立的空间中除彩绘外，挂满了彩色幡帷，柱子上裹以彩色毡毯。拉卜楞寺的建筑及装饰可代表这一时期喇嘛教建筑及建筑装饰的一般特点。

图7-15 山西的广胜寺之塔

图7-16 北京大正觉寺“五塔”

图7-17 拉卜楞寺鸟瞰全貌

伊斯兰教建筑在明清形成了具有中国特色的两种形式，一种是内地的回族礼拜寺与教长墓，始建于1392年的西安化觉巷清真寺最具有代表性；另一种是维吾尔族的礼拜寺和玛扎。代表性建筑有18世纪初建于新疆哈什的阿巴伙加玛扎。

图 7-18　拉卜楞寺内部空间

图 7-19　化觉寺大殿外观

图 7-20　化觉寺大殿室内

明代对穆斯林较宽松，清代则不同。陕西西安是穆斯林主要聚集的城市之一，化觉寺是西安最大最古老的清真寺，它基本上沿承了中国传统的建筑形式。总平面是中国传统的院落布局形式，由沿轴线排列的前后四进院落构成，主轴线是东西方向的，外观也是纯中国式，宣礼塔也是两层木楼阁的形象。大殿建在平台上，面阔七间，屋顶为中国传统的勾连塔形式，是典型的楼阁建筑，只在礼拜殿的装饰上保持了伊斯兰教特点（见图7-19和图 7-20），说明从中亚传入的伊斯兰教的建筑也被中国改造为中国的形式了。

图 7-21　曲埠孔庙外观

孔子是中国历史上著名的对后世有很大影响的人物。全国各地都兴盛着对孔庙的建造，而规模最大、历史最悠久的是其故乡曲阜的孔庙（见图 7-21）。主殿为大成殿，始建于 1017 年，在 1730 年重建，重檐歇山顶、面阔九间、进深五间的大殿，立于双层台基上，规格仅次于皇宫。殿身部分面阔七间、进深三间，四周环以柱廊。柱廊外檐有 28 柱，均由整块石料雕琢而成，有蟠龙纹样。殿内其他柱子则为木制柱，这种同一建筑的柱子中木石混合的现象在古代较为少见。

7.1.3　陵墓建筑

中国封建社会 2000 多年间，历代皇帝为了提倡“厚葬以明孝”，以维护他们世袭的皇位和“子孙万代”的皇朝，不惜用大量的人力、物力修筑巨大的陵墓。一般来看，陵墓建筑反映了人间建筑的布局和设计。到元明清时无不如此，尤以明十三陵为典型的代表。

7.2　园林的发展

中国传统园林艺术在明清时达到顶峰。不管是规模宏大的皇家园林还是小巧精致的私家园林都造诣非凡，集中体现了我国造园艺术的特点和巨大成就。

中国古代园林大体上可分三种类型，其一是面积较大、气派宏伟的皇家园林。如清代的“圆明园”及北京的“颐和园”等；其二是私家园林，如苏州的“拙政园”，“网师园”等；其三是依风景名胜所建的园林，主要面对游人大众而建，如杭州“西湖”、昆明“西山滇池”等，这种园林，规模也很大，大多把自然与人造的景物结合一体，以自然为主。

7.2.1 皇家园林

明清至18世纪，皇家苑囿得到了极大的发展。除扩建西苑外，还在山峦起伏、水流纵横的京城一代建造了圆明园、长春园和清漪园等；在外地则建有承德避暑山庄。这些苑囿多见于依山靠水之处，把宫殿区置于平坦地带，并根据地形地貌构置若干游赏区，每一游赏区各具特点，又相互呼应联结成为一个苑囿的整体。避暑山庄、圆明园和颐和园可称为是清代皇家园林的最高成就。

（1）避暑山庄　避暑山庄作为多民族大国的象征，效仿大江南北、长城内外的自然风貌（见图7-22）。湖洲区再现水乡风光的塞外江南。泉水溪流汇成湖，湖上洲岛罗列，“芝径云堤”仿杭州西湖的长堤。湖中三小岛将水面分割，无数江南名胜尽在其中。湖北岸是原野区，有参天古木、麋鹿野兔，还有大草原和蒙古包。宫廷、湖洲、原野西面是山岳区，面积很大，宫墙像长城一般。

（2）圆明园　圆明园有“万园之园”的称号。它本是明代私家花园，扩建后成为大型皇家园林，其中有大规模的宫廷区。后又在东侧和东南侧建造了长春园和绮春园，成为圆明园的附园，整个园区的轮廓像一个倒置的“品”字（见图7-23）。其总周长10km，面积350万m^2，比现在的颐和园要大70万m^2。有着无与伦比的秀美景色的圆明园，是在平原上挖湖堆土营造起来的，其水面广阔，土山绵延。园内以山水相隔，处处形成山环水抱的格局。人工堆叠的土山，将园区分隔成不同的局部空间，建造者在这些各不相同的局部空间建造楼阁亭台，种植各种花草树木，置放奇石，并以水面增加其灵动之气，构成了各个含有不同主题思想的园林景观。每一景色中的宫殿、楼阁、亭台，或构成建筑群，或三两一组点缀于景色之中。

图7-22　河北承德避暑山庄

图7-23　圆明园遗址公园

圆明园最为著名的景区是“九州清宴”。该景区占地为28万m^2，由9个景组成，是当年雍正皇帝为表达九州太平、九州归一的政治意图而特意诏令修建的一个景区。九州清宴分为东、中、西三部分：中部为圆明园殿、奉天无私殿和九州清宴殿；西部为寝宫；东部为天地一家春，都是各具特色的精美建筑群。十分精美的石雕、铜塑小品、各种奇花名木、珍禽异兽，随处可观。

圆明园基本是水景园，所有景观都被组织在水边的岗、岛、阜、堤上，千变万化。这些景

图 7-24 颐和园鸟瞰全景

观或仿造天下名园，或模拟名山大川，或描摹诗情画意，或再现生活场景，就连国外胜景也包括其中。可惜的是1860年英法联军彻底摧毁了圆明园。

（3）颐和园 京郊规模最大，保存也最完好的名苑是颐和园（见图7-24）。位于北京西北郊，总面积达290ha，以221ha的昆明湖为主要景观，东北岸为宫廷区，南、西岸做一堤三岛，即西堤和南湖岛、冶镜阁、藻鉴堂，并遥借西山群峰和玉泉宝塔，此为“借景”艺术的典范。湖北岸是万寿山，山下长廊750m。山前后各有建筑群。前坡为大报恩延寿寺，主体建筑佛香阁最引人瞩目。山后是须弥灵境，具有浓郁的西藏特色。

图 7-25 颐和园的湖光山色

亭园之美，意匠之妙，蔚为巨观。入园门为万寿山之东的行宫建筑群。布局谨严，气概宏大，辉煌壮丽。其东北方有小园一所，亭榭舒敞，垂柳依依，荷叶田田，风光优美，俨然江南风貌，名谐趣园，为仿无锡寄畅园而建。小园之秀雅与宫殿区之雄丽又自相映成趣。自此西行则用长廊把游观者引向万寿山前山的游览区。从山下仰望，在绿树丛中，有体量高大的排云殿位于山腰，继则经十几组建筑可达山顶。山顶金碧交辉的佛像阁与智慧海直耸云霄，登之可鸟瞰昆明湖碧波荡漾，舟楫往来，长堤卧波，桃柳笼岸，更可见岛屿中的龙王庙等建筑隐约光霭中（见图7-25）。自山顶西望，则玉泉山与西山尽收眼底。由于造园者利用了“借景”的技巧，致使该园景色溢出园外，更加恢宏辽阔。

颐和园在环境创造方面，利用万寿山一带地形，加以人工改造，造成前山开阔的湖面和后山幽深的曲溪水院等不同的境界，形成环境的强烈对比，是造园手法上的成功之处。在借景方面，把西山、玉泉山和平畴远村收入园景，是非常成功的，在颐和园中建筑多采用官式作法，与一般私家园林不同，通过巧妙地利用自然景物，创造出一种富丽堂皇而又富于变化的艺术风格，集中而突出地体现了这一时期皇家园林的特点。

7.2.2 私家园林

明代中期以后，为适应官僚文人悠游林下与巨商富贾生活享受的需求，私家建造园林的风气勃兴。这些园林多集中在文化发达、商业繁荣的城市，16世纪出现了由计成撰写的专论园林艺术的著作《园冶》。私家园林在很小的空间里营造出变幻万千的山水美景，反映了中国文人当时独特的艺术构思和修养。

私家园林是为了满足官僚地主和富商的生活享乐而建造的。要根据个人喜好创造出一个可游、可观、可居的城市山林，所以私家园林都有着各自独特的风格。在总体布局上，巧妙地运用各种对比、衬托、尺度、层次、对景、借景等手法，使园景达到以少胜多，小中见大，在有限的空间内获得了更加丰富的景色。在叠山方面，以奇峰阴洞取胜；在水面处理上，有主有次，有收有分，堤岸曲折自然，池桥大小比例适中；在绿化布置上，依景随需，自由栽植；在建筑处理方面，建筑常与山水共同组成园景，有时成为景观中心，建筑种类繁多，常见的有：厅堂轩、馆、楼、台、阁、亭、榭、廊、舫等；建筑造型一般都较轻巧淡雅、玲珑活泼，建筑装修也比较精致灵巧，色彩调和。

苏州园林自古有“名园之冠”的美称，著名园林有建于明代的拙政园、留园、五峰园，建造于清代的怡园、网师园、环秀山庄等。至清代，扬州园林更加盛极一时。这些私家园林多是住宅的一部分，造园者善于在有限的空间内，通过叠石，引水，植树栽花，修建亭馆廊轩，改变地势的起伏，并化整为零地分割空间，在曲径通幽中，创造丰富耐看的景观。

(1) 拙政园　江苏苏州的拙政园布置以池水为主，点缀亭台景色，清新疏朗，是中国古典园林的代表作（见图7-26），始建于明正德四年（1509年）。占地72亩，分东、中、西三部分。

从东园大门进园有堆叠的太湖石迎道，石间绿树散植，“兰雪堂”、“芙蓉榭”隔池相望，颇有诗情画意。中园为精华所在，园内本为低洼积水，设计者把低洼造成池，池中垒土成岛，以池为中心形成山水风光（见图7-27）。中心建筑为“远香堂”，远香堂为四面厅式，南北是门，东西皆窗，闲立堂间，眺望周围景色，四面尽收眼底，山石玲珑，林木苍翠，莲池中覆满莲花，堂前有广玉兰、小池、假山、古木、荷塘。远香堂西邻是倚玉轩，沿曲廊向西是苏州古典园林中唯一的廊桥“小飞虹廊桥”，朱色桥栏倒映水中，清风吹拂，波影荡漾（见图7-28）。走进别有洞天，便是“西园”，是以水为主，池边景物，沿池界墙有一水上长廊，曲折起伏，长廊南连“宜两亭”，北接“倒影楼”，厅、楼隔水相对。其亭台馆榭因依水而获灵意，山岛竹树花因自然而获野趣，碑刻、题名写意点睛而获诗情，它突出显示了中国古典园林构筑的特点、审美的特征。

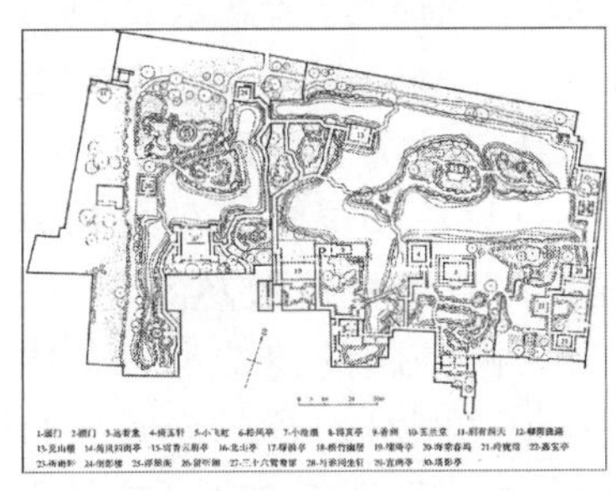

图7-26　拙政园平面布局图

图7-27　拙政园的内部风光

(2) 留园　留园在苏州大型园林中具有代表性，位于苏州市阊门外，由徐泰时所建。占地30余亩（1亩=666.6m^2，留园是苏州大型园林之一，其主要对外入口是高墙间的曲长巷道，有天井，尽端是一个小院（见图7-29）。

图7-28　拙政园小飞虹廊桥

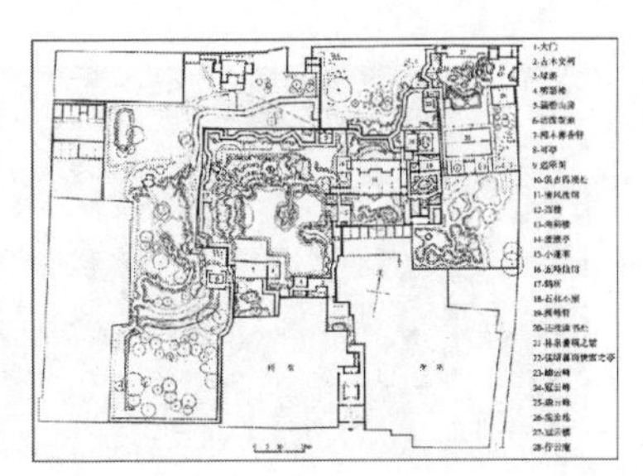

图7-29　留园平面布局图

图 7-30　留园的中区景观

园内由若干组庭院和池山组成，林木森茂，富于自然情趣。全园景色可分为四区，其东、西、北三区为光绪时增建。中区即寒碧山庄旧所，也是主要景观所在，又可分为东西两个景区。西部以广池为中心，内有小岛，架曲桥沟通两岸，岸线曲折幽深。池之西北，叠石造山，连绵起伏，山后依园墙建亭廊，长廊随山势而蜿蜒起伏。山中时有石峰矗立、参天古木、假山小亭、楼阁轩馆，间以溪谷（见图 7-30）。楼阁轩馆后是紧挨着的小院，四面围以华丽的厅堂。造景布局颇受宋元山水画影响。

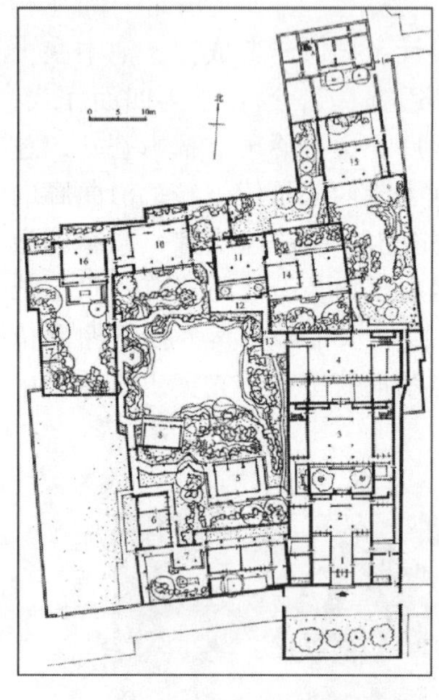
图 7-31　网师园的中区景观

（3）网师园　网师园位于苏州城东，占地 9 亩（1 亩 $=666.6\text{m}^2$），坐北朝南，始建于宋代。其构景细致曲折，穷极变化，引人入景，以独具匠心的规划布局和造园艺术成为苏州园林中的佳作（见图 7-31）。其主要入口在住宅内，从“轿厅”后西侧的“网师小筑”之门入园首先来到假山环绕的小院，院中有一四面厅，厅北有假山阻挡视线，若要观全景须从厅西的曲折长廊出来（见图 7-32）。绕过假山视线便开朗，有池岸曲折的小池在眼前，水口、湾头、石矶，小桥安排巧妙。奇亭巧榭、曲廊重楼或隐于花丛中或现于山石上。

“网师”是“渔翁”的别称，是显示其隐志清高的意思。踏入园中便觉山不高而峰峦起伏、水不阔而有汪洋之感。虚实相生，虚实对比，墙为实，水隔为虚，粉墙漏窗则为实中寓虚，通过一只只造型灵巧奇致的窗框，看窗外半角闲地、一块湖石、几条翠枝、数丛花草，三五小景，便是一帧帧清雅的画屏。网师园的建造显示了中国园林的突出特点，与西欧古典主义园林对称的布局，显示人工的特点不同。网师园则追求顺其自然、变化多端的天然效果（见图 7-33）。建筑、花木、围墙、假山阻隔视线，同时又用曲廊、虹桥、幽径、漏窗、池水使视线变幻曲折，景色连绵不断。一个位置上只能清晰地看见景致的一部分，其他的则若隐若现，美妙极致的景色总在招引着人们去观赏。园林境界还表现在浓郁的文化气氛上，用对联、匾额、题咏、碑记、石刻来为景点立意点睛，既标示出主人的心境，又使之濡染出一片人文的诗意。

图 7-32　网师园中的曲折长廊

图 7-33　网师园园内风光

（4）个园　个园在扬州市东关街北，清初称寿芝园，因“画竹如个”，故称个园。该园布局紧凑，又以叠石著名，其黄石山堆砌尤佳，传出自名画家石涛之手。黄石山为“四季假山”之一，另三季假山，亦极尽巧思佳构之能事。春景沿花墙布置石笋，与侧后的竹林相呼应，一如春竹出土；夏景为假山临水，叠石为洞，洞内幽邃清爽，洞口垂瀑如帘，洞外藤枝繁出，绿意盎然。所叠山石，又取郭熙画论“夏云多奇峰”之意，饶于变化（见图7-34）；秋景即园东北之黄石山，盘旋上下，步移景异，加以少植花树，石色灰黄，颇有秋意萧瑟之趣（见图7-35）；冬景则倚墙叠白色宣石，如冰雪未消，另于墙上开圆孔四行，利用高墙狭巷之设，有风吹来，即产生北风呼啸的效果，奇思异构，真可谓巧夺天工。

图7-34　个园中的夏季叠石

图7-35　个园中的秋季叠石

7.2.3　中国古典园林的特点

中国的古典园林自成一体，独具风格，不管是皇家园林，还是私家园林，都在很大程度上受到古典文人思想和传统中国画的影响，综其形式，可将中国古典园林的艺术特点概述如下：

（1）模仿自然　用人工再造可修的自然现实，追求出美丽的山林景色。有老庄退隐观。

（2）封闭式　有围墙，景藏园内。

（3）突破空间　使有限的空间表现无限的景色，采取曲折而自由的布局，用划分景区和空间分割法借景抒情，互相穿插，形式丰富。

（4）借景　巧妙地与园林其他区之景结合，如北京颐和园。

（5）诗情画意　如诗卷，如山水画，散点透视法，俯仰远近，互相呼应。

（6）亭台、楼阁、廊轩、馆、桥配合以水石花树，构成艺术境界，在园中有点景、外景作用，廊又起分割作用。

（7）景中有景　浓缩空间，小中见大，有外景，变化无穷。

（8）重视线条与装饰性色彩的运用。

7.3 建筑装饰与室内装修

明清时期，建筑装饰与室内装修迅速发展，并已成熟。只是，这时的装饰风格和室内设计往往还是秉承着一个地区的历史延承性，形式和风格常常依赖于工匠们的代代相传，而不是个性化的空间创新设计。室内空间具有明确的指向性，根据所服务对象而被分得等级分明。

7.3.1 建筑装饰

明清时期，建筑及装饰材料方面，砖已普遍用于民居砌墙，江南一带的“砖细”和砖雕加工已很娴熟（见图7-36）。随着制砖工艺的发展，还出现了屋顶用砖拱砌筑成的建筑物，称为无梁殿。琉璃面砖、琉璃瓦的质量提高了，色彩更加丰富，应用面愈加广泛，这时的琉璃瓦、砖不仅有白色、浅黄色、深黄色、深红色、棕色、绿色、蓝色、黑色等多种色彩，而且可以将表面制作得具有浮雕效果。为便于镶砌装配，琉璃砖被制成了带榫卯的预制构件，被广泛地应用于塔、门、照壁等建筑物中。

斗拱和雀替均为我国古建筑中的结构构件，斗拱由方形斗、升和矩形的拱、斜的昂组成，在结构上挑出承重，并将屋面荷载传给柱子（见图7-37）。雀替位于梁枋下方与柱相交，结构上可以缩短梁枋净跨距离，在两柱间称为花牙子雀替，在建筑末端，由于开间小，柱间的雀替联为一体，称为骑马雀替。由于普遍使用砖瓦建造房屋，作为结构构件的斗拱和雀替就逐渐失去了实用意义，成为纯粹的建筑装饰。

图7-36　清代门楼上的砖雕

图7-37　建水文庙内坊上的斗拱

柱子是建筑中的主要结构构件，但同时也具有重要的装饰功能。在很早以前柱子就被涂上了油漆，到明清时，一般以朱色柱为主，有时柱子上被绘以彩画，或雕刻，如故宫太和殿藻井下的4根盘龙金柱，曲阜孔庙大成殿前的雕龙檐柱（见图7-38）。

在建筑材料方面，使用了许多稀有的贵重材料，如紫檀、楠木和各种色彩的玻璃，在建筑装饰上，主要宫殿用方柱，涂以金或红色并绘金龙，墙壁上挂毡毯、毛皮或丝质帷幕，壁画、雕刻充满宫中，多数是喇嘛教题材。在宫中有盂顶殿、维吾尔殿、棕毛殿等新形式，均为此前宫殿所未见。

与建筑雕刻中仪卫性雕刻的衰落相对照，明清用于建筑装饰部位的雕刻则有了新的发展。这些建筑装饰雕塑分别用于牌坊、照壁、佛塔、石阶、栏柱、花墙、屋脊，以及门窗、额枋等处，或为石刻，或为砖刻，或为木雕，或为琉璃塑（见图7-39）。见于公园、坛庙、陵墓及牌坊者，多在吉祥图案中以龙凤云水为母题，或以百狮飞鹤为主体；见于一般佛教寺塔者，则造像与宗教装饰图案相结合；见于关帝庙或会馆等市俗性建筑者，则又多为历史传说戏文故事。其雕刻手法善于把高浮雕、浅浮雕、透浮雕与圆雕相参合，装饰性与写实性相对照，附属装饰作用与独立欣赏价值相统一，工艺精巧华美，或玲珑剔透，虽时或失之繁缛，但较前代精细华美，充分体现出了能工巧匠的高超技艺。

图7-38 曲阜孔庙大成殿前的雕龙檐柱

7.3.2 室内装修

明清建筑有“大式”与“小式”之分。大式建筑一般是指有斗拱的高级建筑；小式建筑是指没有斗拱的一般建筑。建筑等级森严，不同类型、不同级别的建筑，其室内装修、装饰也是大不相同的。如，大式建筑的顶棚就有以下几种做法：一为井口天花，即在方木条架成的方格内，设置天花板，在天花板上绘彩画、施木雕，或用裱糊的方法贴彩画；二为藻井（见图7-40和图7-41），有斗四、斗八和圆形多种，多用于宫殿、庙宇的御座和佛坛上；三为海漫天花，又称软天花，其做法是在方木条架构的格构下面满糊苎布、棉榜纸或绢，再在其上绘制井口天花的图案；四为纸顶，简易的大式建筑，可在方木条格的下面，直接裱糊呈文纸，作为底层，再在其上裱糊大白纸或银花纸，作为面层，在一些造型比较自由的廊轩中，有时根本不做吊顶。

图7-39 明十三陵石牌坊上的雕刻

图7-40 紫禁城御花园澄瑞亭顶部的天花藻井

图7-41 太和殿的天花藻井

图 7-42　明清建筑上的装饰彩画

明清时期的油漆工艺得到了广泛的发展和普遍利用，在木构件表面涂油漆，既保护了木材，又起到了很好的装饰作用。在此基础上，明清彩画也有了更进一步的发展（见图 7-42），常用的约有三大类：和玺彩画、旋子彩画、苏式彩画。和玺彩画仅用于宫殿，坛庙的主殿、堂、门，是彩画中的最高等级，做法为在梁枋上箍头处用有坐龙的盒子，藻头用齿形衔眼及降龙，枋心用行龙；旋子彩画仅次于和玺彩画，应用范围较广，主要特点是在藻头内使用了带卷涡纹的花瓣，即所谓旋子；用于住宅、园林中的苏式彩画，与前两种彩画不同，利用了写实的手法，在枋心包袱中绘有人物故事、山水风景、博古器物等图画。

图 7-43　清朝时期的隔扇门

古建筑的门窗，是内外装修的重要内容，门主要有两种类型：版门和隔扇门（见图 7-43）。版门一般用于建筑大门，由边框、上下槛、横格和门心板组成。门框上有走马板，门框左右有余塞板。隔扇门，一般作建筑的外门或内部隔断，隔扇大致可以划分为花心和裙板两部分，是装饰的重点所在。另外，隔扇也可以去掉下面裙板部分做窗，称为隔扇窗，在立面效果上与隔扇门一起取得整齐协调的艺术效果。花心也即隔心，形式丰富多样，是形成门的不同风格的重要因素，花心有直棂、方格、柳条式、变井字、步步锦、灯笼框、夹杆条、杂花、龟背锦、冰纹、菱花等样式。裙板一般为雕刻，图案复杂多样。

建筑的室内墙面可以是清水的，即表面不抹灰，但更多的是在隔墙上抹以白灰，并保持白灰的白色。内墙面可以裱糊，小式建筑常用大白纸，称“四白落地”。大式建筑或比较讲究的小式建筑，可糊银花纸，有“满室银花，四壁生辉”的意义。有些等级较高的建筑，特别是高级住宅，可在内墙下部做护墙板，一般做法是在木板表面作木雕、刷油或裱锦缎。

图 7-44　明清戏曲金漆木雕

在室内，砖雕、石雕主要用于神坛的须弥座和柱基。明清石雕柱基式样丰富，远远超出宋《营造法式》的规定。不仅民间建筑如此，就连官式建筑也选用了多种多样的造型和花饰。木雕在明清时期产生了五大流派，即黄杨木雕、硬木雕、龙眼木雕、金木雕和东杨木雕。其中，硬木雕多用红木、花梨、紫檀等名贵木材，因质地坚硬、纹理清晰、沉着稳重而极受人们的青睐（见图 7-44）。

7.4 家具与陈设

7.4.1 家具

随着手工业的发展，特别是海外交通的发达、东南亚的优质木材输入，明清时期我国家具制件工艺有了很大的发展。家具的类型和式样除了满足生活需要外，与建筑有了更加密切的联系。在一般的厅堂、卧室、书斋等处都有常用的几种家具配置，出现了成套家具的概念。特别是官僚贵族的府邸，常常在建造房屋时就根据建筑空间的功能，考虑家具的种类、式样和尺度，家具成为建筑设计，特别是室内设计的重要组成部分。

明清家具的特征之一，是用材合理，既发挥了材料性能，又充分利用和表现了材料本身色泽与纹理的美观，达到了结构与造型的统一；特征之二是框架式的结构方法符合力学原则，同时也形成了优美的立体轮廓；特征之三是雕饰多集中于辅助构件上，在不影响坚固的前提下，取得了重点装饰的效果。因此，每件家具都表现出体形稳重、比例适度、线条利落，具有端庄而活泼的特点。

但从家具发展的历史来看，明清家具又各具特点。明代家具以简洁素雅著称，继承和发扬了唐代家具的传统（见图7-45），具有如下特点：第一，讲究功能，注重人体尺度和人体活动的规律，注重内容和形式的统一；第二，造型优美，比例适宜，刚柔相济，外表光洁，干净利落，庄重典雅，繁简得体，统一之中有变化；第三，结构合理，符合力学要求，榫卯技术纯熟，做工精细，不用钉，少用胶，连接牢固；第四，用材讲究，重纹理，重色泽，质地纯净而细腻；第五，具有很高的文化品位和中国特色，在选材、加工等方面，充分体现了尊重自然、道法自然的精神。而清代家具在吸收工艺美术的基础上开始趋向于复杂，出现了雕漆、填漆、描金的家具，木质家具中的雕刻也大量增多，并利用玉石、陶瓷、珐琅、文竹、贝壳等作镶嵌，使家具的外观华丽而繁琐（见图7-46）。其主要特点是：追求体量，厚重有余，俊秀不足，有一种沉重感；注重装饰，纹样吉祥，滥施雕刻，杂用镶嵌，争奇斗

图7-45 明式黄花梨坐凳

图7-46 清式紫檀鼓墩

巧，以致忽略了造型、功能和结构的合理性；模仿西方家具的款式纹样，也是清式宫廷家具的一大特点，乾隆时，圆明园内的不少家具采用西番莲、海贝壳等西式纹样，采用西式建筑中的花瓶栏杆、蜗形扶手、兽爪抓球等部件，而广西等地，由于已有西洋人经商，洋行、商馆中则出现了完全照搬的西式古典家具。

在家具布置方面，明清贵族住宅中，重要殿堂的家具都采用成组成套的对称方式，而以临窗、迎门的桌案和前后檐炕为布局中心，配以成组的几椅，或一几二椅，或二几四椅等，柜橱书架等也多为成对布置，严谨划一，力求通过色彩、形体、质感造成一定的对比效果（见图7-47）。居室、书斋等不拘一格，随意处理。

明清时期，室内隔断形式在空间中占据了重要的地位，其中以“罩”最为突出，在室内起隔断和装饰的双重作用，既分隔了空间，又丰富了层次，隔而不断。按照罩的不同通透程度可分为：几腿罩、花罩、落地花罩、栏杆罩、落地罩、圆光罩、太师壁、坑罩等。博古架是其中更为独特的一种隔断形式，又称多宝格，因中间有许多可以陈设古玩、器皿、书籍的空格而得名，既是一种与落地罩相近的空间分隔物，又是一种具有实际功能的“家具”，它常由上下两部分组成，上部为大小不一的格子，下部为封闭的柜子，柜门上多有精美的雕刻（见图7-48）。

图7-47　扬州个园的家具布设

图7-48　清式博古架

其他很多家具形式也在这一时期得到了快速发展。床以架子床最为普遍，做法是四角立柱，顶部加盖，顶盖四周装倒挂楣板和倒挂牙子，床板后面和左右两面设围子（见图7-49）。另外还有罗汉床和拔步床。桌案包括高桌、矮桌、几、案和架几案，明式高桌有方桌、长方桌、圆桌、多边桌和组拼桌等多种形式，按特征可划分成有束腰和无束腰两大类，方桌中的大者，边长可至1100mm，称八仙桌（见图7-50）；小者边长约为870mm，称小八仙桌或六仙桌。长方桌大小不等，主要用于作画，作为琴桌和化装桌。矮桌高在300mm上下，包括炕桌、炕案、炕几、榻几和榻桌。桌、几之分，主要在承面之宽窄，习惯上，将面窄者称几，将面宽者称桌。案的特征是面板均为长方形，甚至为长条形。案足不在案面的四周，而是从两端向内缩进一定的距离。明椅类型极多，常用的有宝椅、交椅、圈椅、官帽椅、靠背椅和玫瑰椅，宝椅比普通椅大，用于宫廷，为皇帝、后妃所专用，称为宝座。交椅即折叠椅，座面多用软屉，圈椅椅背呈弧形，造型圆润，表面光素者居多。明时，箱柜类家具也极多，常见的有抽屉橱、圆角柜、方角柜、百宝箱和百宝格等。

图7-49 清式架子床

图7-50 明式黄花梨八仙桌

随着家具制作工艺的成熟和发展，出现了以产地为代表的独特的家具风格。清代宫廷家具有三处重要产地，即北京、广州和苏州，它们各自代表一种风格，被称为清代家具的三大名作。明末清初，广州是中国对外贸易和文化交流的重要窗口，手工艺发达，再加上广东是出产和进口名贵木材之地，这就为广式家具的兴盛提供了得天独厚的条件。广式家具的基本特征是：用料粗大、充裕；讲究材种一致，即一种广式家具，或用紫檀，或用红木，绝不掺用其他的木材；装饰纹样丰富，除传统纹样外，还使用一些西方纹样；常用镶嵌工艺，屏风类家具采用镶嵌工艺者尤多（见图7-51）。苏式家具指以苏州为中心的长江下游生产的家具。苏式家具以俊美著称，比广式家具用料省，为节省名贵木材，常常掺用木料或采用包镶的方法，也用镶嵌装饰，题材多为名画、山水、花鸟、传说、神话和具有祥瑞含意的纹样。北京则以宫廷创办处所做家具为代表，风格介与广式与苏式之间，外形与苏式相似，但不用杂料，也不用镶包工艺。

图7-51 广式紫檀家具

7.4.2 室内陈设

明清是工艺品、陈设品全面发展的时期，室内陈设的丰富性和艺术性，以前的历朝历代无可比拟。其工艺美术品繁多，大宗的是瓷器、织绣、漆器、金属工艺等，其他特种工艺、民间工艺与少数民族工艺也极为发达。一般而言，在民间工艺与少数民族工艺中，实用、经济与美观的结合较好，善于化腐朽为神奇地进行巧夺天工的创造，作品具有浓郁的生活气息，风格质朴健康。在贵族化的工艺品中，虽因物质条件、生产条件优越而有便于发挥工匠艺术家的聪明才智，在技艺上达到了难以想象的精巧与熟练，但来自民间的审美观念却渐为统治者唯求繁艳细巧的审美意识所取代，经济实用与美观相统一的原则也渐为纯观赏又孤立讲求技艺的倾向所代替，在繁丽精巧的背后则是精神面貌的衰靡与毫无生气。

室内陈设多以悬挂在墙壁或柱面的字画为多（见图 7-52）。一般厅堂多在后壁正中上悬横匾，下挂堂幅，配以对联，两旁置条幅，柱上再施板对或在明间后檐金柱间置木隔扇或屏风，上刻书画诗文、博古图案。在敞厅、亭、榭、走廊内则多用竹木横匾或对联，或在墙面嵌砖石刻。在墙上还可悬挂嵌玉、贝、大理石的挂屏，或在桌、几、条案、地面上放置大理石屏、盆景、瓷器、古玩、盆花等。这些陈设色彩鲜明，造型优美，与褐色家具及粉白墙面相配合，形成一种瑰丽的综合性装饰效果。

明代的主要瓷种为白瓷，主要装饰手法为青花、五彩画花，主要产地为景德镇。清代主要瓷种为青花、釉里红、红蓝绿等色釉和各种釉上彩。陶瓷制品包括饮食器、盛器和日用品，属于陈设和玩赏用的有瓶、花尊、花瓢、壁瓶、插屏、花盆和花托，此外，还有一些瓜果、动物，像生瓷及陶瓷雕塑等（见图 7-53）。

图 7-52　清代挂于厅堂的字画

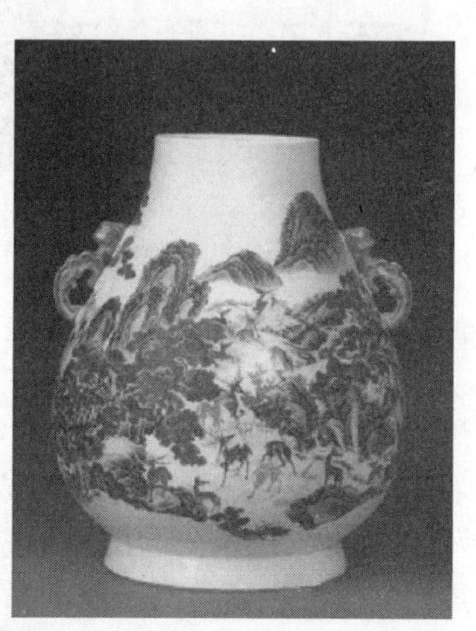
图 7-53　乾隆粉彩百鹿图双耳尊

明代金属制品中，最著名的是宣德炉和景泰蓝。宣德炉是明王室为祭祀需要和玩赏需要，用从南洋得到的风磨铜铸造的一批小铜器，因其多为香炉，故以“炉”名之（见图 7-54）。现有宣德炉分为两类，一类是不加装饰花纹的素炉；另一类是经过镂刻镏金等工艺加工的。景泰蓝是一种综合性金属工艺，属珐琅范畴。珐琅，就是把琉璃粉末烧在金属器胎上，由于制作工艺不同，又分掐丝珐琅、内填珐琅和画珐琅。景泰蓝是对铜胎掐丝珐琅的俗称，明代景泰蓝器物有盒、插花、蜡台和脸盆等（见图 7-55）。

图 7-54　明代宣德炉

图 7-55　景泰蓝花瓶

插花与盆花源于佛前供花，又受绘画、书法、造园的影响，是室内环境中不可缺少的陈设（见图7-56）。明代的插花和盆花，在元代几近停滞之后，再度兴盛起来，技术和理论已经成为完整的体系。此时的插花，不求刻板的形式，不求富丽的场面，而是更重内涵，更讲寓意。初期，以中立式堂花为主，有富丽庄重之倾向；中期，倾向简洁，常常加入如意、珊瑚等物，更加讲究花与花瓶、几案的搭配；晚期，理论上趋于成熟，出现了袁宏道的《瓶史》、张谦德的《瓶花谱》等经典著作。清代插花、赏花之风不亚于明代，只是欣赏角度有些变化，表现之一是由人格化向神化转化，往往把赏花作为精神上的一种寄托；表现之二是常常利用谐音等赋予插花以吉祥的含意，如用万年青、荷花、百合寓意“百年好合”；用苹果、百合、柿子、柏枝、灵芝寓意“百事如意”等。

明代末期出现了一种悬挂于墙面的挂屏（见图7-57）。它的芯部可用各种材料做成，但最多的是纹理精美的云石，因为它们可以使人联想到自然界的山水、云雾、朝霞、落日，形似绘画，实则天成，因此，比一般绘画更加耐人寻味、更加有情趣。

图7-56 清代的盆花艺术

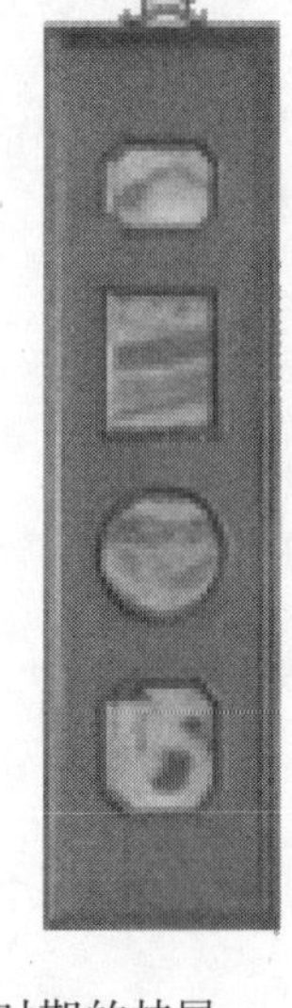

图7-57 清末民初时期的挂屏

明末，特别是清代，年画发展，到了乾隆年间，已经普及大江南北，达到了全盛的阶段（见图7-58）。就产量多、影响大、风格鲜明而言，以天津的杨柳青、江苏苏州的桃花坞和山东潍县的杨家埠年画最著名。年画的题材有故事戏文、风土人情、美人娃娃、男耕女织、风景画鸟和神像等，大多寓意吉祥，因此，是居室，特别是农民住屋不可缺少的装饰品。

图7-58 清朝立刀门神年画

明清灯具比唐宋更丰富，并明显具有实用和观赏两种功能。明清灯具有大量实存，它们造型别致、样式华美，极大地丰富了室内环境的内容。宫灯多以木材制骨架，骨架中安装玻璃、牛角或者裱绢纱，再在其上描绘山水、人物、花鸟、鱼虫或故事。有些宫灯，在上部加华盖，下边加垂饰，四周加挂吉祥杂物和流苏，更显豪华和艳丽。瓷灯的造型多取小壶形，壶口处有圆形顶盖，壶底处连接一个圆柱体，柱下为一个带圈足的宽边圆形盘。金属灯则包括银灯、铜灯、铁灯和锡灯，也包括铜胎镀金灯，如驼形、羊形、龟形和凤鸟形。玻璃灯曾用于圆明园的西洋楼，一些西方传教士参与了设计与制作，具有中西合璧的特征。

第8章 近现代时期

自1840年英国侵略者发动了侵华的鸦片战争之后，古代的中国发生了社会性质上的重大变化，进入了近代。中国近代史是中国社会沦为半封建半殖民地的历史，也是中国人民反抗斗争的历史。从太平天国到辛亥革命，这些伟大的斗争，都促进了建筑和室内审美的发展。西学为用的改良派思想和旧民主主义的文化思想都曾对艺术事业产生过较大的影响，主要表现为：以西方模式兴办新的美术学校并选派留学生出国学习，推动了西方艺术理念在中国的流行；一些思想家、理论家发表的改革中国美术的文章，冲击着几千年来的旧的观念，呼唤着中国艺术形态的复兴。

8.1 近代建筑与室内空间的发展概况

中国近代建筑及其室内空间处于承上启下、中西交汇、新旧接替的过渡时期，既交织着中西文化的碰撞，也经历了近、现代的历史搭接，与它们所关联的时空关系是错综复杂的。大部分近代建筑还遗留到现在，成为今天城市建筑的重要构成，并对当代中国的建筑活动和室内设计产生着巨大的影响。

8.1.1 西风东渐

鸦片战争后，清政府被迫签订了一系列不平等条约。外国资本主义的渗入和中国资本主义的发展，引起了中国社会阶级和社会生活各方面的变化。随着封建王朝的崩溃，结束了帝王宫殿、苑囿的建造历史。河北最后几座皇陵的修建和北京颐和园的重建，成了封建皇室建筑的最后一批工程。

本时期城市的变化主要表现在通商口岸，一些租界和居留地形成了新城区。这些新城区内出现了早期的外国领事馆、洋行、银行、商店、工厂、仓库、教堂、饭店、俱乐部和花园洋房。这些殖民输入的建筑以及散布于城乡各地的教会建筑是本时期新建筑活动的主要构成，这些活动最终带动了中国建筑样式和室内风格上西风东渐的进程。

19世纪90年代前后，各主要资本主义国家先后进入帝国主义阶段，中国被纳入世界市场范围。租界和租借地城市的建筑活动大为频繁，为资本输出服务的建筑如工厂、银行、火车站等类型增多，建筑的规模逐步扩大，洋行打样间的匠商设计逐步为西方专业建筑师所替代，新建筑设计水平明显提高，出现了像1923年的上海汇丰银行和1925年上海江海关大厦那样的建筑规模和建筑水平（见图8-1），同时，室内空间的设计也进一步规范化。

图8-1 上海汇丰银行

当然，这些新体系建筑及其室内空间仍然是当时西方风格的“翻版”，仍属于“洋房”之列，建筑外观绝大多数沿袭当时欧美流行的折衷主义风貌，只有少数建筑闪现出新艺术运动等新潮样式。在外国建筑师设计的教堂和教会学校建筑中，开始出现了一批“中国式”的新建筑，展现出中西建筑交汇的端倪，成为近代传统复兴式建筑的先声。

从1927到1937这10年，是近代中国建筑活动的短暂繁盛期。这个繁盛局面主要表现在：在军阀混战和革命斗争高涨的形势下，一些军阀、买办、地主纷纷向上海、北京、天津，以及各省会城市迁移，他们大量地在租界内进行商业活动，经营房地产业，修建私人住宅，特别是租界区的急速发展。20世纪30年代资本主义世界发生严重经济危机，大量倾销建筑材料，各国房地产集团和中国财团利用廉价材料和劳动力，竞相向房地产投资，掀起一股建造高层公寓、高层饭店、高层商业建筑的浪潮。

从1937年到1949年，我国处于抗日战争和第三次国内革命战争时期，建筑活动很少，当然，也没有什么具有代表性的室内形态出现。

总之，洋式形态在中国近代建筑体系和室内风格中都占据很大的比重。它在近代中国的出现，有两个途径：一是被动地输入，二是主动地引进。被动输入是在资本主义列强侵略的背景下展开的，主要出现在外国租界、租借地、通商口岸、使馆区等被动开放的特定地段，展现在外国使领馆、工部局、公董局、洋行、银行、饭店、商店、火车站、俱乐部、花园住宅、工业厂房，以及各教派的教堂和教会其他建筑空间上。主动引进指的是中国业主兴建的或中国建筑师设计的“洋式风格”，早期主要出现在清末“新政”和军阀政权所建造的建筑空间上。

图8-2　北京段祺瑞执政府外景

从风格上看，近代中国的洋式建筑空间，早期流行的主要是“殖民地式”和欧洲古典式。“殖民地式”指的是一种“券廊式”的建筑，它是欧洲建筑传入印度和东南亚一带，适应当地炎热气候所形成的一种流行样式（见图8-2）。一般为一、二层楼，带联券回廊或联券外廊的砖木混合结构房屋，如汉口早期英租界的沿街楼房。欧洲古典式风格在近代中国的出现，不是一种孤立现象，它是当时西方盛行的折衷主义建筑的一个表现。西方折衷主义有两种形态，一种是在不同类型建筑中，采用不同的历史风格，如以哥特式建教堂，以古典式建银行、行政机构，以文艺复兴式建俱乐部，以巴洛克式建剧场，以西班牙式建住宅，等等，形成建筑群体的折衷主义风貌（见图8-3和图8-4）；另一种是在同一幢建筑上，混用希腊古典主义、罗马古典主义、文艺复兴古典主义、巴洛克、法国古典主义等各种风格式样和艺术构件，形成单幢建筑的折衷主义面貌。

图8-3　北京西什库教堂

图8-4　北京花旗银行外景

8.1.2 民族形式

在中西文化碰撞的形势下，中国近代出现了各种形态的中西交汇的建筑形式。总的说来可以概括为两大类：一类是中国传统的旧体系建筑的“洋化”；另一类是外来的新体系建筑的“中国化”。前者主要出现在沿海侨乡的住宅、祠堂和遍布各地的“洋式店面”等民间建筑中（见图 8-5 和图 8-6），大多数是由民间匠师自发形成的，大体上停留于传统建筑的基本格局中，并生硬地掺合洋式的门面、柱式和细部装饰。

图 8-5　北京劝业场门面

以 1925 年南京中山陵设计竞赛为标志，中国建筑师开始了传统复兴的建筑设计活动。在中山陵建筑悬奖征求图案条例中指定：“祭堂图案须采用中国古式而含有特殊与纪念之性质者，可根据中国建筑精神特创新格亦可。”选用了获头奖的吕彦直方案，于 1926 年奠基，1929 年建成。这是中国建筑师第一次规划设计大型纪念性建筑群的重要作品，也是中国建筑师规划、设计传统复兴式的近代大型建筑组群的重要起点（见图 8-7）。从单体建筑看，祭堂造型有较大创新成分，形象独特（见图 8-8）；石牌坊、陵门、碑亭则沿用清式的基本形制，但加以简化，运用了新材料、新技术，采用了纯净、明朗的色调和简洁的装饰，使得整个建筑组群既有庄重的纪念性格、浓郁的民族韵味，又呈现着近代的新格调，可以说是中国近代传统复兴建筑的一次成功的起步。

图 8-6　北京瑞蚨祥门面

这股传统建筑复兴之风，在“中国式”的处理上差别很大。当时针对这些建筑的不同形式，有称之为“宫殿式”的中国建筑、“混合式”的中国建筑、“现代式的”中国建筑，等等。实际上，中国建筑师设计的这些中国式新建筑和外国建筑师设计的中国式教会建筑，都属于“历史主义”的创作现象，它们与西方的“历史主义”的表现形态是很接近的。我们可以把传统复兴的“中国式”建筑也对应地区分为三种历史主义，即复古主义、折旧主义和以装饰主义为特征的传统主义。

复古主义这类建筑极力保持中国古典建筑的体量权衡和整体轮廓，保持台基、屋身、屋顶的“三分”构成，屋身尽量维持梁柱额枋的开间形象和比例关系，整个建筑没有超越古典建筑的基本体形，保持着整套传统造型构件和装饰细部。南京的谭延闿墓祭堂、国民党党史史料陈列馆（见图 8-9 和图 8-10）、中山陵藏经楼、中央博物院（见图 8-11 和图8-12）

图 8-7　南京中山陵鸟瞰全貌

和上海市政府大厦都属于这一类。

图 8-8 南京中山陵祭堂

图 8-9 国民党党史史料陈列馆原貌

图 8-10 国民党党史史料陈列馆现状

图 8-11 中央博物院远景

图 8-12 中央博物院近景

图 8-13 今南京师范大学内的折衷主义建筑

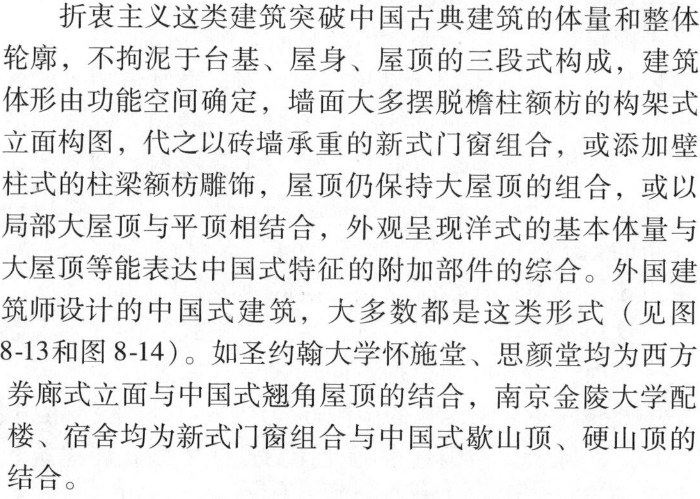

折衷主义这类建筑突破中国古典建筑的体量和整体轮廓，不拘泥于台基、屋身、屋顶的三段式构成，建筑体形由功能空间确定，墙面大多摆脱檐柱额枋的构架式立面构图，代之以砖墙承重的新式门窗组合，或添加壁柱式的柱梁额枋雕饰，屋顶仍保持大屋顶的组合，或以局部大屋顶与平顶相结合，外观呈现洋式的基本体量与大屋顶等能表达中国式特征的附加部件的综合。外国建筑师设计的中国式建筑，大多数都是这类形式（见图 8-13和图 8-14）。如圣约翰大学怀施堂、思颜堂均为西方券廊式立面与中国式翘角屋顶的结合，南京金陵大学配楼、宿舍均为新式门窗组合与中国式歇山顶、硬山顶的结合。

图 8-14 今南京大学内的折衷主义建筑

20 世纪 30 年代，现代建筑思潮已陆续传入中国，建筑实践中，一种向国际式过渡的装饰艺术倾向的作品和地道的国际式作品也通过洋行建筑师的设计而纷纷出现。这种新颖、合理、经济的摩登形式，吸引了中国建筑师的注意和社会的兴趣，因此，很自然地为传统复兴建筑启迪了一条新路——仿“装饰艺术”做法的路，即在新建筑的体量基础上，适应装点中国式的装饰细部。这样的装饰细部，不像大屋顶那样以触目的部件形态出现，而是作为一种民族特色的标志符号出现。这是一种传统主义的表现，确切地说，是以装饰主义为特征的传统主义。

8.2 室内设计教育与学术研究

我国室内设计的真正兴起是近 30 年左右的事情，作为一个行业的专业性培养教学则为时更短，而我国的室内设计专业教育往往起源于两种不同的教学体系，一种在艺术类院校内作为实用艺术的形式出现；另一种则在建筑院校内作为建筑设计的内部空间设计补充的方式出现，是社会分工细化的一种必然结果。因此，这两种教育体系在我国的兴起和发展都必然直接影响到室内设计专业在我国的定位和发展。

8.2.1 美术教育的影响

19 世纪末期，西学东渐已越来越明显。帝国主义的炮舰政策，打开了中国闭关自守的大门，西方的新思潮加快向我国传播。中国封建王朝日趋腐败没落，受到人民群众的普遍不满。社会上仁人志士以向西方寻找真理来反对封建制度，寻求救国救民途径。中国新兴的民族资产阶级想借助于西方新思潮、新观念反对中国封建的、束缚人民进步的旧思想、旧观念。

蔡元培认为“文化进步的国民，既然实施科学教育，尤其应普及美术教育”（见图 8-15）。他的以美育代宗教说的中心论点是：“鉴刺戟感情之弊，而专尚陶养感情之术，则莫如舍宗教而易以纯粹之美育。”他寄希望于以纯粹之美育来陶养人们的感情，“使人我之见，利己损人之思念以渐消沮者也。”把美育作为改造国民精神的手段。

我国最早建立图画手工科的是南京两江师范学堂和保定北洋师范学堂。南京两江师范学堂是单独的优级师范（即高等师范），创立于 1902 年。起初几年是各科混合制，设有图画、手工、音乐等课。改为分科制后，开始也没有艺术性质的专科。后来在校长李瑞清的提倡和学生的竭尽争取之下，才特别添设了图画手工科。我国第一所私立美术学校是在 1911 年由周湘创办的。周湘（1871—1933），字印侯，号隐厂，又号灌园，原籍上海。他所建的学校最初称中西美术学校，后改名中华美术学校。我国发展最快的私立美术学校是 1912 年由乌始光、刘海粟（见图8-16）、汪亚尘、丁悚等人创办的上海图画美术院，后改为上海美专。

图 8-15 蔡元培画像

图 8-16 刘海粟青年时期

1922 年在上海法租界菜市路自建校舍，发展迅速，培养学生也最多。在社会美育思潮的推动下，国家正式建立专门的美术学校是 1918 年 4 月建立的北京美术专科学校和 1928 年在杭州建立的国立艺术院。

为了救国救民，使中国人民摆脱被侵略受压迫的悲惨命运，中国人民奋发图强，一方面在国内兴办教育，培养人才；一方面选派大批留学生到世界各先进国家留学。其中，美术留学生去日本和法国的最多。他们学成之后回国，成为美术教育的主要师资力量或职业画家。对近现代美术发展起过不小作用，为东西方美术交流架起了桥梁。

8.2.2 建筑教育的影响

中国近代建筑教育，由两个渠道组成：一是国内兴办建筑科、建筑系；二是到欧美和日本留学建筑。在时间程序上，留学在先，办学在后，国内的建筑学科是建筑留学生回国后才正式开办的。

图 8-17 梁思成

从现有资料看，我国最早到欧美和日本留学建筑都始于 1905 年。这一年，徐鸿遇到英国利兹大学学习建筑工程，许士谔到日本东亚铁道学校学习建筑科。他们可能是中国最早的建筑留学生。在这些留学的学校中，美国的宾夕法尼亚大学建筑系影响最大，范文照、朱彬、赵深、杨廷宝、陈植、梁思成（见图 8-17）、童寯、卢树森、李扬安、过元熙、吴景奇、黄耀伟、哈雄文、王华彬、吴敬安、谭垣等，都先后毕业于该系，他们之中的许多人成了中国近代建筑教育、建筑设计和建筑史学的奠基人和主要骨干。

在建筑教育体系上，当时的德、日建筑系比较重视建筑技术，偏重于工程教育，教学计划中硬科学的比重较大。而美、法的建筑教育，在 20 世纪 20 年代还属于学院派的体系，设计思想还停留于折衷主义的创作路子，强调艺术修养，偏重艺术课程。

通过留学生的自身努力，成长了留学欧美和就学日本的为数可观的建筑学人才，形成了我国第一代建筑师的队伍。这些留学生回国后，创办了中国近代的建筑教育，开设了中国建筑事务所，建立了中国建筑史学的研究机构，出版了建筑学术刊物，对中国近代建筑的发展做出了重大的历史贡献。

1923 年，苏州工业专科学校设立建筑科，迈出了中国人创办建筑学教育的第一步。苏州工专建筑科是由柳士英发起，与刘敦桢、朱士圭、黄祖森共同创办的。他们 4 位都是留日回国的，很自然沿用了日本的建筑教学体系。学制 3 年，课程偏重工程技术，专业课程设有建筑意匠（即建筑设计）、建筑结构、中西营造法、测量、建筑力学、建筑史和美术等。苏州工专建筑科历时 4 年半，于 1927 年与东南大学等校合并为国立第四中山大学，1928 年 5 月定名为国立中央大学（见图 8-18 和图 8-19），这是中国高等学校的第一个建筑系。

紧接中央大学之后，东北大学工学院和北平大学艺术学院也于 1928 年开设了建筑系。东北大学建筑系由梁思成创办，教授有陈植、童寯、林徽因、蔡方荫，是清一色的留美学者。学制 4 年。北平大学艺术学院建筑系的创办，起因于该院院长杨仲子，他是留法的学者，主张像法国那样在艺术学院中设建筑系，基本上沿用法国的建筑教学体系，学制 4 年。

图 8-18 国立中央大学（今东南大学）鸟瞰全景

图 8-19 今东南大学建筑学院现状

正是这些早期建筑教育者的教学实践和设计思想，推动了整个中国建筑教育的现代进程。

8.2.3 多元化发展

从 20 世纪 20 年代后期开始，建筑留学生回国人数明显增多，在上海、天津等地相继成立了基泰、华盖等建筑事务所，中国建筑师队伍明显壮大，进行了颇为活跃的设计实践。1929 年，中山陵建成，标志着中国建筑师规划设计的大型建筑主群的诞生。

这期间是中国近代建筑发展最重要阶段，也是中国建筑师成长最活跃的时期。刚刚登上设计舞台的中国建筑师，一方面探索着西方近代建筑与中国固有形式的结合，试图在中西建筑文化的碰撞中寻找合宜的结合；另一方面又面临着走向现代主义建筑的时代挑战，要求中国建筑师紧步跟上先进的建筑潮流。

20 世纪 30 年代，现代主义建筑思潮从西欧向世界各地迅速传播。中国建筑界也开始介绍国外现代建筑活动，导入现代派的建筑理论，室内设计也深受影响。可以说，在 20 世纪 30 年代，中国建筑师在进行传统复兴建筑探索的同时，也展开了一股现代风格的创作热潮。这两种创作方向也有所交叉，前面提到的“以装饰主义为特征的传统主义”，就是它的产物。这类建筑实际上是中国式的，即是传统主义的一种表现，也是准现代式的一种表现。这表明，20 世纪 30 年代的中国建筑师既进行了国际式的现代建筑活动，也同时进行了带有中国式的现代建筑活动。

图 8-20 《室内设计与装修》杂志封面

中国建筑师的这些现代建筑活动，与欧美建筑师、日本建筑师在中国的现代建筑活动一起，构成了近代中国在现代建筑方面的多渠道起步。由于近代中国的工业技术力量薄弱，缺乏现代建筑发展的雄厚物质基础，再加上日本帝国主义的侵入，中国转入长期的抗日战争环境。因此，现代建筑的起步仅仅活跃了六七年就中断了。总的说来，现代建筑在近代中国是相当微弱的，这给新中国建筑和室内设计的发展留下了现代主义发育不全的后遗症。

改革开放以来，室内设计得到了前所未有的发展。全国已有150多所高等院校和中等专业学校先后设立环境艺术、设计艺术、室内设计和装饰工程等专业或专业方向。每年毕业生数万人，其中，大学本科毕业生约占30%，而且，每年该专业的开办院校和扩招人数还在急剧增加。与此同时，在职人员的培训工作也受到企业和管理部门的重视。

学术界也迅速兴盛起来，出现了大量的室内设计与装修的著作。到目前为止，与室内设计和装修有关的杂志已近20家，其中，中国建筑学会室内设计分会会刊、南京林业大学和江苏省建筑装饰研究院主办的《室内设计与装修》（见图8-20），重庆大学主办的《室内设计》，西安市工业合作联社主办的《新居室》（见图8-21），中国建材工业出版社和中国建筑装饰装修材料协会主办的《装饰装修天地》（见图8-22），中南林业大学主办的《家具与室内装饰》，以及广州珠江建筑装饰集团主办的《广州建筑装饰》等均有一定的影响。

图8-21　《新居室》杂志封面

图8-22　《装饰装修天地》杂志封面

8.3　现代建筑与室内空间的发展概况

新中国的成立，为现代室内设计的形成和发展提供了充分的条件，但是，由于室内设计的发展水平，与政治、经济、文化、科技状况及人民的生活方式密切相关，在半个世纪的时间内，其发展不但表现为一定的连续性，还明显地表现出阶段性，出现了有起有伏、波浪前进的局面。

8.3.1　发展概况

新中国成立之初，百业待兴，经济水平落后，人民生活水平很低。建造活动还处于满足人们的基本生活需要的层次上，因而建筑和室内往往都以功能为第一位，而较少顾及到室内环境的问题。

这一时期的建筑，大都是国计民生急需的。从风格特点看，可以分为三类：一类是所谓民族形式的，如1954年建成的重庆人民大会堂（见图8-23）、北京友谊宾馆（见图8-24）、北京三里河的四部一会办公楼，以及更富地方特色的北京伊斯兰教经学院、内蒙成吉思汗陵

图 8-23 重庆人民大会堂外景

图 8-24 北京友谊宾馆外景

图 8-25 北京儿童医院外景

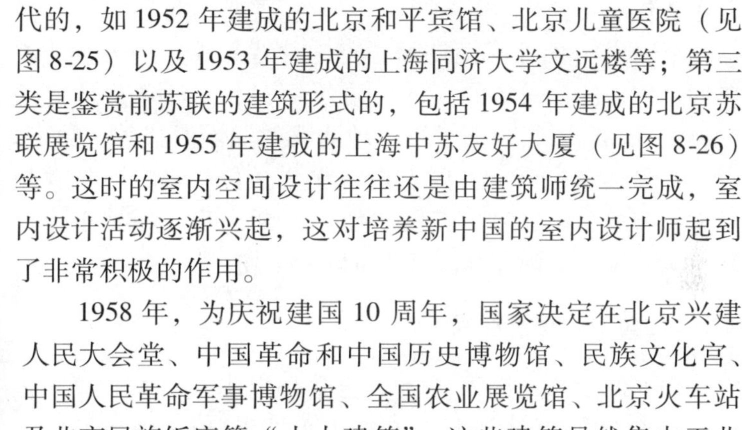

和乌鲁木齐人民剧院等；另一类是强调功能，形式趋于现代的，如 1952 年建成的北京和平宾馆、北京儿童医院（见图 8-25）以及 1953 年建成的上海同济大学文远楼等；第三类是鉴赏前苏联的建筑形式的，包括 1954 年建成的北京苏联展览馆和 1955 年建成的上海中苏友好大厦（见图 8-26）等。这时的室内空间设计往往还是由建筑师统一完成，室内设计活动逐渐兴起，这对培养新中国的室内设计师起到了非常积极的作用。

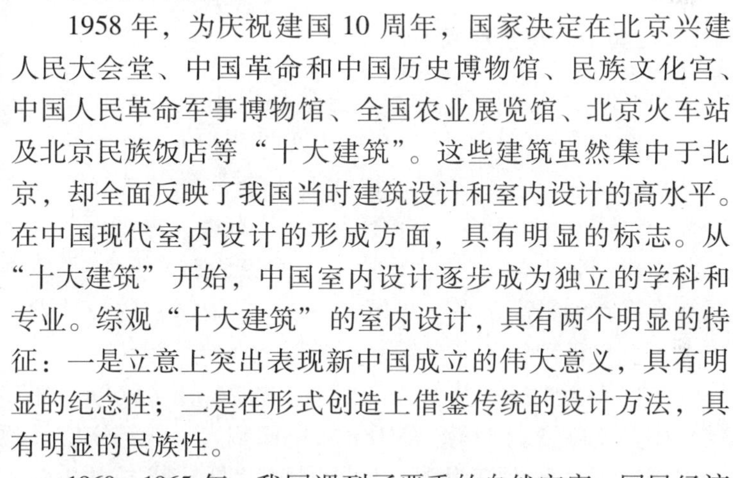

1958 年，为庆祝建国 10 周年，国家决定在北京兴建人民大会堂、中国革命和中国历史博物馆、民族文化宫、中国人民革命军事博物馆、全国农业展览馆、北京火车站及北京民族饭店等“十大建筑”。这些建筑虽然集中于北京，却全面反映了我国当时建筑设计和室内设计的高水平。在中国现代室内设计的形成方面，具有明显的标志。从“十大建筑”开始，中国室内设计逐步成为独立的学科和专业。综观“十大建筑”的室内设计，具有两个明显的特征：一是立意上突出表现新中国成立的伟大意义，具有明显的纪念性；二是在形式创造上借鉴传统的设计方法，具有明显的民族性。

图 8-26 上海中苏友好大厦外景

1960 ~ 1965 年，我国遇到了严重的自然灾害，国民经济进入调整阶段。基建项目大大压缩。1966 年 5 月，“文化大革命”开始，建筑业和各行各业一样遭受到了严重的冲击。

1978 年 12 月，党的十一届三中全会胜利召开。国民经济迅速得到恢复和发展，人民的生活也迅速提高到一个新的水平。思想的解放，需求的增加，为室内设计和装修的发展创造了良好的条件，正是从这里开始，中国现代室内设计很快走入迅猛发展的阶段。

从风格特点看，20 世纪 80 年代的建筑设计和室内设计大致有两类：一类侧重体现现代感；另一类侧重体现民族性和地域性。第二类以宾馆，酒店居多，香山饭店、白天鹅宾馆、阙里宾舍等都是这类作品中颇受好评的代表作。住宅室内设计的兴起，在我国室内设计发展史上具有极其重要的意义。它标志着室内设计不再为少数大型的公共建筑所专用，而是同时进入寻常百姓家，“以人为本”的设计理念，从此有了更深刻的设计内涵。

20世纪90年代的室内设计，有以下几个特点：第一，发展迅速，1996～1999年，全国的室内设计与装修工程的产值大约分别为1100亿元，1500亿元，2000亿元和2400亿元。从事室内设计与装修的人员分别为450万人，500万人，550万人和600万人，比上年分别增长了13%，11%，10%和9%。全国从事室内设计与装修的企业分别为8万家，20万家，30万家和35万家。2001年，全国建筑装饰工程总产值近6600亿元，从业人数已经超过850万人。第二，风格多样，改革开放开阔了人们的视野，交通信息的发达使人们有更多机会接受大量信息，国外的设计思想、方法和作品不断被介绍到国内，一些重要项目通过国际招标，还引进不少外国设计师。在这种背景下，田园的、古典的、前卫的、豪华的设计风格纷纷亮相，改革开放之前的那种沉闷的气氛一下子被生动活泼的局面所代替。第三，设计水平逐渐提高，主要表现为文化品位较高，科技含量较大，布局合理、独具特色的佳作不断出现。一些企业还在英国、蒙古等国和非洲打开了国际市场。

图8-27　人民大会堂建筑外观

8.3.2　典型的建筑空间

（1）人民大会堂　人民大会堂是中华人民共和国建国十周年时建成的十大建筑之一（见图8-27）。由万人大会堂、5000人宴会厅、全国人民代表大会常务委员会办公楼三部分组成。整个建筑内有会议厅、休息厅、办公厅300多个，由全国著名的室内设计师和艺术家设计，反映了建国后室内设计的最高水平（见图8-28），在中国室内设计发展史上具有里程碑的意义。

图8-28　人民大会堂宴会厅楼梯

人民大会堂的大礼堂，高33m，宽76m，深60m，有3层坐席。主席台宽32m，高18m，空间阔大，气势恢宏。顶棚以红色五星形大灯为中心，周围配以向日葵图案和满天星式的镶嵌灯，寓意全国各族人民团结在共产党的领导下奋勇前进。大厅的墙面与顶棚的色彩一致，交接自然，具有水天一色的意境（见图8-29）。

图8-29　人民大会堂大礼堂

（2）毛主席纪念堂　1977年建成的毛主席纪念堂，室内设计由中央工艺美术学院和北京建筑院等单位共同完成，主要设计人有吴观张等。总体气氛庄严肃穆，建筑设计和室内设计都吸收了中国传统建筑与装修的经验和做法。

布局强调对称，中轴线十分明确；空间布局严整，形成完整序列；装饰要素引入雕刻、书法、绘画等艺术；装饰装修手法具有象征性和隐喻性。

从空间组合看，纪念堂的最大的特点是具有序列性：由北面的花岗岩台阶拾级而上，经宽柱廊和较小的门厅进入北大厅，可以说是整个序列的开始。北大厅宽阔、庄严，有汉白玉毛主席坐像，对毛主席的追思回忆由此而起（见图 8-30）。北大厅和瞻仰厅之间有一个较长的走廊和过厅，此处可说是空间序列的过渡阶段。瞻仰大厅是空间序列的重点，或说是高潮阶段，它体量不大，使肃穆的环境平添了更多的亲切气氛。走出瞻仰大厅进入南大厅，它以淡黄色为主色调，稳重、明快，汉白玉的墙面上刻着毛主席的词《满江红 · 和郭沫若同志》，可以说是空间序列上的终结阶段。

（3）香山饭店　北京香山饭店位于北京西山公园脚下，1982 年建成，设计者为贝聿铭。设计者努力从中国民居和园林中汲取营养，提取相关语言与符号，使宾馆成了既有现代功能又有中国特色的作品，该饭店空间组织灵活有序：以具有中国特色的中庭为中心，将客房（见图 8-31）会议室、餐厅合理地组合在一起，从幽静渐至开敞，互相渗透。

图 8-30　毛主席纪念堂北大厅

图 8-31　香山饭店的普通客房

在装修中特别注重选择材料和色彩：以特制灰砖和木材为主要材料，墙面主调为白色，门窗边色为青灰色，很容易引起人们关于“粉墙黛瓦”的联想（见图 8-32）。窗洞多为菱形，配合使用海棠形，圆形景门或景窗，识别性强，具有中国园林特色。细部处理考究，栏杆、圆灯、壁灯等一一精心设计。四季厅上为玻璃顶，下有水池、翠竹和叠石，雅致自然又富有情趣，是整个饭店中最有特色的部分。

图 8-32　香山饭店的四季厅

（4）阙里宾舍　阙里宾舍位于山东曲阜，是一个以接待“朝孔”者为主的旅游宾馆，由戴念慈等设计，1985 年建成。设计者着力体现中华文明的源远流长及儒家思想在历史上的地位和影响，设计中运用了多种艺术手段，包括书法、壁画、浮雕和浮雕砖。在家具和灯具的设计上，也力求体现朴实无华的传统。宾馆门厅以“鹿角立鹤”做主要陈设，并采用了铜锣栏板为装饰。馆内两个过厅命名为“文厅”和“武厅”，分别以“琴棋书画”和“刀枪盾甲”作壁饰。在过厅、餐厅等处，还使用了特别的浮雕砖，呈现出古朴、幽远的气氛（见图 8-33）。

（5）上海图书馆　上海图书馆由张皆正等设计，始于 1986 年，建成于 1995 年。室内设计的定位是“当代的、上海的、文化的”，主题是“中国与世界文明史”。总体格调高雅、简洁、明快，在统一的基调中反映了功能性质和文化的多样性（见图 8-34）。

图 8-33　阙里宾舍的餐厅

图 8-34　上海图书馆建筑外观

图书馆有 3 个中庭式的高大空间，即主入口大厅、中庭式目录厅和西门厅。它们总体上统一，但形态各异，均以暖色为基调，均以石材做地面或墙面，以优质微孔板及矿棉板等做顶棚，又以不同手法强调了中外文化交流的意境。主入口大厅用通高玻璃幕墙引入阳光和景色，显得高大而敞亮。

阅览室简洁大方，引导标志醒目。古籍阅览部分，有江南传统建筑特征，具清新典雅气氛。其目录厅下部做墙裙，上部作白墙，以名家书画作挂饰，顶棚中间选用了新型藻井式日光灯。

在室内设计中，充分注意了内外空间的沟通，从东区目录厅向外看，是一个中国式庭院，内以草坪为主，有一条大理石碎片圆路，还有一个重檐方亭景窗和几处湖石，从而使庭院颇有趣味性。

（6）西汉南越王墓博物馆　广州象岗山上的南越王墓遗址，是建于公元前 120 多年的第二代南越王赵眜之墓。西汉南越王墓博物馆由莫伯治、何镜堂等设计，建成于 1989 年，是一个尊重历史，尊重环境，有较高文化素质，在空间艺术上有一定独创性的作品。它构思独特，空间造型既与历史文化的内涵相通，又体现出了时代的特征，曾被国家教委评为优秀设计一等奖。

图 8-35　西汉南越王墓博物馆展厅

展馆的室内空间畅朗明快，充分引入了自然光线。在室内设计中，为了阐述 2000 多年前的文化信息与历史内涵，强调了广泛而多样的包容性，包括古典主义、民族传统和地方特征，但这些都是原则上的相通，而不是照搬复古。在总体风格上体现出了浑厚、沉着、庄重、雄劲的特征（见图 8-35）。在选材上充分体现了地方特征，将地区的差异作为主题风格表现构成的一部分。整个设计构思从总体到局部，既遵循现代建筑的原则，又与历史文脉相联系，是一种设计思维的突破。

（7）华夏艺术中心　耸立在深圳湾的华夏艺术中心，不论在建筑造型上，还是在室内设计上，都具有独特的艺术效果。在造型处理上通过减法创造出了气魄宏伟、层次丰富的灰空间，具有强烈的雕塑感，这也是充分考虑当地气候条件和人的行为模式的一个成功尝试。

在室内处理上以简洁明快为基调，局部重点以独具特色的光雕和传统的图案，色彩变化的壁毯、装饰、浮雕进行装饰。这种处理手法从室内贯通到室外，使内外风格统一，成为一个有机的整体。舞厅内流线形的大型天花水晶吊灯，作为这个室内空间的重点视觉因素，很有力度，又符合空间的性质，增添了动感（见图 8-36）。影剧院过厅处理非常有新意。光雕和独特的紫罗兰色以及不锈钢和玻璃上光亮的反射效果，给人以变幻、神秘的空间氛围（见图 8-37）。

图 8-36 华夏艺术中心舞厅

（8）民族文化宫 民族文化宫是我国唯一被列入世界建筑史的建筑，由梁世英、张绮曼、潘吾华、张月等设计，于 1989 年装修改造完成，是十大建筑中颇具特色的一栋建筑。自 1988 年对建筑结构进行维修加固，室内装修也进行了更新设计。新的室内设计力求与该建筑端庄典雅、绚丽明快的格调相吻合，力求充分表现各民族大团结欣欣向荣的景象，及中国传统文化与时代气息相结合的风韵（见图 8-38）。舞厅、餐厅的壮美，多功能厅的华彩，伊斯兰贵宾厅的圣洁，设计风格各具特色又在手法上相互呼应，并使室内空间得以充分利用，达到了功能与艺术的高度统一，因而获得了北京市室内设计优秀奖。

图 8-37 华夏艺术中心影剧院过厅楼梯

图 8-38 民族文化宫清真餐厅

第9章 中国民居

中国是一个多民族的国家，许多民族保持了古老的居住形式，到元明清时仍然没有多大的改变。例如贵州、云南的水族、侗族、傣族、景颇族，采取干栏式住房；蒙古、哈萨克、塔吉克等族采用帐幕式住房；在黄河流域中部地带广泛采取窑洞住房。即使是木结构的汉族住房，由于南北气候的差异，其变化也很大。住宅建筑最为紧密地结合人们日常生活的需要，因此，因地制宜、因材致用的特点最为突出，而且往往比较灵活自由，富于创造精神，是我国建筑遗产中非常丰富、非常重要的部分。其独特的民居形式及其构成元素也为我们进行地方特色的室内空间设计提供了丰富的资源和灵感。

9.1 北京四合院

中国传统住宅形式多为院落布局，一般来说，四合院是过去人们最理想的建筑形式，而北京四合院又是其中最具代表性的一种。其布局讲究尺度和空间，一般按中轴线对称分布，房舍、院落在整齐中见变化，于俭朴中显幽雅。四合院四方四正，对称平衡，烘托出层次井然的家族氛围。

典型的北京四合院一般为两进以上的院落（见图9-1）。有的院落可以达到四列五进，形成长长的纵向轴线。四合院内院由二门起到正房止，这个院落的平面为正方形或接近正方形，常有游廊围绕四个拐角处，联系垂花门、厢房与正房。游廊不仅遮雨、遮阳，而且增加庭院空间层次的变化，节奏上产生起伏跌宕意趣。

住宅大门多位于东南角上。大门形式可分为屋宇式和暗垣式，屋宇式一般为一间，但依房主地位尚可有3、5、7间的或更多间的门，只有部分开启，门扇装在中柱缝的叫广亮大门（见图9-2），门扇上有门钉，上楹用门簪，抱框用石鼓门枕，并配有符合主人地位的雕刻和彩画。门扇设在檐柱处，叫如意门，为一般民居用，数量最多。无门屋的墙垣式门更低一级，与如意门一样略加砖雕装饰。

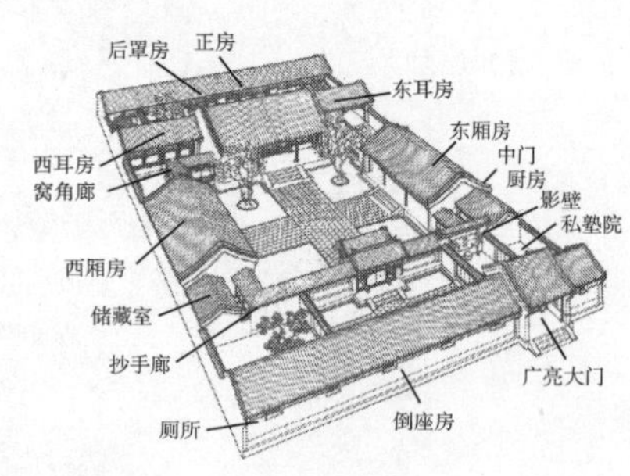

图9-1 一般四合院的布局图

图9-2 四合院中的广亮大门

大门内迎面建影壁，一般影壁表面用清水砌水磨砖，加以线脚、雕花、图案、福禧字等作为装饰（见图9-3）。影壁前置石台盆花。自此转西至前院。南侧的倒座通常作客房、书塾、杂用间或男仆的住所。前院与后院隔以中门院墙，中门常为垂花门形式，垂花门处于中轴线上，界分内外、形体华美，为全宅醒目突出之处。所谓垂花门，是指檐柱不落地，悬在中柱穿枋上，下端刻花瓣联珠等富丽木雕（见图9-4）。过垂花门进入面积较大的后院，院北正房供长辈居住，东西厢房为晚辈的住房，周围联以走廊，这是全院的核心部分。稍大一些的四合院不止前院和后院两个院落，可能有多个院落，各进之间为过厅，在正房两侧有耳房，正房以北仍辟小院，布置厨房、厕所、贮藏间、仆役住房等，称为后罩院。

图9-3　四合院内的影壁

图9-4　四合院内的垂花门

9.2　苏州民居

苏州在历史上一直是非常富庶的地区，由于水网密布，人多地促，因而民居在造型和平面上都形成自己的地方特色。

苏州民居多以三间或五间的单体建筑为构成单元，称为“落”。天井或庭院称为“进”。“落”和“进”前后交替布局，两侧再以高墙封闭围合，这样就形成了纵深串联的多进院落住宅。其民居大多数有主要和次要两个出口。大型住宅除了前后门外还设有边门，一般后门或边门会有一个靠河（见图9-5）。在多进的民居中，第一进为门厅，第二进为轿厅。正厅在大、中、小型民居都有设置，是民居中的主体建筑，供接待贵宾、婚丧嫁娶和家族祭祀之用。正厅一般都采用抬梁式的结构，以便使室内空间开敞（见图9-6）。正厅的后面是内厅。正厅一般都是两层的楼房，而且带有两侧的厢房。楼上是卧室，楼下是主人和内眷生活起居之处。大户人家的院落最后还设置绣楼，供女儿居住。

图9-5　苏州民居靠河的边门

图 9-6 苏州耦园的厅堂布设

苏州住宅在中央纵轴线上建门厅、轿厅、大厅及住房，在左右纵轴线上布置客厅、书房、次要住房、厨房（见图9-7）和杂屋等，成为中、左、右三组纵列的院落组群。各进之间的交通，不必经由正中厅、门，而在侧面另辟甬道，狭长阴暗，称为“避弄”，入大门后经由避弄至最后各进，各进可以独立出入。为了减少太阳辐射，院子采用东西横长的平面，围以高墙，同时，在院墙上开漏窗，房屋也前后开窗以利通风，客厅和书房前后庭院布置山石林木，幽静雅致，建筑装饰精美，是主人宴宾会友、听曲清雅之处（见图9-8）。客厅的作法变化多样，有两厅双置，成为南北对厅，或东西双厅、鸳鸯厅，即一厅分为南北两个独立的厅，这种厅可以四面无倚，为四面厅，或采取由一端辟门的“船厅”形式。形式变化自由，是住宅中最富情趣的各宅互相争胜之处。

图 9-7 苏州民居中的厨房

图 9-8 苏州民居的院内环境

厅堂内部根据使用目的，用罩、隔扇、屏门等自由分隔。进深大时，为降低室内净高，上部天花做成各种形式的轩，如船篷轩、菱角轩、弓形轩、海棠轩、鹤胫轩、一枝香轩等；也有利用结构夹层将厅内柱吊起而不落地，称为花篮厅。住宅的结构，一般为穿斗式木构架，屋顶多为硬山，或山面出于屋面上，构成封火山墙，其样式有“五山屏风墙”、“观音兜”等。梁架与装修仅加少数精致的雕刻，极少彩画，墙用白色、瓦青灰，木料则为栗褐色，色调雅素明净。

9.3 皖南民居

徽州皖南民居以清代的为多，素以平面布局严整而著称。皖南民居的基本形制是方形内向，总体有正方和长方两类。按空间序列分，有独立单元式、前后两进式和两进之侧并接单元式。独立单元式民居常为2层楼房，组成三合院或四合院（见图9-9）。正房多为3间，入口多开在中轴线上，楼梯大都放于明间后墙与后壁之间，一跑直上，梯间光线较暗。

皖南民居在三合院和四合院的基础上又可以发展、变化出各种复杂的形式，如两个三合院、两个四合院、一个三合院和一个四合院，呈现形状从平面上看有“口”字形、“H”形和“日”字形。甚至还可以继续组合、发展出更复杂的院落形式。在一条纵轴线上前后院落的排列俗称“步步升高”，而每一个院落都有一个正堂。四层院落叫做“四进堂”，五层院落叫做“五进堂”，在皖南甚至还有“九进堂”。每进一步便递高一级，这就是风水中所说的“前低后高，子孙英豪”。

皖南民居的内部为楼房形式，正房是人字形屋顶，大都是三开间，中间开间的楼上、楼下都是不带门窗的敞厅形式（见图9-10）。厢房是单坡屋顶，楼上楼下都有隔扇门窗。无论是正房还是厢房，都是木结构朝向院落，没有砖结构，且外围一圈都由高墙围合。此外，所有屋顶都向院内倾斜，没有向外面倾斜的屋顶，一旦下雨，雨水都会流到自家的院子里面。明清时，徽商把这种“四水归堂”的形式赋予了人文意义，认为下雨是“老天降福”，水都流到院子里是“肥水不外流”，意味着“聚财”。

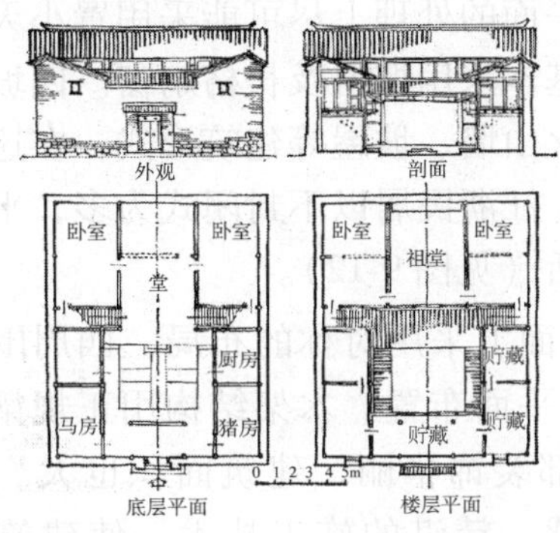

图9-9　皖南民居的基本构成图

图9-10　皖南民居的内部院落

徽州住宅虽然形式简单，但外观多变，特别是木雕更是精美绝伦。这种木雕重点部位是面向天井的栏杆靠登，楼板层向外的挂落和柱梁节点。雕刻的刀法流畅，丰满华丽而不琐碎，水平极高（见图9-11）。在住宅中喜用色彩淡雅的彩画。将天花面绘浅色木纹，用以改善室内折射亮度。并常在淡色地上绘团窠式图案，这种图案一般由花卉组成，较鲜艳，着色不多而醒目。

图9-11　皖南民居内的精美木雕

9.4 浙江民居

图 9-12 浙江民居外观

浙江与苏南位于太湖流域，这里气候湿润，无严寒酷暑，唯夏季有一段湿热和梅雨季节。在这种良好的自然条件下，房屋的朝向多为南或东南。

这一地区民居都为木架承重。屋脊高，进深大，防热通风效果好，另外，在平面的处理上尽可能采用置小天井及前后开窗的做法。门窗基本采用槛窗及长格扇窗。四坡水、悬山、硬山等屋顶和封火山墙、坡屋等建筑形式，在这一地区的民居中都可以见到。江浙民居以不封闭式为多，平面与立面的处理非常自由灵活（见图 9-12）。

和其他地区一样，经济条件好的人家，住宅在平面上采用对称的布局，四周围高墙封闭，并附以花园、祖堂，造型曲折变化，主次分明的平面布置。木架结构用正规梁架，厅堂也有用“草架”的。建筑力求采用高档材料，细部装饰华丽，建筑面积也大。江浙民居棱角笔直，无笨拙臃肿、敷衍堆砌、形象粗糙之感。精湛的施工技术，使建筑大为生色。

这种民居的典型特点是比较敞开外露，多外廊，深出檐，窗洞很大，给人以舒展轻巧的感觉。一般布局为三合院形式，正中为堂屋，两侧为家长住房，两厢为晚辈住房，也有的于西厢背后再加天井，或发展为另一个院落。房屋结构通常用穿斗式木构架，高一至三层不等（见图 9-13 和图 9-14）。墙壁材料因材致用，有砖、石、夯土、木板、竹笆等。屋顶形式一般用悬山式，前坡短，后坡长，出檐与两山挑出很大。木料多为木色，用熟桐油涂刷，木纹天然，门窗涂浅褐色或枣红色，与高低起伏的屋顶相配合，形成朴素而富于生气的外观。

图 9-13 绍兴鲁迅故居

图 9-14 浙江民居室内复原场景

9.5 高原窑洞

我国北方黄土高原地区自古就有挖窑而居的习惯，主要有靠崖式、下沉式、独立式三种形式。靠崖式是在天然土崖上横向挖洞，宽 3～4m，深可达 10 多 m，表面做砖券，外安门窗。规模大的可做成并列多间或上下多层，外部也可另建房屋形成院落。下沉式是在平地上向下挖院式天井，再在井壁横向挖窑洞，分正房和厢房，入口坡道在东南角。独立式实际上是窑洞形的地面建筑，冬暖夏凉。它与一般四合院没有太大不同，只是正房做成砖砌窑洞状，前面有木构檐廊，屋顶覆土成平顶。

9.5.1 靠崖式窑洞

靠崖窑常在天然土壁内开凿横洞，常数洞相连成上下数层，有的在洞内加砌砖券或石券，防止泥土崩溃，或在洞外砌砖墙保护崖面（见图 9-15）。规模较大的则在崖外建房屋，组成院落，称为靠崖窑院。

靠崖式窑洞，正符合一般人们对窑洞的想象：是在黄土山坡边缘，朝山崖里开挖的洞穴，顶部成拱形，底部为长方形。这种窑洞前面是比较开阔的沟壑，便于采光通风，让居住的人不会感到空间压抑，同时，会留一块平地作为院落，以利人们从事户外活动。它比起下沉式窑洞及独立式窑洞的修建都要简单，只要有黄土山坡或土塬的较为垂直的边缘地区，都可以向黄土里掏挖靠崖式窑洞。窑洞的前面必须要有一块平地作为居住者出入和户外活动之用。

当成组成群的靠崖式出现在同一山坡时，为了交通方便，窑洞沿等高线在山坡上下多层布置时，窑洞常出现一横排、一横排布置的方式，这样，每排窑洞前都是等高线的院落排列。也有呈曲线或折线排列的窑洞群形式，但院落只能各自为单位来找平地面（见图9-16）。这种顺自然山坡走势排列的方式减少了土方量，从艺术效果上来看，呈现出一种协调自由的风格。当布置多层台阶式窑洞时，台阶一般都呈现层层后退的形式，下层窑洞的顶部是上层窑洞的前庭，这样可以避免上下层窑洞布置时窑洞顶荷载过大而使下层窑洞不安全的情况发生。

图 9-15　普通靠崖式窑洞

图 9-16　规模较大的靠崖式窑洞——山西灵石靠崖窑

9.5.2 下沉式窑洞

下沉式窑洞是在没有山坡、沟壁可利用的自然条件下，先在地上挖一个方形的地坑，形成四壁闭合的底下院落，然后再从这个院落里向四壁横向挖进去，形成窑洞，并将一孔窑洞挖成坡道形的隧道，作为院落的联络通道（见图 9-17 和图 9-18）。

传统民居的形式及其复杂，下沉式窑洞也不例外，从下沉式窑洞幅度上分析，就可以将其分为平地型、半下沉型、全下沉型 3 种。这种下沉幅度的不同，与下沉式窑洞所处的地形有密切的关系。当黄土塬为一片平地时，人们只好开挖全下沉式窑洞院。但是当黄土塬出现一些坡度时，人们便可以利用这一坡度，将下沉院的入口设置在坡度下方，这样，出入窑洞院时，人们就不必非要从窑洞院的顶部下去或上来，可以从窑洞院高度一半处或从与窑洞院地坪标高一样的地方出入。

图 9-17　普通的下沉式窑洞

图 9-18　用砖修饰过的下沉式窑洞

下沉式窑洞的房间也分为正房和厢房，正房是设置祖堂的地方（见图 9-19）。而正房对面的倒座房或是一侧的厢房，被用来作为厨房、牲口房、储藏间和放置农具的库房等辅助用房。经济较为富裕的晋南、豫西地区，下沉式窑洞清洁、舒适，和地上的院落民居一样富有浓郁的文化色彩。

一般来说，下沉式窑洞在院落的两个长边壁面各开挖三孔窑，在院落的两个短边壁面各开挖两孔窑，但院落入口要占据院落中的一孔窑。由于窑洞的上方不能种植任何植物，所以，一个下沉院宅基地的总占地面积很大，一般为一亩至一亩半左右。假如窑院每边壁面都开三孔窑，则往往是院落两个窄边壁面两边两孔窑各靠一个角落，或四个拐角处的窑洞只露出大半个窑洞的正立面。

这种居住形式还必须要设置一个入口通往地面，入口的形式、方位等除依地形、地势等客观条件来考虑外，还往往受风水的影响（见图 9-20）。它是中国民居中非常具有民族特色的一种形式，也是近年来消失速度最快的一种传统民居。

图 9-19　下沉式窑洞的正房入口

图 9-20　下沉式窑洞通往地面的入口

9.5.3　独立式窑洞

独立式窑洞是在地上用砖或石料砌成拱券的房间，将拱券后面用墙封上。拱券的前面装上木质的门窗，拱券的上面覆土，形成窑洞形式的房子。独立式的窑洞当然是窑洞中最高级的一种（见图 9-21）。窑洞的门窗立面形式，各地大相径庭，总体来说，窑洞民居使用木料最集中。装修最讲究的部位在门窗之上。

平遥民居的正房全部采用砖砌发券的独立窑洞。其原因在于窑洞有许多普通房间不具备的优点：窑洞坚固耐久，使用上百年毫无问题；窑洞保温，冬暖夏凉；窑洞隔音，室内安静；窑洞防火，结构上使用的砖等均为非燃物。

独立式窑洞由于为平顶，因而建筑的高度受到影响，没有东西厢房和倒座房四单坡屋顶的高度高，这种格局受制于院落的整体关系（见图9-22）。中国人历来认为，建筑的整体关系应该是前低后高。符合“前低后高，子孙英豪”的说法。为了建造前低后高的形制，平遥民居在院落的地坪高度上做了一些处理，尽量使里院高于外面，正房处在最高的地墙标高上。

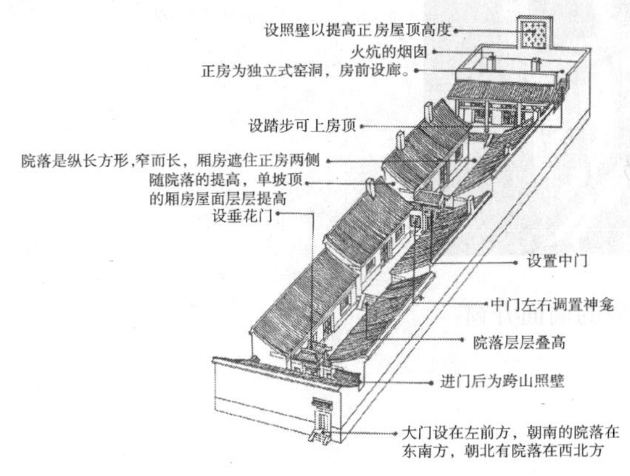

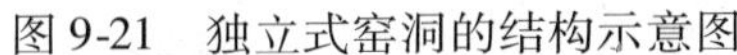
图9-21 独立式窑洞的结构示意图

图9-22 平遥独立式窑洞院落

9.6 四川民居

四川民居多处于丘陵地带，平面及朝向都较自由。总体有正方、长方和不规则形等多种形式，不强调必须是南北向（见图9-23）。这些院落式民居往往以院落为中心，围成三合院。正中建堂屋，供奉祖先和待客，侧室供长辈居住，两厢住晚辈或作厨房及仓库。

由于气候温湿，祛湿成了突出的问题，四川民居更讲通透（见图9-24），除有天井通风采光外，还常在屋后与围墙之间再留一个1m多宽的抽风天井或通风口。也有许多民居，不设院墙，而是顺从地形，融于乡野，因此，往往更显清新别致。

典型的四川民居也是四合院的形式，但屋面在拐角处往往是相连的。这种形式适宜南方多雨的地区。四川民居的天井平面是横长方形，也就是宽而浅。其天井四周的房屋较少设置前廊，但是由于朝向天井一侧的房屋檐出挑很宽，且四川民居屋面较低，所以出挑的曲面形成了不带柱子的前廊，且铺地与屋面相一致，出挑屋面下的铺地高出天井，自然形成不积雨水的形式，这样，雨天人们照样可以不淋雨而环绕天井一周。

图9-23 四川民居外观

图 9-24　四川民居的墙面开窗

9.7　福建民居

9.7.1　五凤楼

图 9-25　五凤楼的建筑外观

五凤楼是福建土楼的最初形态，和广东梅州围拢屋的形式非常接近，是客家民居中的精品（见图 9-25）。五凤楼是一种极富传统的防御性建筑，这种建筑后面较高，本身就具有防卫功能，前面的建筑虽然不及后面高，但是墙体比较厚实，大门也相当坚固，在旧时农业社会已经可以满足一般的防卫要求。

比较典型的五凤楼式是“三堂两横”，所谓“三堂”就是在住宅前后中轴线上，从前到后分别设置下堂、中堂、上堂三座建筑；而“两横”则是在三廊的左右两侧各建一座厢房，从建筑平面图上看这“两横”恰好是“两竖”。在五凤楼的前面，有一方禾坪，也就是晒谷场，和一池半圆形的水塘；而在五凤楼的后面要有一块高地，并用院墙围和成一个半圆形（见图 9-26）。前面的水塘与后面的高地前后拥护着中间的建筑，这种完整的平面反映了传统造型思想和礼制规范。

9.7.2　半月楼

半月楼是福建土楼特殊形式中的一种。半月楼最集中的地区在闽南的诏安县秀篆镇和粤东的饶平县饶阳乡。诏安县有 100 多座半月楼，其中秀篆镇一个镇就有 15 座。

半月楼的主要特点是由许多个两层楼围合而成一个半月形平面的大楼，由两圈、三圈，还有四圈围合的（见图 9-27）。直径也有大有小，像诏安县太平镇的一个半月楼，直径就超过 100m。半月楼的最前面是一个半月形的池塘，池塘和楼正好在正面构成圆形。楼的中心是一座公堂和一座祠堂。围绕祠堂和公堂的是半圆形的两层楼房，共四圈，现在已发展到了五圈。

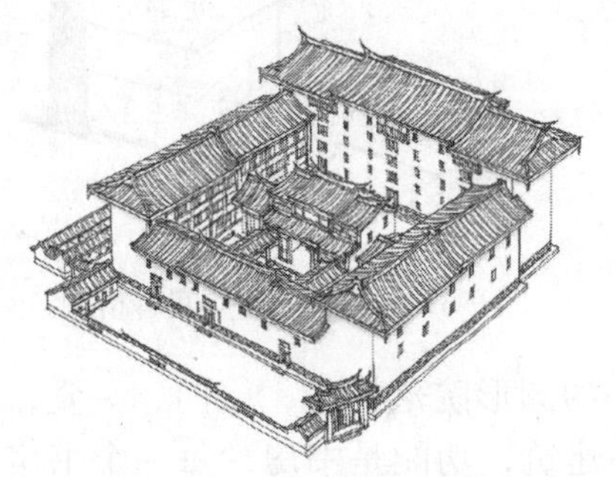

图 9-26 五凤楼的平面布局

图 9-27 福建的半月楼

9.7.3 单元式方楼

从数量上说，福建土楼的方楼是土楼主要的种类。方楼又可分为单元式和内通廊式。单元式方楼每一户都是从底层到顶层的独立单元，每一层与左右邻居都互不相通（见图9-28）。单元式方楼一般高达三四层，通常底层设卧房。底层向中心院落一侧伸出单坡屋顶的坡屋室作为餐室。再向前面，建一个小门厅，小门厅和餐室之间就成了自家的小院子。小院子的一侧建一个廊子连接门厅和餐室，廊子又兼作厨房（见图 9-29）。

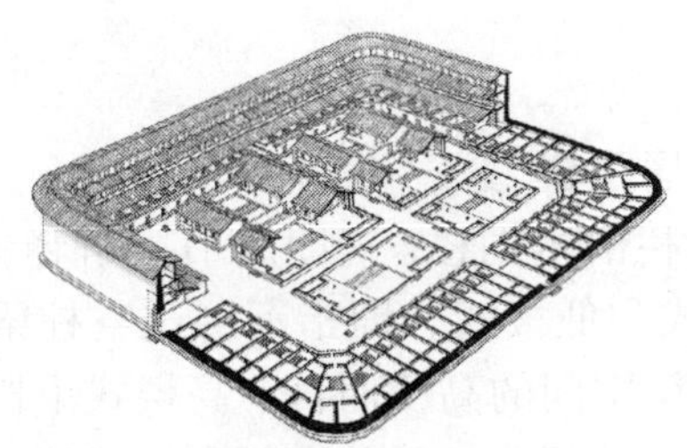

图 9-28 福建的单元式方楼解构图

图 9-29 福建单元式方楼的建筑空间形态

9.7.4 圆形土楼

圆形土楼是福建土楼中比较奇特的一种，其数量少于五凤楼和方楼，却是最具神秘感、最吸引人一探究竟的一种民居形式。

最好的圆形土楼要数福建省华安县大地乡的二宜楼（见图 9-30）。二宜楼设计建筑时就设置了许多细部装饰，现在居民仍然按照设计时的功能使用，没有任何改建、搭建，而且保持得非常完整。楼内充满温馨的生活气息，居民人口也不拥挤，卫生条件很好（见图9-31）。因此，二宜楼常被人称为圆楼之王。

福建省永定县高头乡高北村的承启楼也是一座非常著名的土楼。它是福建内通廊式圆形土楼的典型。承启楼的外径为62.6m，它最大的特点是由4个同心圆的环形建筑层层相套，

图 9-30　二宜楼的建筑形态

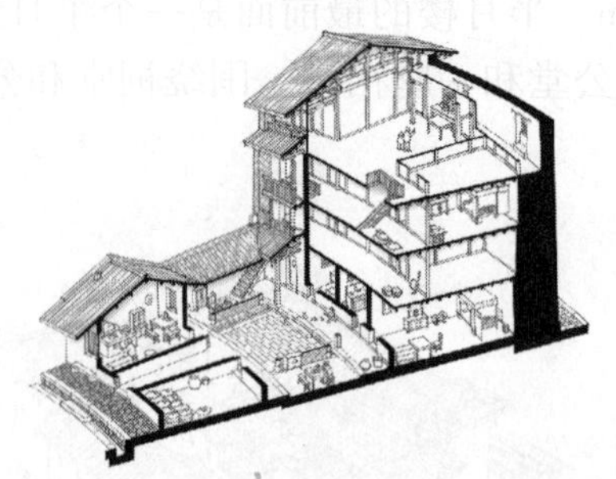
图 9-31　二宜楼的空间解析图

组合而成（见图 9-32）。楼的中心是祖堂，由一个小的圆形院落构成，一门、一堂，天井呈半圆形。第二圈高一层，是由 20 个开间构成的圆环建筑，功能是书房，每一个书房前都还有一个很小的天井。第三圈高两层，是由 34 个开间构成的客房。最外面一圈高四层，是由 72 个开间构成的住宅。最外面一圈建筑的底层全部是厨房，二层全部是谷仓。三层、四层全部是卧室。另外，一层还设置有一个大门和两个侧门。在平面的四个方向上，各设置一个楼梯，从底层一直通向四层。全楼共有 370 多个房间。住房的大小完全一致，在讲求长幼秩序的封建社会，这种完全平等的住宅方式，的确有领先社会的感觉。

图 9-32　承启楼的建筑形态

9.8　干栏式民居

干栏式民居是人处其上，畜产居下的底层架空的居住建筑形式。这种建筑形式历史悠久，在古代是以树干为栏的木阁楼。《旧唐书》解释：“人并楼居，登梯而上，号为干栏。”干栏式民居又分高楼式和低楼式，即指下层透空柱梁空间的高度而言。高楼式干栏，上层起居，即指下层透空柱梁空间的高度而言。高楼式干栏，上层起居，下层作仓库和牲畜圈。人不能直腰进入地层架空的部分。目前在西南地区的广西、云南、贵州、湖南等省，所有侗族、苗族、瑶族、壮族、傣族等许多民族在广泛的地区使用这种传统民居。

9.8.1　傣族民居

傣族竹楼是一种典型的干栏式建筑，在德宏和西双版纳分布很广，体量一般都很大，是中国各民族干栏式住宅中占地面积最大的一种，通常只有二楼一层为居民所使用。

西双版纳傣族民居的最大特点是歇山式屋顶，房屋正脊很短，屋面坡度很大，屋顶的下面还有坡屋顶，看上去很像檐式屋顶（见图 9-33）。在过去傣族与汉族一样，也有关于民居等级的规定，普通人家的屋架只能用三榀，而且不能用梁架形式；不能建瓦房，只能建草房；房屋的中柱不能上下贯通，楼上楼下必须分为两根；柱子下面不能采用石头柱础；不能使用雕花窗户；不能使用床架和座椅，人们只能席地而坐，等等。但是现在西双版纳民众已经不再受此限制，都能建瓦房了。

在云南西双版纳的傣族村寨中，每一户有一个单独的院落，各户以竹篱划分为面积相仿的地盘，院内临街为住房，其他面积则种植蔬菜及果树。布局方式是从篱门入内，即至有屋顶的坡檐下的木楼梯旁，登梯达前廊，此处较宽敞，光线、通风好，是白天家务活动、休息、聚客之处，是宅中重要部分。由前廊向前则达晒台（见图9-34和图9-35）。前廊经门进入室内，室内由墙隔为内外两室，由前廊直接进入的是外室，客人可达，一般为饮茶、煮食处，阴雨天则在此起居生活，晚间为客人寝卧处。由外室进入内室，客人不可达。内室为全家睡眠处，无论长幼，共处一室以帐隔开。由前廊入室，一般须脱鞋，楼面为竹质或木质地板。楼板之下空间不高，仅可直立而已，为畜圈、碾米场及储藏、杂屋等。

图9-33　西双版纳傣族民居

图9-34　傣族民居近景

傣族民居的堂屋是接待客人的正式场所，如客人留宿，也睡在堂屋。堂屋很大，其中必设火塘，所以堂屋也兼作厨房（见图9-36）。火塘是保存祖先留下来的火种之处。尽管傣族信仰佛教，但是居民中并不设佛龛。傣族没有家神，所以家里没有供奉神的地方。傣族也不在家中祭祀祖宗，因此也没有祖宗牌位。

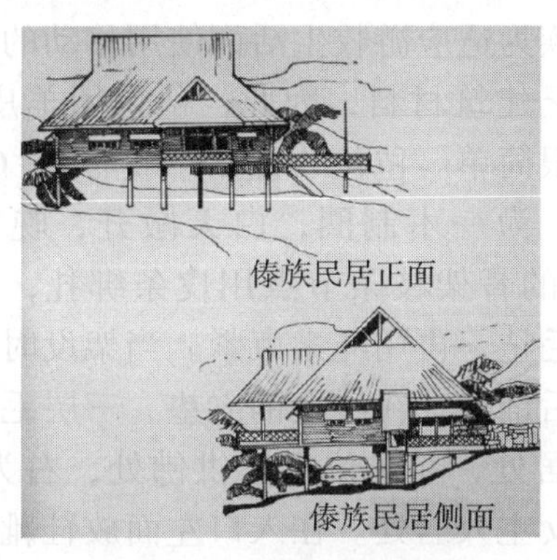

图9-35　傣族民居结构图

图9-36　傣族民居的室内场景

傣族卧室在堂屋的一侧设一个或两个门与堂屋相通，门上不装门扇，只是悬挂一个门帘来遮挡视线，数代人同居一室是卧室最主要的特点，卧室内没有桌椅，只在地板上铺垫子，人们席地而睡，睡觉的位置是依照长幼秩序依次排列，每一个垫子上都会挂一个帐子作为私密的象征。

9.8.2　西江苗寨

西江的苗族民居具有其本身的特点。建筑为高干栏的形式，木构架为穿斗式。由于有相当数量的民居是建造在30°以上的山坡上，因而坡地民居往往都将宅基地先处理成两级的台地，建筑物前面架空，后面就架在堡坎之上（见图9-37）。入口设在民居的后面，道路直接通向二层，这里是民居的主生活空间。这样台阶式的宅基地减少了土方量，同时降低了堡坎的高度，省工、安全。

图 9-37　西江的苗族

9.9　蒙古包

图 9-38　蒙古包的常见形式

蒙古、哈萨克等族为适应游牧生活而使用移动的毡包作为住宅。草原沙漠缺乏建筑材料，因此，毡包用羊皮覆盖，以枝条做骨架，构造很简单。毡包的直径一般为 4 ~ 6m，高 2m 多，顶部为圆孔，为一木制圈，白天敞开，晚上掩盖（见图 9-38）。蒙古包的骨架枝条节点用皮条绑扎，形成一个网架，蒙以羊皮或毛毡，再用绳索束紧。当架设时，地面铲去草皮，略加平整后铺沙，在沙上铺皮垫、三层毛毡。蒙古包入口对面为主人居处，在主位左为供佛处，右为箱柜，再左为客位，再右为女主人居处。在入口左面放鞋靴，右为炊具燃料。全包中央设火塘，供取暖、烧饭之用（见图 9-39）。富户拥有六七座毡包，一个小部落群聚集一处，往往有 60 ~ 70 座毡包，经常迁徙、拆卸或安装。

蒙古包的结构部分由陶脑、乌那、哈那，以及门组成，结构部分的外面包裹毡毯，这样蒙古包就拼装完成了。围在哈那外面的围毡是方形的，夏季炎热时可以将围毡下面向下掀起，将掀起的部分掖在外面捆绑围毡的绳索中。这样，哈那的栅栏网眼就变成了通风窗口。哈那是一种组成蒙古包围墙的标准件，相当于哈萨克毡包里的栅栏墙架，是用一根根直径为3cm左右的挺直木料做成。木料分里外两层斜交相连，其形成类似于旧时银行外面的铁栅栏门，打开以后每根支杆与地面成45°角，收起以后为宽约1.7m左右的一个扁平形的物体（见图9-40）。支杆内外两层的连接点是用马皮制的细绳，穿过内外两层的孔洞，马皮绳的两端打结，起到铆钉的作用。由哈那组成一圈矮矮的围墙，围墙中间放置一个与哈那等高的门，哈那之上放置类似雨伞骨架的乌那，乌那的顶部承托圆形的天窗，也就是陶脑，这样就组成了蒙古包的结构体。

图9-39　蒙古包的室内场景

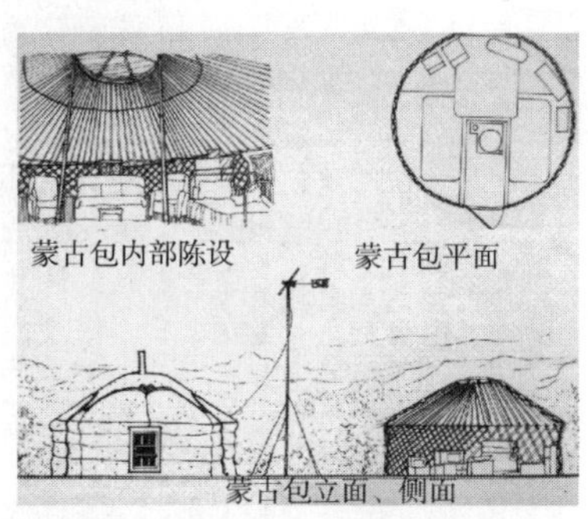

图9-40　蒙古包的结构图

普通的蒙古包由4片哈那构成，而旧时牧主的蒙古包则由6片、8片哈那构成。在开那达慕大会时还有由12个甚至更多的哈那构成的大型蒙古包。哈那拉开后是一堵宽约3m多，高约1.3m左右的栅栏，几片栅栏和门框相连后，形成圆圈，哈那就不会再倒下，而形成直立的圆形围栏了。

使用最少的建筑材料，获得最大的居住面积，也方便了搬运和运输，同时也利于抗风，这是蒙古包的最大特点。蒙古包的门有如下几个特点。第一，蒙古包的门高度很矮，门框上部高度约1.3m，门去掉上框和下槛以后，门洞的高度只有1m多。但是这样矮的门并不影响使用功能，没有人感觉不方便。小门在寒冷的冬季不会因开门而大量进入冷空气。第二，蒙古包的门框上有一个个凸起在外的小木桩，这些短木桩之间的距离是和哈那一个个端头的距离相等的，其目的是固定上面一根根的乌那。第三，蒙古包的朝向都是东方，而门廊大都是向外向右手方向开的，这样门闪开的方向是南方，冬季不至于令强风吹入。

9.10　维吾尔族民居

9.10.1　和田民居

和田地区干旱少雨，当地的人特别喜欢户外活动，平时待客、家务劳作甚至休息都在室外。旧时每年约有半年的时间居民会夜宿户外。维吾尔族家家都有果园，果园也是农村住宅的庭院中心。

和田民居的房子为平顶，由于少雨，没有排水的需要，房子周围不设排水设施。这里的湿度非常低，只要不晒太阳，室内就非常凉爽。为了减少过多的阳光照射，维吾尔族民居外墙很少开窗，这时使得室内十分封闭，采光也不好，终日昏暗。建筑也没有定规的朝向，院落大都按地形及道路状况自由布置，院门开在对外交通方便的地方（见图9-41）。

好客的维吾尔族人家，不论房间多寡，必定设有客室，以接待访客。在日常生活中，人们习惯盘坐或跪坐，因此实心土炕是民居中必不可少的设置。在室内、半敞开的廊子或半敞开的内厅院落，以及外厅院落和果园中都设有实心土炕。和田地区的维吾尔族民居，一般分为两个相对独立的区域：待客用房和自家用房。从建筑的形式上，又可分为开敞的庭院空间和封闭的居室空间（见图9-42）。

图9-41 维吾尔族民居

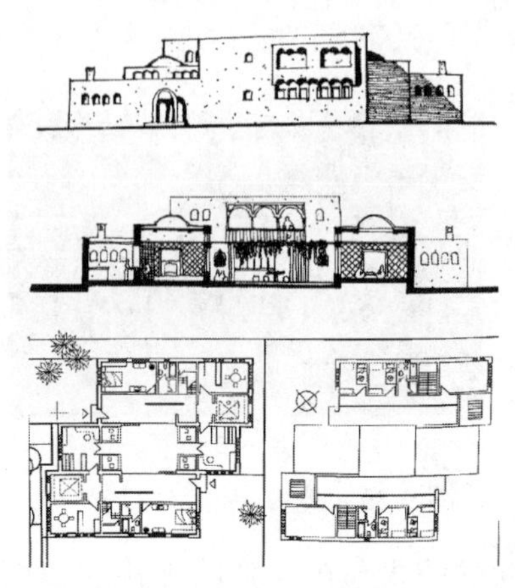

图9-42 维吾尔族民居的建筑空间形态

图9-43 和田民居的院落

阿克塞乃是维吾尔族民居的庭院空间形式之一种，主要被新疆和田地区的民居所采用（见图9-43）。和田位于塔里木盆地的西南部、玉龙喀什河畔，在喀喇昆仑山和昆仑山之间。这里一大特点是干燥、多土，阿克塞乃就是为适应这一特点而设置的。阿克塞乃有些像汉族四周设有檐廊的四合院。具体的形式为，房屋的中心设置一个方形的庭院，庭院的四周又加盖了一圈屋顶，这种屋顶一般宽度为2m以上。其构成形式有些像四个辟希阿以旺围合在一起。阿克塞乃的空间感觉迥异于汉族民居的四合院，类似于现代建筑的小型中庭。

阿以旺是中庭空间形式之一种，它是阿克塞乃中间开敞的空间上面再加一个屋顶，屋顶与庭院之间是四个侧面的天窗。阿以旺既是完全封闭的室内空间，又是一个带天窗的大庭院，这种建筑至少已有2000年的历史，具有十分鲜明的民族和地方特色。

维族住宅建筑有着不同于其他民族住宅的特点。我们可以总结如下：第一，爱好庭院生活，围绕庭院有长廊、平台，台上铺地毯；只要气候允许，多数时间在庭院生活起居，夏日常露宿院内。第二，好客，有一间主要房屋为客房。第三，清洁整齐，装饰华丽，盥洗用流水，清污分开，不泼污水；室内用小壁龛存放被褥，壁面用织物作装饰，如壁毯、门帘等；地面铺地毯。室内家具不多，没有高坐习惯。第四，采暖用壁炉、火墙、土坑，出于卫生方面的考虑不用火塘直接取暖。第五，屋顶开窗，或向天井开窗。

维族住宅甚多装饰。在喀什地区的被称作“阿以旺”的住宅，室内壁龛多者达100多个，这些壁龛都用石膏花纹作装饰，壁龛常做成尖拱门状，极富装饰效果。檐口、内壁上缘、壁炉的炉身和炉罩，也都用石膏刻花作装饰（见图9-44）。维族还喜爱木雕装饰，像木柱、雀替、檩头上都作木雕装饰，而且还喜用贴雕，如柱头、封檐板、天花等处重复的几何花纹，往往用木板预先锯成雕好贴上。

图9-44 和田民居的装饰

9.10.2 吐鲁番民居

新疆吐鲁番盆地全年基本无雨，这里的民居，除生活富裕的人家用砖砌修建之外，一般人家大都就地取材，用土坯建造，以土坯外墙和木架、密肋相结合的结构形式，依地形组合为院落式住宅。民居的重要特点是尽量适应当地的气候条件（见图9-45）。吐鲁番民居的房顶都以泥土覆盖，以防止曝晒而造成室内温度过高。

建筑布局上则在院子周围以平房和楼房相穿插。维吾尔族建筑空间开敞，形体错落，灵活多变，用土坯花墙、拱门等分割空间（见图9-46）。这里夏季温度高达47℃，而夜间只有20℃，温差很大，因此，生土的墙体特别厚，且一般不开侧窗，只开前窗，或天窗采光。当地多风，所以民居保持一定的密度，庭院也并不大。吐鲁番民居还有一个地方特点，就是大多数房子都有半地下的地下室。地下室里的温度适宜，可为家庭生活提供多方面的便利。

图9-45 吐鲁番民居

图9-46 吐鲁番民居的院落

9.11 藏族民居

图 9-47 藏族民居

藏族人民主要生活在地广、人稀、山高、气候多变的地区。为了适应这样的特殊自然环境，藏族民居在造型和室内空间的安排上有着许多其他地区民居所没有的独特之处，譬如，藏族民居常常设置一些门廊，而门廊又在凹进的空间里，这样既可以采纳阳光，又不必担心冷风的吹袭（见图 9-47）。传统民居往往设有卧室兼厨房的特大房间，一家人合住一室，只有家中的喇嘛和造访的客人另住一室。大房间的炉灶或火塘内日夜有火，这样不仅可以随时煮食，而且一家人可以取暖，热能可以充分得到利用。

图 9-48 藏族民居的屋顶晒场

藏族人多居山区，较难找到平整的土地作为晒场。而屋顶的晒坝，有充足的阳光，在这里打晒粮食、晾晒杂物，不受邻近房屋的遮挡，也不担心牲畜动物偷吃（见图 9-48）。平时在这里做家务或休息也很舒适自在，冬天还可以晒太阳取暖，楼下就是开敞的主要居住层，使用相当便利。

一般藏族民居的第三层就是屋顶，有四楼、五楼的民居较少。顶层一般分为两部分，前面一部分是晒坝，也就是一种较大的平屋顶阳台，后面则是房屋，房屋仍然是平屋顶，便于搬动，且不占空间的独木梯可上屋顶。屋顶开阔，有居高临下的优势，便于瞭望与防守。顶层经堂是一家中最神圣、庄严的地方。设在顶层，不受干扰，以示对佛的尊敬。藏民有时要请喇嘛到家中来念经一段时间，喇嘛的住房也多半设在顶层。顶层其余的房间叫做敞间，敞间就是开敞的房间，不封闭，便于通风，吹干存放的粮食。二楼的楼梯井在楼层中间，楼梯井的四周或者三个方向有一个交通区域，交通区域的外围，以木板墙将二楼分割成若干个房间。房间多寡视整座住宅面积大小而定，较大的住宅有主卧、卧室、储藏间、客室、阳台、敞间、经堂等，中间还有透层天井，环绕天井是一圈走廊。小型住宅二楼只有主室 、卧室和储藏间，其余为一个敞间。主室是藏族民居中最重要的房间，平时人们的起居，待客都在此处。这个房间还兼作厨房，提取酥油，磨麦粉等日常家务，饮食用餐也在此处。室内有炉灶或火塘，除做饭外，还可供家人取暖。另外，还有壁橱、壁架等设施。储藏室与主室直接相连，往往位于主室后方靠近炉灶的地方，用以贮藏粮食和柴禾等物品（见图 9-49）。

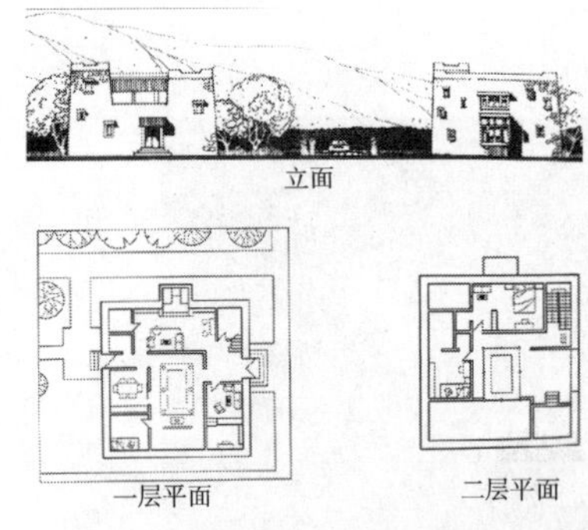

图 9-49 藏族民居的建筑空间形态

后面出挑的阳台就是厕所，有时也兼作防御的瞭望台。

使用厕所时，排泄物会直接从阳台落到楼下的地上。由于阳台设在楼下入口的相反方向，而且建筑底层也不住人，也没有窗户，所以不会有碍观瞻。

藏族民居色彩朴素协调，完全为材料本色。泥土的土黄色；石块的米黄、青、暗红色；木料部分则涂暗红，与明色调的墙面、屋顶形成对比。在贵族的住宅中，将窗框做成梯形，女儿墙檐口有黑紫色或土红色的装饰带，大门有门屋，并且用彩画（见图9-50）。室内张挂丝绸的帷幕，墙上挂壁毯作装饰（见图9-51）。

图9-50　藏族民居的建筑装饰

图9-51　藏族民居的室内空间

9.12　其他典型的民居形式

9.12.1　开平的碉楼

建造碉楼的主要目的是防御土匪及躲避洪水，因此都会建成高塔状。开平碉楼一般高达3~6层，也有高达7~9层的。其平面都呈正方形或长方形，和一般房子差不多。碉楼的造型从上到下可以分为三个部分：楼梯、挑廊和屋顶。碉楼最上面的是屋顶，向里收分。屋顶的作用主要是装饰，因而有中国传统硬山式、西方古典复兴时期的希腊罗马式、西方浪漫主义的中世纪英国城堡式、拜占庭式、伊斯兰教堂式，等等，最多的是折中主义的中西混合式。开平碉楼的楼体部分简朴无华，而屋顶部分却千姿百态，耐人寻味。

楼梯是供人躲避的地方，因而设计成一个个的房间，以便人们夜间居住。楼梯各层外墙均设有小窗，每个小窗装有直的铁枝，外面再装厚钢板做的钢窗扇，窗子平时用来通风及采光。遇到盗匪袭击时，立即关上钢窗扇，枪弹就不会伤及楼内的民众。楼体上的小窗，形状有多种，没有一定规律。这些形状各异的小窗，也使呆板单调的楼体形成疏密的对比，产生一定的美感。

开平碉楼大致可以分为三种：更楼、众楼和居楼。更楼是楼体较细的一种碉楼，其功能是让民团在楼上观察和瞭望盗匪的行踪（见图9-52）。有的更楼上还装有探照灯和报警器，既可以在夜间瞭望和报警，让村民提前做好防御准备，又可以射击盗匪，保护村子。众楼是楼体较胖的一种碉楼，其功能是让村民能够进入碉楼内部躲藏起来（见图9-53）。居楼多为洋楼的形式，是使一家人居住、防卫功能合二为一的住宅形式（见图9-54）。

图9-52　开平碉楼中的更楼

图9-53　开平碉楼中的众楼

图9-54　开平碉楼中的居楼

由于碉楼的功能主要是供人们夜晚暂避危险，因此在内部空间布局方面，以供众人睡觉的卧室和储存粮食的仓库为主，一般不设厨房。从使用功能上看，一般最下面一层作为库房，用于贮存粮食。这样，白天便于村民将粮食带回来做饭或晾晒。另外，还要贮藏少量的饮用水，以防万一时使用。二层以上每层设置若干卧室，并设置一个洗手间，方便村民夜间休息。屋顶供瞭望和防御之用，由青、壮男丁轮流值班和战斗。

9.12.2　白族民居

白族民居的构成单元是一个三开间、两层楼的房子，当地人把这种房子叫做一“坊”。“坊”已经成为白族民众建筑、分配、买卖住宅的一种计量单位。“坊”的布局和使用形式几乎已经定型，楼下三间，中间的明间（堂屋）是待客和祭祀祖先的地方，两边的次间是卧室。三间房子外面有廊子，廊子很宽，宽度相当于房间进深的一半，其主要是能安排下一桌酒席。廊下光线明亮，而且宽敞，适合于作为休息和从事家务劳动的场所（见图9-55）。廊子深与当地风大也有关系。风大飘雨深，宽宽的廊子可以保护廊下木质前墙和堂屋的六扇格子门不受雨打。楼上的三间一般都是敞通的，中央明间上部空间设置佛龛，供平日祭祀。楼上其余的地方一般用来储物，也有少数人家将楼上次间再隔出一间当卧室。楼上和楼下不同，没有廊子。

图9-55　白族民居中的廊

在院落布局方面，白族民居最为精彩的是“三坊一照壁”和“四合五天井”两种形式。“三坊”就是三座三开间、两层楼的房子，“一照壁”就是一个影壁墙。由三坊围合成一个三合院，另一边由影壁墙来封闭，就是“三坊一照壁”。“三坊一照壁”的点睛之处在于与正房宽度一致的大照壁。照壁前面砌筑花台，种植花卉。在阳光下，两层楼高的白色照壁的反光明显起到了增加室内亮度的功能。

“四合五天井”是比“三坊一照壁”更大的一种院落布局模式，由四个“坊”围合而成，因而称为“四合”，但是这种院落就没有了照壁的位置。“四合”之间围合的是一个大的天井，“四合”的连接之处，形成了四个小的漏角天井，一共五个天井出现在这种院落之中，故名“四合五天井”。

白族民居的建筑装饰以丰富的彩绘形式见长，重点主要集中在门头和墙面的边角处，具有浓烈的民族气息（见图9-56）。

图9-56 白族民居的门头

9.12.3 丽江民居的坊

丽江民居的坊是近一二百年内从大理白族那学来的。云南省大理、剑川一带的工匠、石匠技艺超过附近其他地区，他们外出谋生，邻近的丽江当然会受到这些木匠所习惯的建筑模式的影响，最为典型的证明是，丽江民居正房楼下面对天井的六扇木门隔扇上的雕花，其形式和雕花与白族民居完全相同。

丽江民居的厦子是丽江纳西族民居对房屋外廊的称号，丽江民居家家都有宽大的厦子（见图9-57）。尤其是正房，必须设厦子，只要条件许可，厢房或下房也设厦子。假如两层楼上下都有外廊，那就是蛮楼了。

图9-57 丽江民居中的厦子

云南丽江纳西族民居的院落构成基本要素是“坊”和照壁。“坊”就是一幢三开间的两层楼房，也有坊只有一层三间的，但较少，各坊都朝向中心的庭院（见图9-58）。坊与坊90°拐角的连接处，厦子相连，而后面的“漏角”处设置厨房、贮藏间等辅助用房。照壁出现在三合院中，或暂无经济条件盖三坊的两坊的院落中（见图9-59）。

丽江民居除了楼下前后设隔墙门，可穿通联系前后院或毗邻的画厅外，一般楼下的房间都是住人的，但正房中心的明间固定设置为客厅。摆设和汉族的近似，也是八仙桌和案几，少数家庭还在这里设小床一张，供老人居住。楼上的房间在使用功能上的差异较大。在丽江城里，楼上的房间可以做书房或居室，而在农村则作为农具贮藏和粮草仓库。上楼的楼梯都是设在院落的一隅，为一跑的直楼梯，登梯后，由上面的门廊作为联系各个房间的通道。为交通方便，一般一个院落在对角两隅各设楼梯一个。

图9-58 丽江民居中的“坊”

图9-59 丽江民居中的照壁

9.12.4 朝鲜族民居

朝鲜族民居（见图9-60）的平面布局比较固定，一般来说有六间和八间两种形式。以八间为例，房屋平面可以比喻为两个田字形相连接的形式。第一个田字形为四间卧室，分为前两间和后两间。前两间分别是父母和祖父母居住，如果有客人则让出其中一间给男客人居住。后面两间是闺房、孩子住处，以及贮藏衣物的空间。四个房间每个之间都有门相通，而且每个房间都有门通往屋外。如果是六间屋，卧室为日字形平面。只有前后两间，前面住父母，后面住儿女（见图9-61）。

图9-60 朝鲜族民居

图9-61 朝鲜族民居的室内空间

朝鲜族民居正间一侧是屋地和灶坑。屋地是进门脱鞋的地方，屋地的里面是灶坑。一般为深1m，长2m，宽1.3m，凹进地面的一个方池。灶坑用木板覆盖。木板是一块块并列覆盖的，有点像南方的门板。灶炕板上刷油漆，覆盖后正间感到十分整洁。

在朝鲜族民居的室内行走，人的第一感觉是温暖。因为朝鲜族民居整个居住空间都在炕上，他们是靠满屋火炕取暖，加上朝鲜族民居相当低矮，室内低矮自然热效就高。而到了夏天，由于四周都有门窗，打开后通风效果非常好。

下篇

外国部分

第10章
原始社会时期

原始社会时期开始产生艺术的萌芽，但这种艺术形态往往发自一种实用性的物质或心理需要，比如希望通过其获得自然力之外的力量，或者满足一种宗教仪式中的象征性，甚至就是简单地为了可以御寒果腹、安全防卫。但正是这些最基本的需要推动了整个人类文明的发展，同时，栖息地作为人类生活中不可或缺的一部分，其萌芽在原始社会时期也已初现端倪。

10.1 旧石器时期

10.1.1 部落文化

人类在地球上差不多已经存在了170多万年，在漫长的探索中，人们学会了使用粗糙的石器、骨器和火，学会了以简单的语言进行沟通，人们以狩猎、采集为生，并由最初的巢居形式逐渐转变成了穴居形式。

建造人类遮蔽所的最早线索可以追溯到法国南部的特拉阿马塔，距今约有40万年，虽然只有极少的遗物可以证实这种茅屋形式的出现，但我们仍然可以通过一些现代社会中“原始”人类的社会实践暗示来推测这种用树枝建造的茅屋式样（见图10-1）。今天，很多封闭的部落还保持着原始时期传统的生活方式，并对现代社会发展的进步概念采取不信任的态度，因此，他们的生活方式可以被看做是对原始生活方式的一种说明。许多“原始”的小屋具有一些共同的特征，它们一般都很小，而且几乎全都呈圆形（见图10-2），其尺度反映了当时在材料加工和维护工艺上的局限性，而圆形的采用仿佛来自于一种动物的本能，就像鸟类和昆虫筑巢时会自发地采用各种圆形的式样一样。

图10-1 “第一座住屋”

10.1.2 穴居生活

自从有了穴居生活也就有了雏形的内环境装饰，在旧石器晚期，即距今3万到1万多年之间，开始出现洞穴壁画、岩画、雕刻和建造物等艺术形式。旧石器时期在绘画上具有代表性的洞穴是法国的拉斯科洞窟和西班牙的阿尔塔米拉洞窟。发现于1940年的拉斯科洞窟，由主厅、后厅和边厅，以及连接

图 10-2　现代部落里的原始生活

各部分的洞道组成，主厅和两个通道的壁面和顶部绘制了大量的野牛、驯鹿和野马等原始动物，原始画家先用粗壮、简练的黑线勾画出动物轮廓，再用红、褐、黑等色渲染出动物的体积和结构，画面雄壮而富有动感，充满粗犷的原始气息和野性的生命力（见图10-3）。阿尔塔米拉洞窟发现于19世纪下半叶，包括主洞和侧洞，侧洞以著名的壁画《受伤的野牛》而闻名于世，被称之为“公牛大厅”，其长18m、宽9m，顶部绘有18头野牛、3头母鹿、两匹马和一只狼，其中，受伤的野牛刻画得最为生动，使动物受伤后蜷缩、挣扎的动态和结构都得到了表现，阿尔塔米拉洞窟壁画比拉斯科洞窟壁画的轮廓更为细腻，而且明暗起伏更为丰富，与色彩渲染紧密结合，更形象地表现出了动物的身体结构，甚至感情也更为细腻（见图10-4）。

图 10-3　拉斯科洞窟的壁画

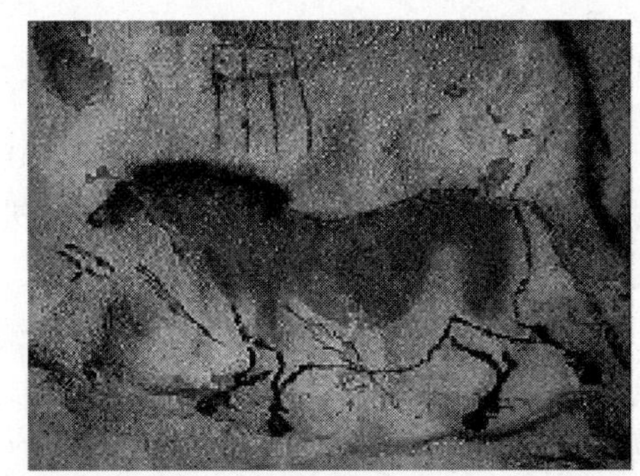
图 10-4　阿尔塔米拉洞窟内的壁画——受伤的野牛

虽然我们并不能草率地推断这些洞窟壁画的目的就是原始人类为了装饰自己的居住环境而作，但它们确实或多或少地起到了这样的作用。

10.2　新石器时期

10.2.1　巨石文化

地球在漫长的岁月中慢慢发生着变化，冰河期渐渐消失，气候转暖，人类开始走出洞穴，筑屋而居。在新的自然环境中，人类逐渐脱离了经历数十万年之久的采集、狩猎生活，开始进入以磨制石器和定居生活为特征的新石器时代。

新石器时代的巨石建筑是当时最为突出的文化形式，同时也是主要的美术成就，我们很难断言这种神奇的石料围合方式一定与居住有关联，也许只是一种宗教仪式的派生物，但作为远古时期遗留下来的一种建造形式，明显地折射出了当时人类的建造力和空间围合的审美倾向。巨石构筑物的类型极为丰富，总的来说大概有五种：第一种是把未经加工的细长形巨型石块直接竖立起来，如法国巴尔达尼的“仙女石”；第二种是在两块竖立的巨石上再架一块扁石，形成一种门形的建造物，如英国索尔兹伯的环形列石和欧洲其他国家的一些马蹄形立石；第三种是在三四块较矮的立石上放上一个扁平的石片，形成一种桌状的石屋，如法国被称为“商人的桌子”的巨型建筑；第四种是用许多垂直的石块呈直线平行排列而成，最为典型的代表是法国的卡尔拉库，一共有 982 块立石，分十行排布，全长 1220 多 m；第五种是用巨石建成的带有墓道的墓室，丹麦出土的这类墓室是其代表样式。英格兰南部的圆形巨石栏“斯通亨治”是巨石建筑最典型的代表，其宏伟的环形结构、宗教的肃穆和悲剧性的壮美令世人瞩目（见图 10-5）。

图 10-5　英格兰的巨石建筑——斯通亨治

由于受到地理条件、气候条件、材料的可能性等因素的影响，原始的住房形式还呈现出多种形式。爱斯基摩人用雪堆筑成圆顶的小屋；撒哈拉沙漠地区的人们则通过挖坑筑造出被称为“马特玛塔屋”的地下住房。但这些空间形态并非是通过现代室内设计的概念设计而成，而是出于一种生存的需要，并由当时的建造技术所决定。

10.2.2 装饰的萌芽

远古时期的原始社会，虽然还谈不上整体的环境装饰风格，但考古发现的某些器皿，说明当时已经产生了对美的认识和一种装饰的萌芽。新石器时代早期出现了陶器，中期又在原始形态的基础上有了带装饰纹样的陶器（见图 10-6），它们除了满足人们的生活需要外，也反映出了当时人们的一种审美意识，同时，对生活器皿的装饰性加工也是室内陈设发展的一种萌芽。

图 10-6　新石器时期的圆锥形陶罐

随着时代的发展，社会日趋复杂，生活日渐完善，人们对居住、集会和举行仪式的场所需求也随之产生，于是村舍、堡垒、坟墓等建筑形式也应运而生。在法国、瑞士、意大利等地都发现有新石器时代的水上村落残迹，房屋以水里的木桩为基础，上有木制屋架，四壁以编织成型的树枝围合，再涂以泥巴，并与陆地之间架有简单的桥梁，以防野兽的攻击。住房形式的进一步完善，推进了房屋装饰的发展，早先完全以实用或宗教目的为引导的室内空间布局，开始向以追求美感为宗旨的装饰性方向发展。

第11章
古代时期

在不断的社会实践中，人类从最初的对栖息地的简单要求慢慢转向更高的精神需求，加上生产力的不断发展，使建造能力大大提升，古代时期出现了一大批规模宏大的建筑群，历经风残日蚀，我们今天见到的大多都已是断壁残垣，但通过对其遗存的资料加以分析研究，还依稀可以看到它们曾经辉煌的空间形态，当然，还有一部分保存较为完好的建筑实例，更是成为我们今天研究室内发展历史的有力佐证。

11.1 古代两河流域

底格里斯河和幼发拉底河下游的美索不达米亚平原被公认为是人类最早的文明发源地。公元前4000年左右，这里就出现了定居的农业民族，到公元前3500年，苏美尔人从中亚经伊朗迁徙到此，建立了最早的城市，直到公元前538年被波斯帝国吞并为止，我们可以将这一地区的历史大致分为四个阶段，即苏美尔——阿卡德时期、巴比伦时期、亚述时期和新巴比伦时期。

11.1.1 苏美尔——阿卡德时期

（1）装饰手法　两河流域的南部是一片河沙冲积地，因此缺乏建筑使用的石料，苏美尔人用粘土制成砖坯，作为主要的建筑材料，由于当地多暴雨，为了保护土坯墙免受侵蚀，一些重要建筑的底部趁土坯还潮软时被嵌入了长约12cm的圆锥形陶钉，陶钉紧密地挨在一起，底部被涂成红、白、黑三种颜色，组成图案，起初都为编织纹样，后产生了花朵形、动物形等多种样式，后来，彩色陶钉又进一步被各色石片和贝壳所代替。这一做法，一方面用以防水，另一方面使建筑空间产生了独特的装饰效果。

（2）建筑形式　土坯造成的建筑在岁月的消磨和洪水的冲刷中渐渐消失，早先的建筑大多已经不复存在，保存至今最古老、最完整的苏美尔建筑是乌尔纳姆统治时期建造于乌尔城的月神南纳（Nanna）神庙（见图11-1和图11-2）。这座神庙建造在由泥砖层层叠起的平台之上，因而又被称为“乌鲁克塔庙”，其底层基座长65m，宽45m，4个角分别指向东、南、西、北4个正方位，现存部分高约21m，有3条长坡道登上第一层台顶。它经历4000余年风霜，见证着苏美尔文明的不朽成就。

图11-1　乌鲁克塔庙被风蚀后的原貌

11.1.2 巴比伦和亚述时期

公元前 1755 年，巴比伦的统治者汉穆拉比再次统治了苏美尔地区，使巴比伦城一跃成为整个中东地区最主要的权力中枢之一。公元前 1743 年，游牧民族喀西特人和赫梯人先后入侵巴比伦尼亚，直至公元前 1169 年位于阿卡德北部的闪米特族亚述人掌握政权，亚述王朝被建立了起来。

（1）建筑形式　亚述人不重来世，不修筑陵墓，其豪华的建筑和室内装饰仅见于宫殿，这一时期建造出了大批历史上宏伟富丽的宫殿建筑，胡尔西巴德的萨尔贡二世宫殿是其最为突出的代表，它建在一个高 18m，边长 300m 的方形土台上，由 30 多个内院、200 多个房间组成，入口处还有一对高 1.8m 的带翼人首兽身像（见图 11-3），可从正面、侧面两个方向观看，气势极为雄伟壮丽。

（2）装饰手法　亚述王宫是用大量的石板浮雕来装饰的，每一座王宫都有高达 2～3m 的浮雕镶嵌在宫殿内部的墙面上，构成极为壮丽的室内装饰风格，亚述浮雕以写实的手法主要表现了战争、狩猎等惊心动魄的紧张场面，充满激烈的动势，并表现出了众多的人物关系和复杂的背景，显示出当时的人们已经对透视感和远近感有了进一步的体会（见图 11-4），这为室内空间设计的发展又奠定了一个进步的基础。

a)

b)

图 11-2　乌鲁克塔庙被修复后的样式
a）鸟瞰图　b）远景

11.1.3 新巴比伦时期

公元前 612 年，巴比伦人推翻了亚述王朝的统治，又建立了新巴比伦王国，历经十代国王的倾力打造，使巴比伦城成为了古代世界最伟大的城市之一。

（1）建筑形式　19 世纪末，德国考古学家对巴比伦城进行了为期 10 年的挖掘工作才使其重新展现于世人面前。这座正方形的城市长达 11mile（1mile＝1609.344m），城围两道厚墙，上面设有塔楼。其中最重要的主门是伊什达门，它有前后两道门，四座望楼，大门墙上覆盖着彩色的琉璃砖，蓝色的背景上用黄色、褐色、黑色镶嵌着狮子、公牛和神兽浮雕（见图 11-5）。王宫内墙同样用彩色琉璃砖装饰，并镶嵌有植物和狮子等图案。

图 11-3　萨尔贡宫殿的人首兽身像

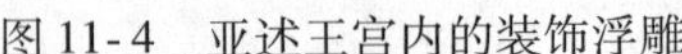

图 11-4　亚述王宫内的装饰浮雕

图 11-5　巴比伦的伊什达门

（2）装饰手法　大约在公元前3000年，两河流域的劳动人民在生产砖的过程中发明了琉璃，它防水性能好，色泽鲜艳，又无需像石片和贝壳那样全靠在自然界采集，因而很快成为该地区最重要的饰面材料，至新巴比伦时期，琉璃砖被大量应用在建筑饰面上，施工工艺也达到了很高水平。琉璃饰面上有时有浮雕，它们预先被分成片段做在小块的琉璃砖上，在拼贴时再拼合起来，题材大多是程式化的动物、植物或者其他花饰。大面积的底子是深蓝色的，浮雕是白色或金色的，轮廓分明，装饰性很强。构图形式通常有两种，一种分几段处理，题材横向重复而上下各段不同；另一种在大墙面上均匀地排列动物像，不断重复，例如巴比伦的城门伊什达门的装饰。

11.2　古代埃及

埃及是人类古代文明的发祥地之一。公元前5000年，埃及社会出现了阶级萌芽，公元前4000年左右出现了奴隶制国家。到公元前3000年，上埃及国王美尼斯征服下埃及，建立了统一的专制王朝。以后的埃及经历了古王国、中王国和新王国三个统一时期。

古埃及文化已经留有较为完整的材料可供研究，因此，虽然没有完整的室内遗存，但仍然可以从许多遗物中获得内部空间的清晰概念。

11.2.1　造型与比例

古埃及人在几何设计方面已经获得了伟大的成就，其对图形的应用技巧令人惊叹。在吉萨金字塔群的建造中已知道用南北轴线来进行精确的定位。金字塔的斜边坡度通常为51°50′35″，研究发现，这正是一个三角形底边和斜边形成的垂直长边和短边构成的“黄金比”长方形，这个图形的短边和长边之比等于长边和二者之和的比（见图11-6）。这种黄金比曾在历史上多次被发现，作为一种特殊的比例关系被认为既具有美学意义又具有神秘色彩。

埃及的空间设计有规律地利用了这种精确的比例关系，而且许多其他简单的几何概念也在建筑、艺术和日常用品的设计中得到了应用，埃及的许多作品具有明显的美学效果也许正是来源于对这种和谐关系的控制。

11.2.2 建筑与室内布局

（1）建筑形式　古王国时期埃及以金字塔建筑最为突出，中王国时期由于首都从沙漠边沿的孟斐斯迁到了峡谷地区底比斯，埃及的陵墓形式也随之转变成了石窟陵墓，至新王国时期，开始出现大量的神殿、享殿、方尖碑等纪念性建筑，其中最具有代表性的建筑是卡纳克神庙和卢克索神庙。

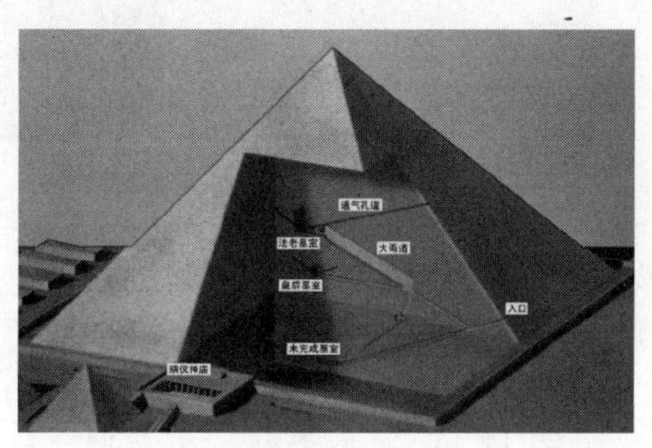

图 11-6　埃及金字塔的比例和结构

图 11-7　卡纳克神庙的中央柱

卡纳克的阿蒙神庙总长366m，宽110m，前后一共造有 6 道大门，其中第一道最为高大，它高 43.5m，宽 113m。卡纳克神庙的大殿内部净宽 103m，进深 52m，紧密地排布着 134 根柱子，中央两排 12 根柱子高 21m，直径 3.57m，上面架有 9.21m 长的大梁，其余柱子高 12.8m，直径 2.74m（见图 11-7 和图 11-8）。早在古王国末期，有些石柱的细长比已达到了 1∶7，柱间净空 2.5 个柱径，中王国的一些柱廊比例更加轻快。但在卡纳克神庙的柱子，细长比只有 1∶4.66，柱间净空小于柱径，我们可以将此理解为古埃及人为了制造神秘、压抑的效果而故意使用了这样密集、粗壮的柱子。

卢克索的阿蒙神庙规模也极为庞大，总长约 260m，在两进院子之间有 7 对 20m 高的大柱子，其余一些比较小的柱子作纸草花束的形状，比卡纳克神庙的更为精致一些（见图 11-9）。

图 11-8　卡纳克神庙的边柱

（2）室内布局　从古埃及庙宇的平面布局可以看出人们在空间、墙壁和柱子的比例关系上已经应用了复杂的几何系统，同时带有神秘的象征意义。受到一定美学观念的影响，简单的双向对称成为古埃及人不变的理念，从壁画《池塘》中我们可以清楚地看到古埃及室内布局的对称性（见图 11-10）。

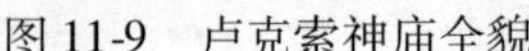

图 11-9　卢克索神庙全貌

图 11-10　壁画《池塘》

在室内装饰上，古埃及人热衷于使用各种人物、故事场面、纹样等为母题对墙壁、柱面等处进行精细的雕刻，有的壁面甚至完全被雕刻所布满。如古王国第五王朝的作品《装饰门》，实际上就是一件木刻品，门的三面刻满了象形文字和立于两侧的男女立像，门楣上有男女相对而坐，均以对称式结构，十分庄重和谐（见图 11-11）。柱面装饰更普遍，这一点在卡纳克神庙和卢克索神庙中都得到了充分的体现。埃及人喜欢应用强烈的色彩，颜色主要为明快的原色，如红色、黄色、蓝色和绿色，有时还有白色和黑色，后来渐渐只在直线形的边缘和有限的范围内使用强烈的色彩，室内和顶棚通常涂以深蓝色，表示夜晚的天空，地面有时用绿色，可能象征着尼罗河。

11.2.3　家具与陈设

关于埃及家具的资料主要有两个来源，一个是壁画中对皇家贵族住宅内日常生活场景的再现；另一个是坟墓中遗留下来的一些实物，包括椅子、桌子和橱柜等。其中许多家具装饰富丽，既具有使用功能，又可作为主人财富和权势的表现。比较典型的椅子是一个简单木骨架带有一些坐垫，其中坐垫以灯芯草或皮革带编织而成，椅腿的端部经常雕刻成动物的脚爪形。土坦克哈曼法老墓中出土的一些精美器具可作为古埃及家具的典型例证，它们都具有埃及独特的色彩和装饰花纹，其中的礼仪宝座只能从椅腿上看到其乌木的基本结构，椅面上镶嵌着黄金和象牙，板面涂有油漆和象征性的符号（见图 11-12），座椅的功能从属于财富、地位和权力的表现，这一点在丰富的材料和精细的手工工艺中得到了充分的反映。

另一些遗存的小用品、陶器和玻璃花瓶体现了古埃及当时的装饰风格，有些小木盒常常还镶嵌有象牙装饰，用以存放化妆品和私人装饰品。这些用具在设计中非常注意其几何形的比例关系，尤其是黄金分割比的关系。遗留下来的一些纺织品也说明了当时的埃及人已经具有了高超的纺织技术。

图 11-11 《装饰门》

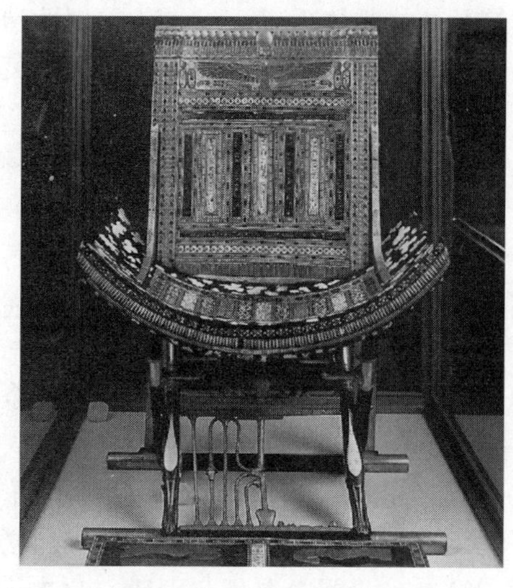

图 11-12 土坦克哈曼法老墓中的宝座

11.3 古代希腊

公元前 8 世纪起，在巴尔干半岛、小亚细亚西岸和爱琴海的岛屿上建立了许多小型的奴隶制国家。随着后期的不断移民，又在意大利、西西里和黑海沿岸建立了许多国家，由于这些国家之间的政治、经济、文化关系十分密切，因而统称为古代希腊。

创造希腊古典文明的主要民族多利安人和伊奥尼亚人到达希腊本土之前，在地中海东北部的爱琴海地区曾存在过奴隶制初期的国家，这一时期的文明通常被称为“爱琴文化”或“克里特—迈锡尼文化”。希腊文明的发展通常被分为荷马时期、古风时期、古典时期和希腊化时期。

11.3.1 美与数的和谐

古希腊的神话是古希腊艺术的土壤，其神话所反映的平民化的人本主义世界观，深刻地影响着希腊在造型艺术上的发展，它带来的一个重要的美学观点是：人体是最美的东西。古罗马建筑师曾在一则希腊故事中提到，古希腊的多里克柱式是模仿男人体的，而爱奥尼柱式是模仿女人体的，这种审美观念确实贯彻在整个希腊柱式的风格中，多里克刚毅雄伟，而爱奥尼柔美秀丽。

古希腊的美学观念还受到初步发展起来的自然科学和相应的理性思维的影响。哲学家毕达哥拉斯认为：“数为万物的本质，宇宙的组织在其规定中是数及其关系的和谐体系。”亚里士多德也说：“美是由度量和秩序所组成的。”这种美学观点很明确地体现于古希腊的建筑，尤其是柱式中。例如，一个开间被三陇板划分为二份，被钉板划分为四份，最后被瓦当划分为八份，从而自下而上形成了 1:2:4:8 简洁的等比关系。

这种严谨的数字关系和对人体的模仿并不矛盾，他们认为人体的美也由和谐的数的原则统辖着，当事物的和谐与人体的和谐相统一时，就会产生美感。因此，古希腊古典时期成熟的建筑及柱式既体现出一丝不苟的理性精神，又体现着对健康人体的敏锐的审美感受，充满活力，这是平民的现实主义和科学的审美趣味相互联合产生的结果。

11.3.2 早期的建筑空间

（1）米诺斯王宫　克里特岛上的种种考古发现，米诺斯人是天才的发明家和工程师。从米诺斯王朝的城市发掘中，可以看到每层结构都为土砖结构，只有一些较大的宫殿遗址要使用石料建造。最著名和最完整的宫殿遗址是位于克诺索斯城的米诺斯王宫。这座王宫最初建造于公元前2000年，但公元前1700年被毁，后克里特人又以极大的热情投入到宫殿的重修中，并在随后的200多年里发展到了令人瞩目的高度。

新王宫依山而建，有数个入口，进入西面主入口后向南经过一条用壁画装饰而成的狭长的“仪仗通道”，向东转来到大门厅，再转向北有一宏大的楼梯直通楼上国事大厅，从国事大厅北出口向东可下楼来到中央大院。楼梯边上有一座“御座厅”，该处被考古学家伊文思进行了复原，四壁由石灰石砌成，正面壁前有一张石椅，即所谓的“欧洲最古老的御座”，石椅背后的墙上画有两只长鹰头的狮子，保卫着国王（见图11-13）。

中央大院南北长约51.8m，东西宽27.4m，是整个建筑群的中心。大院的东侧是国王和王后的起居室，四层高的建筑内部遍设楼梯、台阶和带柱廊的采光天井（见图11-14），千门百户，曲折相通。起居室的南面有一间房，甚至附有一间装了抽水马桶和自来水的浴室，墙面上还画有正在嬉水的海豚（见图11-15）。这种室内空间的布局方式即使在今天也令人惊叹。

图11-13　米诺斯王宫的御座椅

图11-14　米诺斯王宫的采光天井

（2）迈锡尼卫城　迈锡尼卫城是迈锡尼文明的杰出代表，它建造在一个可以俯瞰平原的山头之上，周围用6m厚的巨石垒砌的石墙围护。卫城的内部以宫殿为中心，周围分布着住宅、仓库和陵墓等建筑，甚至还有一个蓄水池。宫殿的核心是一个大柱厅，称为“美加仑”，由四根上粗下细的柱子支撑，中央是一个大火炉，地板和墙面都装饰着色彩华丽的图案和壁画（见图11-16）。

卫城周边还有一些穹顶覆盖的建筑，其中最有名的是迈锡尼国王的墓室，其由一条长长的通道引向墓门，墓室的内部平面为一个直径14.5m的圆形，上面用叠涩的方法筑起一个高13.2m的穹隆，这座建于公元前1250年的穹隆在其之后的1000多年里，一直是世界上最大的穹隆结构建筑物。

图 11-15　起居空间中的浴室

图 11-16　“美加仑”的模拟再现图

11.3.3　希腊的神庙空间

希腊的神庙是从爱琴时代的正厅发展而来，原来正厅是作为宫殿的大殿，作为民主社会的一种要求，它逐渐发展成为神的宫殿。木构神庙现已无存，但它们的特性仍然可以在后来的石构神庙中得到体现，间距紧密的立柱支撑着上面的短石梁和人字形屋顶，这些带形横梁形成的檐部刻有一些细节，象征着木质椽子的端头，甚至还体现出了木构建筑的榫头交接。

（1）帕提农神庙　帕提农神庙是古希腊神庙中最为杰出的代表，也是雅典卫城中最主要的建筑物，它集中体现了希腊人民的智慧和艺术成就。帕提农神庙采用了周围柱廊式的造型，平面为长方形，由两个内部空间组合而成，每个空间平面都遵循着 1∶1.6180 的黄金比例关系（见图 11-17）。它的正立面也正好适应长方形的黄金比，采用了 8 根多里克立柱，与两边侧面的 34 根柱及背面共 46 根高 10.43m 的多里克柱子组成了宽 30.88m，深 69.50m 的围廊（见图 11-18 和图 11-19）。围廊内的矩形殿身被划分为前后两个部分，每部分的入口处有一排小一号的多里克立柱。神庙正殿的内部使用了双层迭柱的手法，最后面用 3 根柱子连接起来，形成一个围廊，以增强轴线，突出神像空间；后半部分是国库，由一群少女负责管理，又叫少女室，里面用 4 根爱奥尼柱支撑着屋顶，这是古希腊建筑中第一次将爱奥尼柱式和多里克柱式在同一建筑中同时使用。

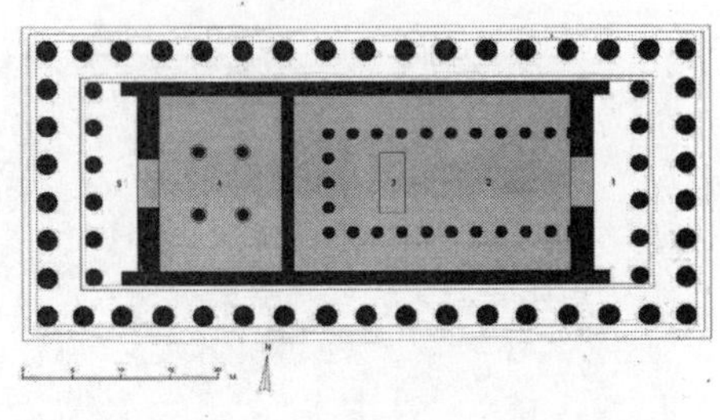
图 11-17　帕提农神庙平面图

图 11-18　帕提农神庙的正立面

帕提农神庙的设计中还有一项重要造型手法的应用，就是综合地对视差进行了校正，如角柱加粗，柱子有收分和卷杀，柱子均微微向内倾斜，中间柱子的间距略微加大，边柱的柱间距适当减小，把台阶的地平线在中间稍微突起等，以纠正光学上的错误视觉，使建筑的整体造型和细部处理精致挺拔。

（2）伊瑞克先神庙　伊瑞克先神庙规模不大，根据地形和功能的需要，成功地应用了不对称的构图方法，打破了庙宇建筑上一贯采用的严整对称的平面传统，成为古希腊神庙建筑中的特例（见图11-20）。神庙由三部分组成，以东面神殿为最大，北面门廊次之，南面女像柱廊最小。神庙东立面采用的爱奥尼柱式是古典盛期的杰出代表，细长比为1∶9.5，轻盈柔美，同时，在南部突出部分的矮墙上，用6根女像柱支撑着檐部，每个雕像都双手自然下垂，体量集中在一只腿上，另一只腿的膝盖微曲，具有婀娜欲动之势，神态自然，雕刻精致，每个雕像都向中间微倾，既校正视差，又达到了稳定和整体的艺术效果（见图11-21）。

图11-19　帕提农神庙全貌

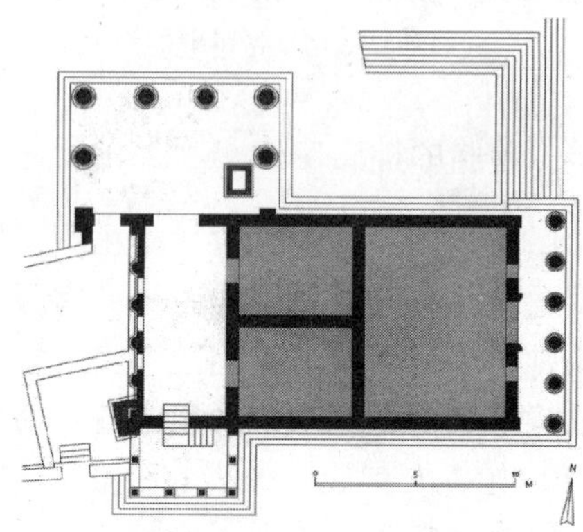

图11-20　伊瑞克先神庙平面图

11.3.4　世俗性建筑空间

（1）埃比道拉斯剧场　除了神庙之外，古希腊的主要建筑类型并不一定强调封闭的室内空间，埃比道拉斯剧场是这方面的典例。古希腊早期的剧场只是依山修成的几层形状不规则的看台，前面有小小的表演场地。埃比道拉斯剧场是比较成熟的作品，它坐落于伯罗奔尼撒半岛的群山环抱之中，中心表演区直径约20m，由夯实的泥土筑成，歌坛前面是建在环形山坡上的看台，如同一把巨大的折扇，直径113m左右，32排座椅，以过道相连，分上、下两部分（见图11-22）。该剧场体现出了很高的设计理念，可以很明显地看到其形式与今天的礼堂、报告厅、电影院等室内空间的关联性。

图11-21　伊瑞克先神庙的女像

图11-22　埃比道拉斯剧场全景

（2）市民住宅　希腊的住宅一般都是单一的组合形式，围绕着一个露天的院子进行房间的布设（见图11-23）。城市中的一些住宅紧邻着街道，除入口之外，大部分外墙都是光的。建筑材料主要是日晒砖，有时也用粗石砌筑并将表面粉刷成白色。平面布置的变化根据不同家庭的喜好而定，但很少有对称或其他规则式的布置。厅堂是一种带门廊的客厅，与入口靠近，主要为男主人和他的朋友使用。另外，露天的院子常被柱廊所围绕，这是一种多用途的起居与工作空间，还有厨房和卧室，这些空间主要供妇女和儿童使用。较大一些的住宅有时也有二层楼，但极少有两个院子的住宅。从考古发掘的一些资料还可以看到，用陶砖铺面的浴室和管道设施在当时已不少见，但有些证据只能说明房间一般是普通的光墙面，表面刷成白色，地面是夯土地，有时也用砖铺设。

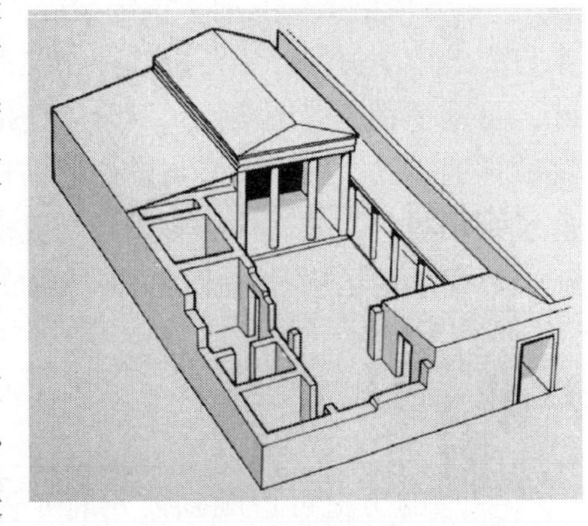

图 11-23 典型希腊住宅的复原图

11.3.5 家具与陈设

（1）家具 古希腊的家具没有实物遗存，但可以从希腊绘画的形象上，尤其是花瓶和其他陶器上的绘画形象中得知一个家具设计的基本概念。例如，西吉斯托石碑上的浮雕表现了一个优雅的妇女坐在一把新颖的希腊式座椅上，这种椅子又称之为克里斯莫斯椅，向外弯曲的木椅腿支撑着一个方形的框架，上面带有皮革制成的坐垫，后椅腿继续向上形成椅背，在椅子的前面还有一个小小的踏脚板（见图 11-24）。

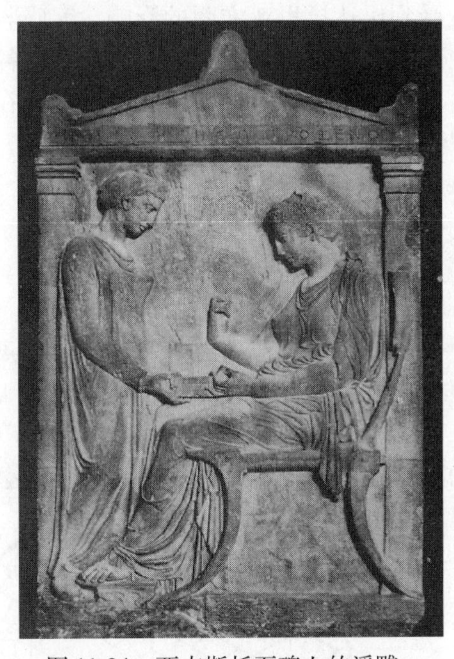

图 11-24 西吉斯托石碑上的浮雕

图 11-25 古希腊陶器上的装饰纹样

（2）陈设 古希腊早期的造型艺术起源于公元前 9 至公元前 8 世纪，在带有简单几何纹样的陶器上，他们把哀悼死者的场面按程式化的构图描绘在上面，哀悼者举手向头，整齐地排列于左右两侧，风格极其简约朴素（见图 11-25）。陶器是古代希腊人的生活必需品和外销商品，具有实用和审美意义。希腊陶器工艺先后流行三种艺术风格，即“东方风格”、“黑绘风格”和“红绘风格”。东方风格指公元前7世纪至公元前6世纪流行的一种陶艺，由于对东方出口，因此考虑到东方人的审美习惯，主要以动植物装饰纹样为主，有时直接采用东方纹样；其次是增强了装饰趣味，将动植物加以图案化。黑绘风格指在红色或黄褐色的泥胎上，用一种特殊黑漆描绘人物和装饰纹样的陶器。红绘风格与黑绘风格相反，即陶器上所画的人物、动物和各种纹样皆用红色，而底子则用黑色，故又称红彩风格。流行于公元前6世纪末到公元前4世纪末。这种风格优越处在于灵活自如地运用各种线条刻画人物的动态表情，充分发挥线条的表现力。

11.4 古代罗马

罗马的历史可追溯到公元前8世纪，公元前5世纪以前的罗马处于氏族部落时期，以后经历了共和国时期和帝国时期，帝国时期的罗马已成为跨越亚、非、欧三大洲的大帝国。

古罗马的设计艺术在很大程度上吸收了希腊的经验，意大利半岛上的伊达拉里亚文明则是一个中介，它曾受在意大利的希腊殖民地文化的影响，罗马和希腊的直接接触是在罗马人入侵希腊之后，最终希腊变成了罗马帝国的一个组成部分。

11.4.1 审美观念

罗马人不像希腊人那样富于想象，他们是一个冷静、务实的农业民族，他们的艺术也没有希腊艺术那样的浪漫主义色彩和幻想成分，而是具有写实和叙事性的特征。同时，罗马艺术也没有像希腊艺术那样的单纯，它渊源复杂，既受到伊达拉里亚文明的影响，又吸收了希腊、埃及、两河流域地区的文化因素，在同一时期，罗马帝国各地区的艺术风格也各有差异，除了以罗马城为中心的帝国正统艺术外，还存在着各种地方风格。因此，罗马人在审美倾向上也并不是一味追求希腊式的，归纳起来可以有以下几点：第一，强调现实意义，注重功利；第二，强调个性、写实；第三，针对于公共实用和个人实用，关注现实生活；第四，注重性格和情感表达，追求宏大、华丽。

11.4.2 建造技术的发展

（1）天然混凝土　古罗马伟大的建筑成就来源于罗马人民对建造技术的进一步发展，另一方面，新材料的应用也是创造更多空间可能的重要基础之一。罗马时期的天然混凝土大大促进了拱券结构的发展，它的主要成分是一种火山灰，加上石灰和碎石之后，凝结力强，坚固，而且不透水。起初这种天然混凝土被用来填充石砌的基础、台基和墙垣内的缝隙，大约公元前2世纪，开始成为独立的建筑材料，到公元前1世纪中叶，天然混凝土在拱券结构中几乎完全取代了石块，从墙基到拱顶是天然混凝土的整体，侧推力比较小，结构非常稳定。

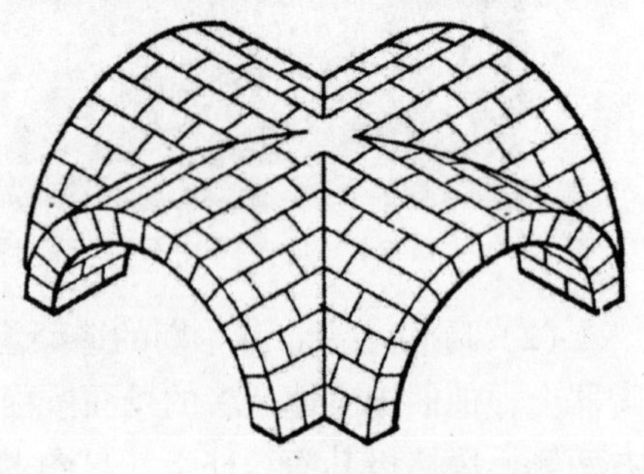

图11-26　交叉拱的结构示意图

（2）拱券结构　拱券结构是罗马人在空间构筑上最大的特色和成就之一。罗马建筑的典型布局、空间组合、艺术形式等都同拱券结构有着密不可分的联系，罗马建筑的宏伟壮丽也正来源于此。这时期出现的主要是筒形拱和交叉拱（见图11-26），其结构原理在于每一个券的侧推力被相邻的侧推力所平衡，而在整个结构的最边沿，侧推力被厚重的墙体所吸收。随着拱券技术的进一步成熟，罗马人还发展了穹顶结构，这种原型的拱顶呈半球形或比半球形更小一点，覆盖于一个圆形空间，并要求沿它的周围进行支撑。

11.4.3 神庙建筑空间

（1）维纳斯与罗马神庙　维纳斯与罗马神庙建于公元123～125年，位于大角斗场和罗马广场的圣道旁。在由天然混凝土浇铸而成的高大的平台上，神庙的两侧围绕着希腊式的列柱围廊，围廊以10柱×18柱的形式组成，气势恢宏（见图11-27），从中可以看出哈德良皇帝对古希腊文明的吸收和应用。该神庙的平面形式极为特殊，由两座神庙背靠背组合而成，构成两个内部神殿，各朝向建筑的两端，神殿内两侧墙上有一排柱式，柱间设有壁龛，在两个空间相互连接的一端，圣坛上有半穹顶覆盖，应该是供奉神像的位置（见图11-28）。这座曾经是罗马城中最大的神庙在经历了1000多年的风霜之后就遭遇了毁坏，如今只剩下了一小部分遗迹。

图11-27　维纳斯与罗马神庙全景

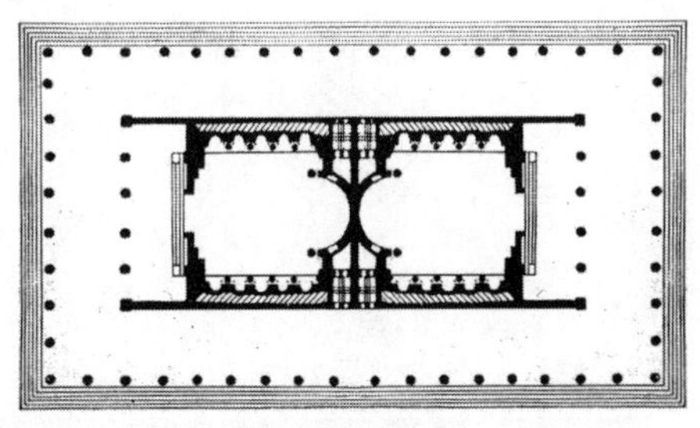

图11-28　维纳斯与罗马神庙平面图

（2）万神庙　万神庙初建于公元前27年，是一座希腊围柱式的长方形建筑。公元2世纪，哈德良皇帝对其进行了改造，将其建成了罗马特有的圆形穹隆顶建筑。至3世纪，卡拉卡拉皇帝又在殿前建了一座长方形神庙与之相连，并作为整个神庙的入口。

万神殿是其中最主要的建筑空间，也是拱券建筑的杰出代表，其内部空间的高度和跨度均以一个直径为43.43m的圆为基础形式，墙厚6.2m，上部为一个半球形的穹隆顶，顶的正中央开有一个直径8.9m的圆形天窗，是整个室内空间唯一的采光口（见图11-29）。顶部用叠涩砖和浮石作填料的混凝土混合筑成，基础和墙壁由凝灰岩和华灰石作填料的混凝土筑成，并在周边墙体上开有7个壁龛和8个封闭垂直的空洞以减轻自重。神殿的内部空间处理得很统一，壁龛的立面都做成用两根科林斯柱子支撑一檐部的造型，两层檐口把神殿的内部墙面水平划分成上小下大的两部分，比例接近黄金分割比，水平划分的内部由柱子和神龛线脚构成垂直划分，墙面和柱子都用大理石装饰，室内感觉和谐统一（见图11-30和图11-31）。穹隆顶用凹陷的方形图案作装饰，减轻屋顶自重的同时构成了由下至上逐渐缩小的五排天花，加上顶部采光产生的阴影变化，使室内空间取得了奇异而幻妙的效果（见图11-32）。

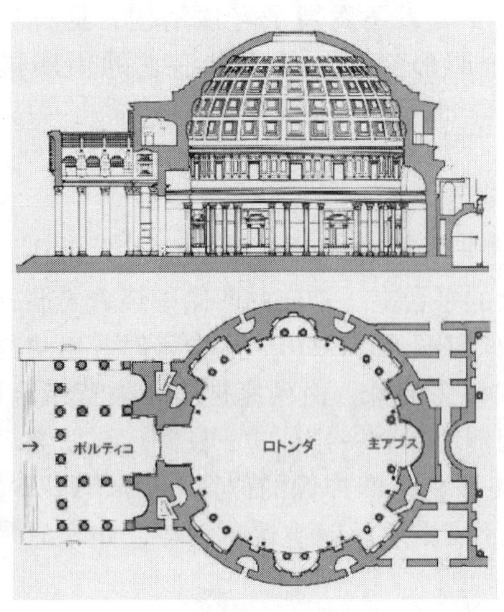

图 11-29　万神庙平立面图

图 11-30　万神庙的立面划分形式

图 11-31　万神庙的内部空间

图 11-32　万神庙顶部幻妙的光影效果

11.4.4　公共建筑空间

罗马人的审美倾向和生活态度催生了罗马的公共建筑，使公共室内空间的发展得到了巨大的推进。

（1）科洛西姆竞技场　位于罗马市区东南部的科洛西姆竞技场是举世瞩目的罗马古建筑之一，始建于共和末期，帝国初期，其平面为一个长轴189m，短轴156m的椭圆形，场内有60排座位，能容纳5万多观众，看台分成上下五个区，每区都有直接通向场外的楼梯和通道，共设有80个出入口，确保了人流的井然有序。竞技场的中心是一个长轴87m，短轴54.8m的椭圆形表演区，第一排看台比表演区高出5m，角斗士和野兽从看台底层出场，进行表演（见图11-33）。其严密的结构和空间组织体现了古罗马人对建筑空间和流程安排的充分理解和巨大成就，从中我们可以很明显地看到今天很多大型体育竞技场馆的雏形，甚至其基本的空间理念和布局还具有着异曲同工之处。

（2）公共浴场　帝国时期，很多皇帝都建造公共浴场来笼络无所事事的奴隶主和游氓，浴场迅速成为重要的公共建筑物，质量和工艺都得到了极大提高，很多浴场具有采暖措施，地板、墙体，甚至屋顶都设有管道，用于输入热水或热烟，因此较早地抛弃了木屋架，成为公共建筑中最早使用拱顶的建筑物。公共浴场最杰出的代表是卡拉卡拉浴场和代克利先浴场。

卡拉卡拉浴场的主体建筑长228m，宽115.8m，平面近于长方形，呈对称式布局，可同时容纳1600人沐浴。中央大厅为温水浴室，宽55.7m，进深24m，长方形平面，采用3个十字拱横向相接。露天浴场、温水浴室、热水浴室，以及它们之间的过厅构成主体建筑物的中心对称轴，其他入口、门厅、更衣室、小间热水浴室、小间温水浴室、按摩室、柱廊等大小空间对称地布置在该轴线两侧，轴线上空间的纵横、大小、高矮、开合交替变化，空间流转贯通、丰富多变。主体建筑内部用大理石贴面，所有厅堂和空间的墙壁及地面都用彩色的云石和碎锦石装饰，镶着马赛克，绘着壁画；并在空间内部陈设着精致的柱式和雕像，十分富丽豪华（见图11-34）。

图11-33　科洛西姆竞技场内景

图11-34　卡拉卡拉浴场复原图

代克利先浴场由代克利先皇帝建造于306年，主体建筑比卡拉卡拉浴场规模更大，长240m，宽148m，可容纳3000人同时洗浴，一部分后来被改建为圣玛丽亚教堂，因而，其中采用混凝土交叉拱结构的冷水浴大厅（见图11-35）和穹顶直径为20m的温水浴室得以幸存至今。

11.4.5　世俗性建筑空间

（1）巴西利卡　古罗马的巴西利卡是用作法庭、商业贸易和会议的大厅，长方形平面，两端或一端有半圆形龛，主体大厅被两排柱子分成三个空间或被四排柱子分成五个空间，中

图 11-35 代克利先浴场的冷水浴大厅

央比较宽的是中厅，可以适应法庭诉讼、审判的需要；审判席可以位于建筑端头半圆形龛内的高台上；侧廊造得比中厅要矮些，所以在中厅上部的墙面上可以设置高侧窗，建筑结构一般是石墙支撑着木质屋顶（见图 11-36）。这种建筑容量大、结构简单，逐渐发展为基督教堂的基本形式，对后来的建筑空间起到了决定性的影响。

（2）住宅　古罗马人以实用主义为原则，这使得市民的家居生活变得更为丰富多彩。其居住性建筑大致有两类，一类是沿袭希腊晚期的四合院式，或明厅式；另一类是公寓式的。四合院式的典型代表是潘萨府邸和维蒂住宅，其中心一般是一间矩形大厅，屋顶中央是一个露天的天井，地面的相应位置有一个池子可以盛装雨水，周围有柱廊支撑着木构的瓦屋顶，从这里可以通向住宅内的大多数房间，入口的轴线上通常有一正式的客厅，它与餐厅比较靠近，住宅房间的窗户很小，光线主要靠从门洞射入，由于门大都面向庭院，所以可以保证足够的采光。住宅内有鲜艳的壁画，陈设着三脚架和花盆，甚至还有雕像（见图 11-37 和图 11-38），有些房间不开窗户，而用壁画来模拟宽广空间的幻觉，如将墙面刷成深色，画上花环、葡萄藤、小天使等，或者在墙上画透视深远的建筑物和辽阔的自然景色，而住宅的后院大都是柱廊围绕的花园（见图 11-39）。

图 11-36 图拉真的巴西利卡

图 11-37 潘萨府邸的矩形大厅

一般的城市居民多数住在公寓里，这种出租型的房屋以楼房居多，始于共和时期，而兴盛于帝国时期。比较高级的公寓底层整层住一户，带有院落；低级一些的，底层开设店铺，作坊在后院，上面住人；最差的，每户沿进深方向布置数间房间，通风和采光都比较差。

图 11-38　维蒂住宅的矩形大厅

图 11-39　维蒂住宅的后花园

11.4.6　家具和室内装修

古罗马现存的家具和室内陈设普遍是由那些不易燃烧的材料构筑而成的，如石头的躺椅和桌子，铁和铜质的油灯和花盆，以及一部分壁画和马赛克画，从这些物件我们可以想象出昔日罗马的室内环境。

罗马建筑室内的墙面一般在下部建筑线脚和壁柱的细部涂有颜色，形成墙裙；墙面上部用固体颜料和天然染料制作壁画，以室外景观、神话故事和日常生活场景的题材为多（见图 11-40）；地面上也出现了一些装饰细部，马赛克画等，室内色调以黑色和朱红色为主，即所谓的“庞贝色”。

图 11-40　庞贝古城的壁画样式

罗马的家具从古希腊的原型发展而来，倾向于大规模的装饰细部，大都应用上等的木材，并镶嵌有象牙和金属。折叠凳和定型的椅子发展成为一种等级和身份的象征，而忽视了对舒适性的考虑。从维蒂住宅现存的一些壁画中，可以看出当时还存在其他各种富丽的家具形式。

11.4.7 设计理论著作的产生

古罗马出现了现存最早的关于建筑空间营造的理论著作《论建筑》，即后来的《建筑十书》，它由古罗马建筑师维特鲁威写于公元前 90 年至公元前 20 年间，书中涉及了许多技术性资料，如筑城技术、砖和混凝土的制造、机械、时钟、供水系统的构成等，以及关于设计师的培养教育。书中还论述了许多具体的建筑类型，如神庙、公共建筑和住宅等，讨论了相关的美学问题，并对罗马的多里克柱式、爱奥尼柱式和科林斯柱式进行了深入的阐述。将设计的目标定义为实用、坚固、美观三要素。该书直到今天依然被认为在了解设计内涵上具有独到的见解，其中所提供的一些资料成为我们今天研究古代西方建筑及室内空间的主要依据。

第12章
中世纪时期

中世纪是指从公元476年西罗马帝国灭亡到15世纪文艺复兴运动开始的一段时期，文艺复兴时期的意大利人认为该阶段是处于文明与复兴之间的一个时代，因此将其称为“中世纪”。

中世纪最大的特点就是基督教对当时的社会生活方式和意识形态造成了决定性的影响，各种艺术形式均不可避免地具有浓厚的宗教色彩，充当着上帝与教会的代言人，建筑和室内空间形态也不例外。然而，古希腊罗马根深蒂固的文化传统也不会在一朝一夕被基督教文化颠覆殆尽，而是一个漫长的相互融合的过程。基督教文化在地中海沿岸的地位确立以后，又吸收了一部分当地的文化成分，产生了新的样式，被称为“蛮族艺术”，至公元前10世纪左右，才形成相对统一的风格。因此中世纪的室内空间也和其他艺术形态一样具有在东方文化、古希腊罗马传统文化和蛮族文化基础上融合而成的基督教文化的艺术内涵。

12.1 早期基督教、拜占庭风格

公元313年，罗马国王君士坦丁宣布米兰敕令，承认了基督教的合法地位。基督教开始公开活动，一些宗教仪式，如洗礼、做弥撒等对新的建筑形式产生了巨大的需求量，为满足这一迫在眉睫的需求，基督教徒只得借助于与他们所需相近的巴西利卡来勉为其用。与此同时，一大批教堂如雨后春笋般悄然出现，并成为该时期最为典型的建筑空间形态。

12.1.1 巴西利卡的演变

(1) 典型建筑形式　310年，君士坦丁大帝在特利尔为其母亲修建了一座巴西利卡式的宫殿，后被作为纪念圣彼得的教堂，成为最古老的巴西利卡教堂之一。

这座古老的教堂长70m，宽27m，没有侧廊，木质构筑的屋顶高约30m，大厅尽头原先用作审判室的凹室被恰到好处地改造成了牧师向教徒们传经布道的祭坛，这使得巴西利卡产生了一个根本性的变化，原来位于平面长边的主入口被移到了和祭坛相对的平面短边上。虽然只是一个小小的变化，但对于空间的感受力却变得完全不同，巴西利卡前后左右的对称性决定了当人从长边入口进入时会感觉到一种宁静与宽广，但从短边入口进入时视线会立刻被整齐排列的天花板、窗框、墙角等共同形成的强烈的透视吸引到祭坛，以及祭坛上的十字架上，感受到一种上帝的召唤（见图12-1）。而这也正是基督教教堂与神庙空间最大的区别所在。

(2) 室内装饰形式的演变　早期的巴西利卡教堂墙面都用石砌，通常是色彩丰富的大理石，屋顶由大型木构件覆盖，中厅上部的墙体由密集排布的柱子所承托的过梁或拱券来支撑，呈线性排列的柱子将中厅和侧廊划分为两个不同的区域，建筑细部有了进一步的演变和发展。柱子通常以一种罗马柱式为基础，一般用科林斯柱式，有时也用爱奥尼柱式，柱子上部的墙面和天顶大多绘有阐述宗教主题的壁画或马赛克镶嵌画，地面常用色彩强烈的石头铺砌出几何图案（见图12-2）。巴西利卡教堂的演变就像是对古罗马建筑的一种直接搬用，甚至有些建筑材料，如柱子等，直接来源于早先的罗马建筑。

图 12-1　古老的巴西利卡教堂

图 12-2　巴西利卡教堂的室内装饰

12.1.2　空间形态的发展

（1）穹顶和帆拱　5～6 世纪，随着教会的发展，东正教不再像天主教那样注重圣坛上的神秘仪式，而是宣扬信徒之间亲密一致的关系，集中式的教堂逐渐增多，这大大推动了新的结构形式的产生，尤其是穹顶和帆拱的出现，使集中式建筑越做越宏伟，在整个流行正教的东欧，后期教堂的基本形制都是集中式的。

穹顶技术是在波斯和西亚的经验上发展而来的，早期大多是一个正方形的空间，上面扣一个半球形的穹顶，两种不同几何形式的衔接过渡成为了这种结构的基本问题，传统的方法是在方形的四个角上用半锥形拱将其变成八边形再砌穹顶，或者用石板层层抹角，将方形变成 16 边形或 32 边形之后再砌穹顶。这种形式到拜占庭时期得到了重大突破，广为流传的基本做法是，沿方形平面的四边发券，在四个券之间砌筑以对角线为直径穹顶，称之为帆拱，完成后的顶部仿佛是一个完整的半球形在四边被发券切割而成，而四个券完全承担了顶部的重量。这种结构形式表现出了极大的优越性，首先，是穹顶和方形平面承接在形式上的自然流畅；其次，由于屋顶的荷载被集中到了建筑的四个角上，建筑不再需要完全连续的承重墙，使得穹顶之下的空间开敞具有了可能性。依法炮制，就可以在各种正多边形平面上使用穹顶，并得到集中式的室内空间，这是穹顶技术的巨大成就，虽然古罗马的十字拱也摆脱了承重墙，但却无法得到集中式的平面构图形式。

后期，这种结构形式得到了进一步的发展，在四个券的顶点部位作水平方向的切割，在切口上再砌筑穹顶，再往后又出现了在水平切口上先砌上圆筒形的鼓座，再加穹顶的做法（见图 12-3）。总之，帆拱、鼓座和穹顶的相互结合使得拜占庭的建筑屋顶在构图上得到了极大的艺术表现力。

（2）立面处理　为了平衡穹顶在各个方向的侧推力，古罗马人采用了极厚的墙体，而拜占庭的建筑师们对此又有了新的创造，他们在四面对着帆拱下的大发券砌筑筒形拱来抵制这种侧推力，筒形拱的下面两侧再做发券，靠里一端的券脚落在承托中央穹顶的支柱上，使建筑外墙完全不受侧推力的影响，而内部只有承受穹顶的四个支柱，内部空间和立面处理都变得灵活多样，使集中式教堂获得了开敞的、贯通的内部空间。由于受到这种结构形式的影响，教堂中央的穹顶和其四面的筒形拱组成了等臂的十字形，形成了许多十字形的教堂。可见，结构的进步对空间形态的变化起到了极大的影响，尤其在人类社会的早期，这种影响几乎是决定性的。

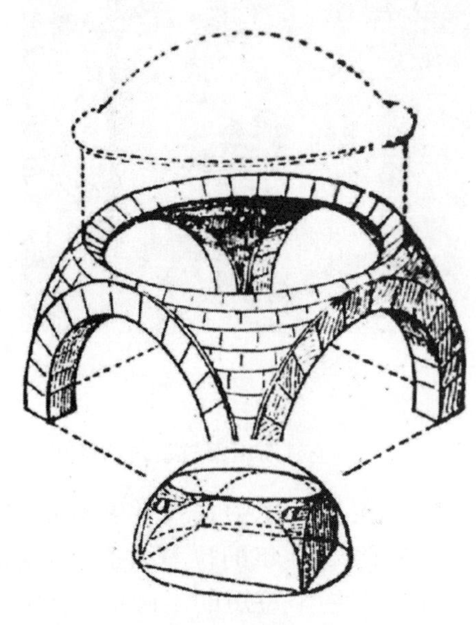

图 12-3　穹顶和帆拱的结构示意图

图 12-4　圣玛利亚大教堂

12.1.3　典型的教堂空间

（1）圣玛利亚大教堂　圣玛利亚大教堂是罗马现存最古老的巴西利卡式基督教教堂，呈三柱廊式，内部空间有着强烈的聚焦感，中间由线型排布的梁柱结构支撑起高敞的中厅，古罗马的柱列现在被用来支撑开有高侧窗的墙体了（见图 12-4）。屋顶由木材做成，绘有整齐的方格状天花，祭坛上方的半圆形穹隆顶表面用彩色的小玻璃和石头拼贴出马赛克画，内容都为圣经故事，为了确保整体画面在色调上的统一性，通常在马赛克画面后铺一层底色，而为了追求马赛克小块在光线下闪烁的效果，有时故意做成不同方向的微斜。以红、绿两色为主的马赛克地面，使整个空间显得色彩斑斓（见图 12-5）。

图 12-5　圣玛利亚大教堂顶部的马赛克画

（2）圣科斯坦察教堂　约建于 330 年的圣科斯坦察教堂是最有名的早期集中式教堂，它原是作为君士坦丁大帝女儿的陵墓而建，后被用作基督教洗礼堂，13 世纪成为教堂，是集中式空间处理的典型代表。在建筑内部，中央穹顶空间被双柱组成的回廊环绕着（见图 12-6），廊顶覆盖着镶有彩色马赛克画的筒形拱，日光通过高侧窗射入，在大理石墙面和马赛克画上形成变化莫测的效果。圣科斯坦察教堂的空间特点是双柱上方的短梁均以向心排列的方式指向中央空间的圆心，产生了很强的向心性，人不论走在哪里，视线都会不自觉地被牵制到空间的中央位置，反之，中央空间也实现了外围空间的交流和联系（见图 12-7）。这时的室内空间已不再是单纯建筑组成的内部附属部分，而是逐渐成为了建筑的主要内涵和目的。

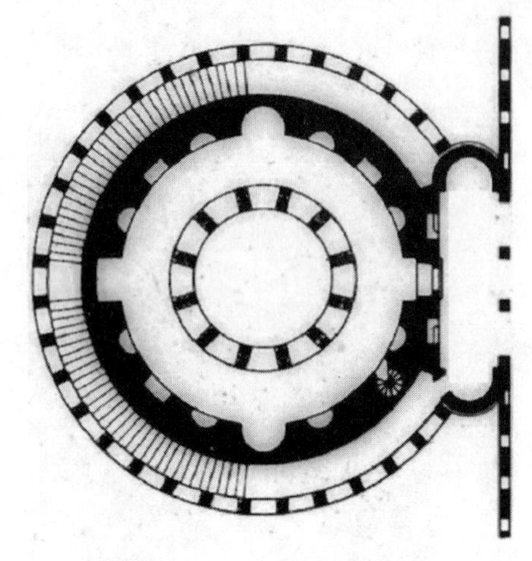

图 12-6　圣科斯坦察教堂平面图

图 12-7　圣科斯坦察教堂内部空间

（3）圣维塔尔教堂　强大的帝国需要纪念性建筑物的彰显，集中式教堂以其独有的象征意义在皇权至高无上的东罗马帝国大受青睐，约建于 521～532 年的拉韦纳圣维塔尔教堂是当时最重要的集中式教堂之一，它呈八边形集中式布局，一个短短的半圆形后殿向东延伸。中央空间的上方覆盖着高敞的穹顶，周围被走道环绕，并由其将建筑外观转变成八边形，入口的门厅斜成一定角度，以便与八边形的两条邻边相连（见图 12-8）。走廊的上部就是楼座部分，光线由高侧窗射入，色彩丰富的大理石和绚丽的马赛克画在极其简朴的建筑外观内造就了一个别有洞天的室内空间。在立面上，其中央空间除祭坛外的七个面都带有半穹顶的凹室，凹室背面用柱廊代替墙面，并与外围更低的两层环形拱顶走廊相通，形成与圣科斯坦察教堂相似的扩展流通的空间效果（见图 12-9）。祭坛的半球形穹隆顶下方左侧的墙壁上绘着手持圣饼盘的查士丁尼和主教、朝臣和侍从的图像；右侧绘着手捧圣餐杯的皇后狄奥多拉和侍女的图像（见图 12-10），它们是当时镶嵌画艺术的杰出代表。

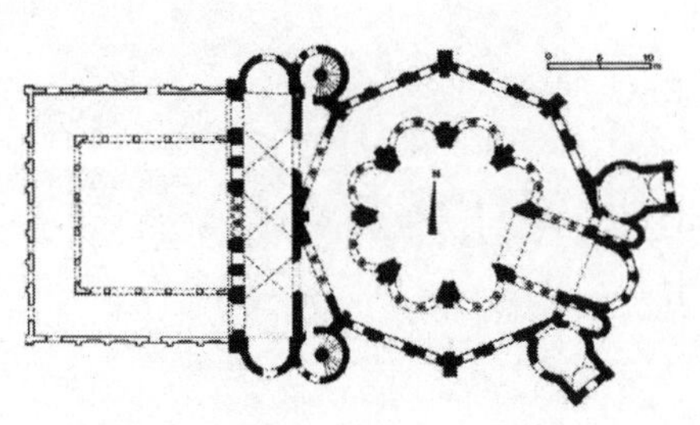

图 12-8　圣维塔尔教堂平面图

图 12-9　圣维塔尔教堂内部空间

（4）圣索菲亚大教堂　拜占庭最辉煌的代表就是君士坦丁堡的圣索菲亚大教堂，这座集中式教堂东西长 77.0m，南北长 71.7m，前面的廊子有两跨进深，中间是一个施洗用的水池，周围环着柱廊，形成曲折多变的内部空间，与其他拜占庭的希腊十字式教堂有所不同，圣索菲亚大教堂中央穹顶下的空间同南北两侧是明确隔开的，而东西两侧则相对统一，这使内部空间的纵深变得很大，非常适合宗教仪式的需要。同时，其比万神庙更为宽阔高敞的中央空间也是当时空间营造的又一巨大突破，圆形的穹顶放在帆拱上，穹顶的基部有一圈小窗，是将室外光线引入的重要途径。在整体幽暗的室内环境中，整个穹顶仿佛没有依托，漂浮在空中。圣索菲亚大教堂的空间装饰具有着灿烂夺目的色彩效果，柱子多数是深绿色的，柱头由镶着金箔的白色大理石构成，墩子和墙全部采用白、绿、黑和红色等大理石贴面，穹顶和拱顶镶嵌着金色和蓝色底子的马赛克，地面也由彩色马赛克铺装而成。身处其中，就像待在一个百花盛开的世界（见图 12-11）。

图 12-10　圣维塔尔教堂顶上的壁画

图 12-11　圣索菲亚大教堂

12.1.4　室内装饰与家具陈设

与早期基督教和拜占庭教堂同时出现的世俗性建筑几乎仅留下了一些废墟，因此很难得到准确的研究资料，这一时期的室内装饰和家具研究主要还是集中在对教堂空间环境进行的，但从一些零散的遗存中我们还是可以看到，当时的椅子和桌子大部分以希腊、罗马的样式为主，但其中许多已由曲线形式转变成了直线形式。从拜占庭的教堂中表现出来的东方的装饰风格，对家具产生了极大的影响，材质为木材、金属、象牙等，同时，金、银、宝石、玻璃镶嵌以及浮雕成为其主要的装饰手段。

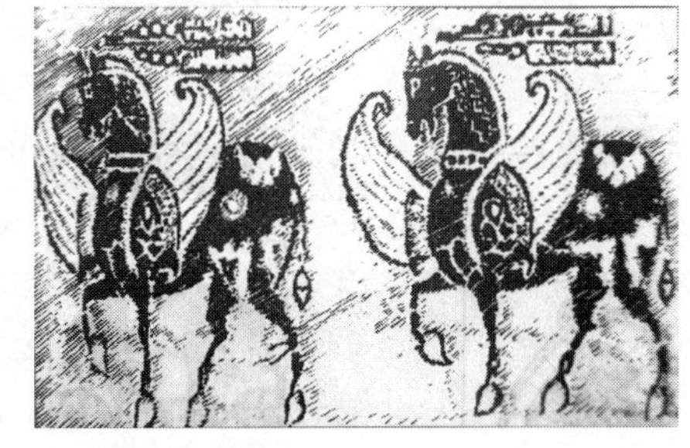

图 12-12　拜占庭时期的织画

另外，拜占庭时期的织画十分发达，上面的动物图案姿态优雅（见图12-12），表现出了拜占庭人们的一种生活态度，细密画也得到了进一步的发展，珐琅之类的工艺品品种繁多，其装饰纹样和当时的建筑室内装饰图纹有着异曲同工之处。

12.2 加洛林王朝和罗马风

公元8世纪，当年的蛮族已发展成为了整个欧洲大陆的封建领主，法兰克国王查理曼经历了数十年的战争，终于将西欧大部分地区统一了起来，并建立了加洛林王朝。查理曼的理想是恢复昔日罗马的繁盛，不仅在文化上追求罗马的传统，而且热衷于恢复罗马帝国的封号。他亲自领导了这次文艺复兴运动，历史上称之为“加洛林文艺复兴”，这次运动的最大意义在于将北欧的日耳曼精神与地中海文明成功融合在了一起。

查理曼死后，加洛林王朝也随之完结，但其影响并没有因此消失，尤其是号称“神圣罗马帝国”的奥托王朝，在继承加洛林传统的基础上，又发展出了更为肃穆宏大的风格形式。

12.2.1 罗马风的形成

10世纪以后，先进的封建制度取代了罗马帝国时期的奴隶制度，11世纪以后，大规模的外族入侵也逐渐停止了，西欧的经济随着技术的不断进步开始稳步增长，人口不断增加，11世纪后半叶，西欧的景象空前繁荣起来。罗马风就是在这样的环境中滋生并发展起来的，在欧洲很长的一段时间内，人们将哥特艺术以前的所有艺术都称之为“罗马风”。

罗马风的形成受到多方面的影响，但有几点是最为基本的，第一，西欧经济水平提高，封建制度逐渐稳固；第二，作为社会精神支柱的教会势力与贵族力量并行发展，修道院制度得到了进一步完备；第三，十字军东征和大规模的传教活动扩充了教会的势力和影响；第四，对圣人遗物的崇拜，掀起了各地朝拜的热潮。这些因素导致了教堂和修道院的大量建造，为了追求建筑宏伟壮观的效果，建造时普遍采用了类似古罗马拱顶和梁柱结合的体系，并大量采用了希腊罗马时代“纪念碑式”的雕刻来装饰教堂，最终在该时期形成了“罗马式”的风格体系。罗马风的外在表现不仅体现出了与加洛林文艺复兴、奥托王朝艺术之间千丝万缕的联系，同时还蕴含着许多的外来影响：古希腊时代的古典艺术、早期的基督教、伊斯兰教、拜占庭和克尔特至日耳曼传统等。罗马风成为了多种风格形式相互融合的最终艺术形态。

12.2.2 德国的罗马风建筑空间

公元962年，教皇约翰十二世在罗马将德意志王国的国王奥托加冕为皇帝，重新统一了原查里曼帝国的中东部地区，之后的100年里，奥托和他的继承者们在德意志的土地上建立了一个强有力的统一政权。德国的罗马风建筑在这一时期也得到了长足的发展。

（1）亚琛大教堂　亚琛大教堂是查理大帝的宫廷教堂，整体结构呈长方形，屋顶为拱形，修建于公元790~800年查理曼大帝时代。这座教堂的灵感来源于罗马帝国时代的东方式教堂，在中世纪时夏佩尔宫又添加了许多华丽的装饰。亚琛大教堂建筑极具宗教文化色彩，这座八角形的建筑物，融合了拜占廷式和法兰克式的建筑风格之精髓，是加洛林朝代文艺复兴的代表性建筑。它的内部结构以日耳曼式圆拱顶为主要特色，用色彩斑斓的石头砌成。其八边形的中厅被两层走廊环绕着，其中较高的二层柱廊又被分成两层，墙面感觉是由三层组成（见图 12-13）。其穹顶建在开有窗子的鼓座之上，直径超过 15m，以大理石和马赛克拼贴出宗教题材的画进行装饰，而拱券部分则用不同颜色的石块和砖混合砌筑成深浅相间的棋盘状，穹顶下吊着直径 4.2m 的枝形吊灯（图 12-14），为后来的皇帝腓特烈一世所捐赠。

图 12-13　亚琛大教堂内部空间

在许多世纪中，亚琛大教堂一直是德国的最高建筑。内部以古典式圆柱为装饰，教堂大门和栅栏则为青铜式建筑，也是现存加洛林朝代唯一的青铜制品，风格古典，据鉴定可能出自伦巴第工匠之手。这座有着巨大圆拱顶的八角形教堂据说是模仿意大利的圣维塔尔教堂建造的（另一资料说该教堂在建造时是以安提奥基亚八角教堂和拉韦纳圣教堂为样板的）。有许多高耸的尖塔，门洞四周环绕数层浮雕和石刻。在夏佩尔宫里，陈列着神圣罗马帝国皇帝腓特烈一世赠送的烛台，陈放在走廊里的是当时查理曼大帝的大理石宝座。唱诗班席里也存放着查理曼大帝的金圣物箱，保存着他的遗物。此外，教堂里还有不少精美绝伦的青铜器、象牙器、金银工艺品和出自名家之手的宗教艺术品。亚琛大教堂的艺术财富被认为是北部欧洲最重要的教会艺术宝藏。

图 12-14　亚琛大教堂的穹顶

（2）圣米迦勒教堂　希尔德斯海姆的圣米迦勒教堂是德国罗马风建筑的典型代表，它极其强调对称，拥有完全一样的袖廊和角楼以及中堂中成对的圆柱。教堂的平面极具德国特色（见图 12-15），东西部均设有祭坛和横厅，横厅两端都有塔楼，加上两座十字交叉部的塔楼，使得外观呈现出六座塔楼高耸的形态，其中厅为桁架式平顶结构，墙面面积很大，显得十分厚重。应该说，圣米迦勒教堂确定了德意志地区在中世纪建筑中的独立地位。

圣米迦勒教堂的中厅是一个具有巴西利卡味道的罗马风室内形式，各边都带有侧廊，厅廊之间通过连续的拱廊取得联系。中厅墙壁的高处开着小窗，形成高侧窗，用于采光，屋顶是木制的，绘有丰富的图纹样式。室内的整体感觉整洁而素雅（见图 12-16）。

（3）施派尔大教堂　1027 年开始建设的施派尔大教堂是德国最重要也是最大的罗马风建筑，由皇帝康拉德二世下令建造，意在将它作为基督教世界团结统一的象征。施派尔大教堂的建筑空间长 130m，中廊宽 13.5m、长 70m、屋顶高 27m，是现存罗马风教堂中规模最大的。建筑的中廊和侧廊通过有壁柱的柱垛来划分，柱垛之间由拱券连接，柱垛每隔一跨，在截面上有所补强（壁柱加粗）。屋顶在始建时是木屋架，后改成十字拱结构（12 世纪时），西立面中央和中廊与横厅的交叉处有采光用的塔，室内空间深远高峻。中厅的侧立面呈三层构造，在支撑交叉拱的大束形柱之间的小束形柱一直向上延伸到交叉拱的起拱线，中

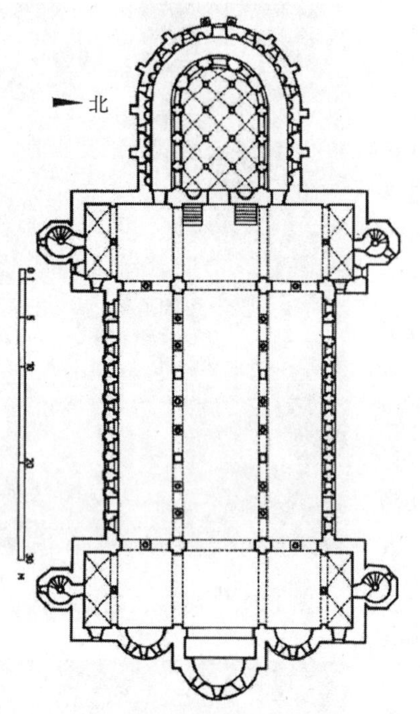

图 12-15　圣米迦勒教堂的平面图

图 12-16　圣米迦勒教堂内部空间

间没有间断，这使得空间的垂直感显得尤为强烈（见图12-17）。建筑的圣坛部位和塔的檐口下有拱廊，此种手法后来被莱茵河流域教堂普遍采用。施派尔大教堂在平面、结构及建筑空间方面，对后来的莱茵河流域的教堂有深刻影响，尽管后来有不少不同风格的增建和改建，施派尔大教堂仍不愧为是初期罗马风建筑的杰作。

施派尔大教堂的平面也呈现出强烈的德国风格，与意大利式的教堂有着明显的差别，其两端入口各设有一个横向的前厅（见图 12-18），前厅与中厅交叉处建有高耸的塔楼，前厅后侧也设有两座塔楼，与东面十字交叉部及其侧后方的三座塔楼共同在建筑的外观上形成六座塔楼高高耸立的面貌，这种建筑形态也正是典型的德国式罗马风特色。

图 12-17　施派尔大教堂内部空间

德国的教堂还有美英茨以及沃尔姆斯等地的教堂为典型代表，从这些教堂都不难看出罗马风的设计理念从德国传承到欧洲其他地方的渊源关系。

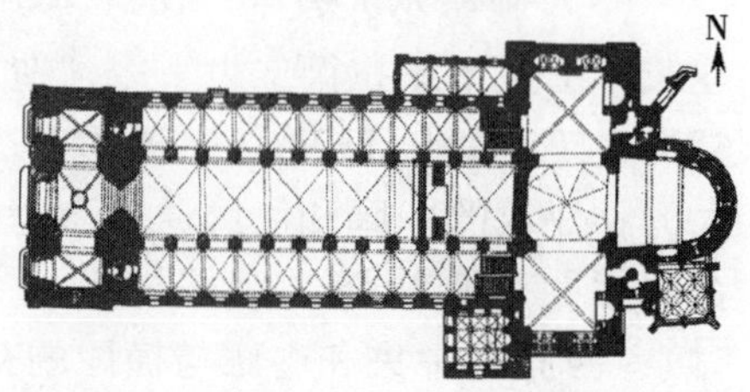

图 12-18　施派尔大教堂平面图

12. 2. 3　意大利的罗马风建筑空间

中世纪的意大利在中法兰克王国统治者罗退尔死后陷入一片混乱，德意志军阀的掠夺更使得罗马的状况雪上加霜。而在意大利的北部，频繁的战争却造就了众多政治上相对独立的并依靠长途贸易而日益兴旺的城邦，并使得它们有足够的实力投入于大型教堂的建造活动。

（1）圣安布罗乔教堂　为了纪念圣安布罗斯而建的米兰圣安布罗乔教堂是 11 世纪意大利北部罗马风建筑的典型代表。从平面上看，它是由早期基督教的巴西利卡发展而来的，前面带有一个开敞的前院，中厅由四个隔间组成，覆盖的屋顶由三个交叉拱形成，交叉拱的对角线通过石肋得到了强调，第四个隔间是教堂的圣坛部分，上面覆盖着八边形的矮塔和采光亭，两层高的侧廊上方则是方形的交叉拱顶，侧廊的东端还各有一个半圆形的小祭坛，形成这一时期常见的三后殿的平面样式（见图 12-19）。

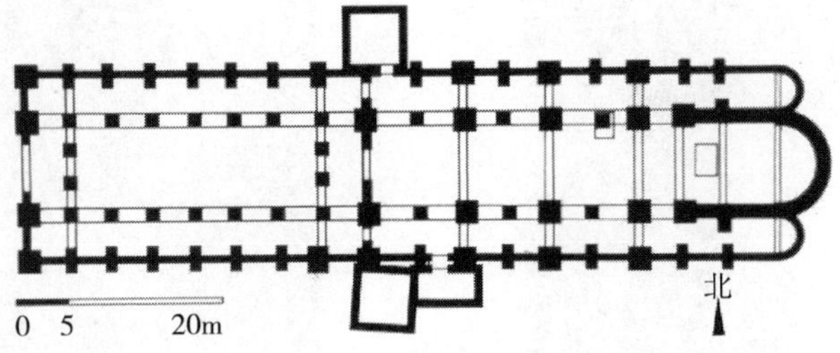

图 12-19　圣安布罗乔教堂平面图

由于混凝土技术已经失传，圣安布罗乔教堂的中厅交叉拱由砖砌而成，从形象上看，这样的交叉拱更像是拜占庭常见的帆拱式穹隆。正方形交叉拱的应用使得中厅和侧厅间的柱廊开间加宽了，每个支柱部分的荷载也大大增加。在圣安布罗乔教堂中，为了满足结构的需要，单一的支柱被看似支撑不同方向拱肋的附柱组成的束形柱替代，同时又在大束柱之间增加了较小的束形柱，用于支撑侧厅上方的小拱顶，形成双层侧廊的构造。至此，由整齐划一的柱子所形成的均匀的节奏感被间歇式的节奏取代了，空间向祭坛的聚焦受到了削弱，但束形柱和拱肋的应用，使得教堂的内部空间出现了指向上方的新感受（见图 12-20）。这也是意大利罗马风建筑空间的典型特征之一。

图 12-20　圣安布罗乔教堂内部空间

（2）圣米尼奥托教堂　圣米尼奥托教堂位于佛罗伦萨市，在建筑装饰上具有极强的地方性特色，其内部没有横厅，中厅采用木桁架屋顶和连拱式圆柱廊，每隔三个开间有一个由粗大的束状柱支撑的横向跨拱，整体空间透视呈现出一种独特的间歇式节奏感，连拱廊上方的墙面以大理石和马赛克镶嵌成的精美图案进行装饰。中厅分成三部分，各部分上面都覆盖着木制屋顶，并绘有以蓝、红色调为主的装饰图案；两端的地下室朝着中厅内部敞开，地下室上面建有唱诗席，高度超过视平线，墙面上贴着黑白两色的大理石，形成了视觉上的强烈对比（见图 12-21）。窗户的处理则更为特别，镶嵌着薄薄的、半透明大理石。

（3）比萨大教堂　比萨大教堂位于意大利中部的托斯卡纳省省会，由于历史条件的原因，中部与南部的建筑一般比较保守。它附属的塔楼呈圆形，教堂与塔楼均为大理石结构，前面圆形的比萨洗礼堂在后来风行哥特式时期曾受过大规模改建与装修。比萨大教堂建筑群可以堪称是意大利罗马风建筑中最有名而且也是最美的。

教堂采用的是拉丁十字形平面，全长约95m，中厅两侧各有两条侧廊，横厅也分有三个厅堂，中厅与横厅的交叉部位上方覆盖着穹形的采光塔，但与拜占庭希腊十字形教堂不同的是，这里并不在整个建筑构图中占统治地位。中厅内部的立面处理与佛罗伦萨的圣米尼奥托教堂较为相似，但在桁架的下方铺设了色彩绚烂的藻井，为整个空间增添了华丽的感觉（见图12-22）。

图12-21　圣米尼奥托教堂内部空间

图12-22　比萨大教堂内部空间

12.2.4　法国的罗马风建筑空间

法国的前身即查里曼帝国分裂之后产生的法兰克西王国，由于受到当地高卢人和罗马人的同化，他们与其他的日耳曼人逐渐分化出来，至12世纪前，基本处于封建割据的孤立状态。

（1）圣塞尔南教堂　这是一座罗曼艺术的杰作，也是欧洲最大的长方形教堂。图卢兹诗人克洛德·努加罗这样吟唱："圣塞尔南教堂就像太阳浇灌下的珊瑚花照亮了整个天空。"中世纪时期，圣地亚哥、耶路撒冷、罗马并列为天主教的三大圣坛。从法国通往圣地亚哥的朝圣之路主要有四条，他们到达法国西南部后，再穿过比利牛斯山，最后到达目的地，圣塞尔南教堂便是朝圣路上最美丽的、也是必经的教堂之一，不知有多少虔诚的信徒从这里经过前往圣坛朝拜。

从平面上看，圣塞尔南教堂比奥托帝国的圣米迦勒教堂更为复杂，也更为统一，是一个被强调的拉丁十字架形状，重心在东部一端，横厅环以廊道（见图12-23），这表明教堂的功能更多是用于容纳大量的善男信女，而不再是单一地给修道士们修行，这从另一个侧面反映了宗教的繁荣发展。教堂内部由立柱隔成许多方形的小单元，中厅只有两层，覆以筒形拱顶，拱顶上每开间对应一条横向拱肋，可以使拱顶分段砌筑，拱顶下方由方形壁柱承接，空间形成指向祭坛的连续的节奏感（见图 12-24）。从边廊尽头的塔楼和中厅里众多的穹顶可以看到罗马风特征在建筑上的进一步展现。可以说，圣塞尔南教堂是最丰富、最具地方特色、最有创新观念的罗马风建筑风格在法国的生动表现。

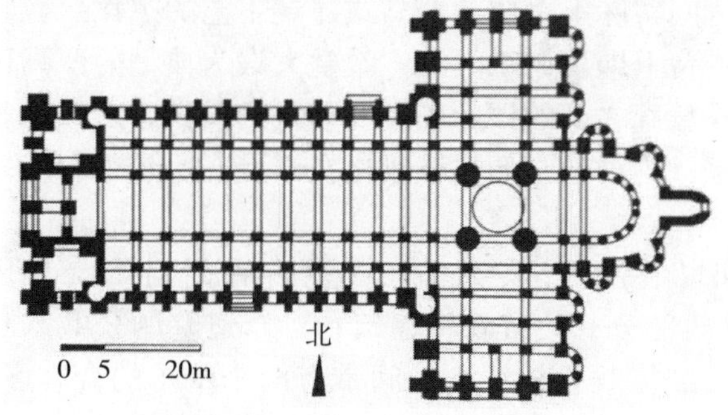

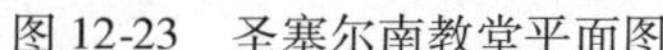

图 12-23 圣塞尔南教堂平面图

图 12-24 圣塞尔南教堂内部空间

（2）圣马德莱娜修道院教堂 11 世纪，传闻参加耶稣受难的圣女玛丽 · 马德莱娜安葬于这座教堂下面，于是吸引了众多信徒来此朝圣。12 世纪，教堂进入了鼎盛时期，不仅拥有众多的虔诚教徒，而且深受朝廷的重视，对教堂不断地进行修葺、扩建，随之教堂的规模日益扩大，中殿、前殿、祭坛、耳堂都于此时相继落成。中殿被装饰得富丽堂皇，其中最富有独特的创造性的是其半圆形的拱券结构。设计者用棕色和白色拱石交替砌成，被认为是罗马传统的优美典范。尖顶拱形和橄榄形拱穹的祭坛造型精致，可以看出建筑艺术造型和审美向哥特式的一种过渡，这种做法一度对法国北部的哥特式建筑产生过深刻的影响。在中殿和前殿里还有独一无二的人像柱饰头的雕刻，中殿正门三角楣上也雕了“最后的审判”的画面，这些都堪称是韦兹莱大教堂的艺术精华。

图 12-25 圣马德莱娜教堂内部空间

这座高耸、明亮的教堂，自前厅至半圆龛形成一道连续的景观，中厅采用法国罗马风中比较少见的无拱肋交叉拱顶覆盖，拱廊上方的墙面上开有高侧窗，开间呈横向长方形，以束形柱支撑的大拱肋分隔。立面只有两层，由于横向线脚的应用，空间呈现出安定和节奏均匀的感觉（见图 12-25）。

（3）圣米歇尔山修道院 公元 8 世纪，圣米歇尔神父在岛上最高处修建了一座小教堂，奉献给天使米歇尔，后来这里成为一处朝圣中心，故称米歇尔山。公元 969 年在岛顶上建造了本笃会隐修院。1211 ~ 1228 年间在岛北部又修建了一个以梅韦勒修道院为中心的 6 座建筑物，都极具加洛林王朝古堡和古罗马式教堂的风格（见图 12-26），山上的修道院和大教堂都在基督教徒的

图 12-26 圣米歇尔山建筑群鸟瞰

心目中有着至高无上的地位。圣米歇尔大教堂的建造，从 1017 年投下第一块基石到 1080 年落成，持续了 60 多个春秋。教堂分祭坛、耳堂和大殿三部分。由于高低不平的山顶无法提供宽阔平整的地基，人们便沿山坡修筑了几处建筑以使教堂建在同一个水平面上。大教堂呈十字形，而祭台、耳堂和大殿下的墓穴或祈祷间实际上也成了罗马式建筑工艺的杰作。教堂的正面是建有三扇拱门的大门廊，从门前的平台上即可俯瞰大海。教堂大殿为典型的罗马风风格，其穹隆的开间多达 7 道，两侧的拱门式长廊之上的楼廊砌有罗马式的拱窗，以保证教堂的通风与采光。祭坛四周的回廊不带祈祷室，这种教堂的建筑风格在诺曼底一带很有代表性，曾经风靡一时。

修道院虽然经诸多建筑师设计，但依旧保持着朴实无华、古色古香的格调（见图 12-27）。整个修道院分 3 层，被一堵高墙隔成两部分，共有 6 座建筑物。修道院的公共入口处在东南角，接着便是接待室和食品储藏间。二层颇具档次，一间带有两个壁炉的会客厅，专门接待有身份的人。会客厅的顶部也显示出非同一般的气魄，呈宽阔的穹隆形，并有交叉拱肋加固；另一间结构相同的屋子专供修士们从事誊写手稿等脑力劳动，以及冬季取暖。修道院的内院与回廊堪称“奇中之奇”，它们被二层的花岗岩墙垛或巨型石柱支撑着，近看恍若镶嵌于大教堂之上，远眺则犹如悬浮于天水之间，其景致之壮观，好似天上庭院错落人间。与内院相映成趣的回廊又是中世纪建筑艺术的精品，其圆柱看似纤圆脆弱，但实际上它们却支撑着回廊那专看风景的页岩大屋顶。廊柱的排列错落有致，其梅花形的格局使得柱头又是对角拱顶的台基，从而形成了柱林之上的连拱廊（见图 12-28）。圣米歇尔山的建筑群不仅有着典型的罗马风建筑空间形式，哥特式的建筑艺术形态也有着相当的表现，充分体现了从罗马风到哥特艺术的过渡与发展。

图 12-27　圣米歇尔山修道院的骑士厅

图 12-28　圣米歇尔山修道院的回廊

12.2.5　英格兰的罗马风建筑空间

罗马人的统治结束以后，英格兰又被入侵的日耳曼部落盎格鲁至撒克逊人征服，并很快接受了基督教的信仰。1066 年，威廉公爵宣称继承王位，并率领诺曼人击败了盎格鲁至撒克逊人，夺回了英国的统治权。

英国最著名的诺曼底罗马风教堂是 1093 年建造的达勒姆大教堂，它可以被认为是真正罗马式风格形成的标志。它的平面形式较为朴实，歌坛部分属于三歌坛类型，被纵向拉得很长（见图 12-29），中厅是圣塞尔南教堂的 3 倍，这意味着它的拱顶必须具有更强的负重性，由于拱肋的使用，天花板可以非常薄，这不仅减轻了天花板的承重，而且可以增加它的稳固性，并可以在顶的一边增加一个气窗。值得一提的是，达勒姆大教堂是应用拱肋结构的最早

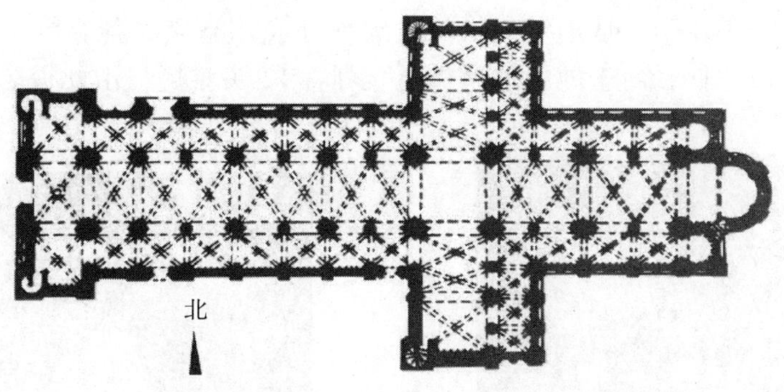

图 12-29 达勒姆大教堂平面图

典例，它的交叉拱肋呈平面长方形，因而其对角线长度与横向长边较为接近，这使得可以在对角拱肋近似圆形的情况下让两个开间合并后的纵向筒拱平滑相连，并使拱顶下陷的感觉得以消除（见图 12-30），这种做法显然对不久以后的哥特建筑具有重要的启示作用。

图 12-30 达勒姆大教堂内部空间

12.2.6 同时期伊斯兰对建筑空间的影响

伊斯兰建筑空间 8 世纪初，信奉伊斯兰教的阿拉伯人占领了比利尼斯半岛，并带来了具有西亚风格的建筑类型、形制和手法，使得比利尼斯的建筑同整个伊斯兰世界的建筑基本一致，并达到了相当高的水平。10 世纪以后，比利尼斯的伊斯兰国家被西班牙逐渐消灭，但伊斯兰的建筑由于水平远高于当时的西班牙天主教地区，因而依然对西班牙的建筑保持着强烈的影响。

（1）哥多瓦清真寺 从 8 世纪末到 11 世纪初，哥多瓦统治了大部分比利尼斯半岛的倭马亚王朝，生活富足奢华。全城拥有 3000 座清真寺。

哥多瓦的大清真寺是伊斯兰世界最大的清真寺之一，它的形制来自叙利亚。大殿东西长 126m，南北深 112m。18 排柱子，每排 36 根，柱间距不到 3m，密集且相互映衬，几乎没有边际。柱子是罗马古典式的，高只有 3m，木顶棚板高 9.8m，柱子和顶棚之间重叠着两层发券，显得上空幽渺深远。因此，清真寺内部回荡着一种迷离惝恍的宗教气息。哥多瓦清真寺大殿两层的发券，上层的略小于半圆，下层的是马蹄形的，都用白色石材和红砖交替砌成，是埃及和北非的典型做法（见图 12-31）。尤其是国王做礼拜的圣龛前，发券特别复杂，花瓣状的券重叠了好几层，十分华丽。柱子的柱头雕刻成抽象的形式，这和重复出现的条形拱券图案，差不多是这座大清真寺内仅有的装饰元素，但整个空间依然留给人十分丰富多姿的感受。

（2）阿尔汗布拉宫 阿尔汗布拉宫位于一个地势险要的小山上，有一圈 3500m 长的红石围墙蜿蜒于浓荫之中，沿墙耸立起高高低低的方塔。宫殿偏于北面，它以两个互相垂直的长方形院子为中心。南北向的叫柘榴院，以朝觐仪式为主，比较肃穆。东西向的叫狮子院，是后妃们住的地方，也是阿尔汗布拉宫最著名的场所。狮子院有一圈柱廊，纤细的柱子或一个、或成双、或三个一组地排列着，极不规则。东西两端各形成一个凸出的厦子，装饰纤丽精巧的券廊形成强烈的光影变化，使狮子院洋溢着摇曳迷离的气氛（见图12-32）。北侧后妃卧室的后面有一个小花园，从山上引来的泉水被分成几路流向各个卧室，用以消暑纳凉，最后在院子中央汇成池塘，由于池周的栏板上雕刻着12头雄狮，由此得名为狮子院。

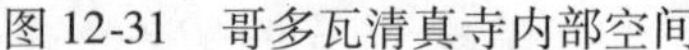

图12-31　哥多瓦清真寺内部空间

图12-32　狮子院的内部空间

建造阿尔汗布拉宫的时候，西班牙的伊斯兰国家已经十分窘促，面临不可挽回的没落。这就造成了阿尔汗布拉宫的艺术风格：精致而柔靡，绚丽而忧郁，亲切而惝恍。

12.2.7　其他城堡和修道院空间

（1）城堡　早期的城堡其意义仅在于防御和简陋生活的单一目的，因而室内空间极为朴实，墙面一般都用裸石建造，偶尔会有粉刷，地面也是裸石或木地板，屋顶采用木制顶棚，结构完全暴露在外面。窗户十分细长，由于当时没有玻璃，这既是对恶劣气候的一种抵御，也是出于对安全性的一种考虑。大厅的一端，一般会有一个地台，用于布置台面供家人或客人就座。作为遮蔽裸露墙面和抵御寒气的一种方式，在墙面上悬置装饰物的做法出现了，并进一步推动了装饰性挂毯的艺术形式。

在英格兰，依然保存有不少带有完整大厅的城堡，它们可以追溯到1100～1200年，埃塞克斯郡海丁汉姆城堡就是其中的一座。这座英国城堡的大厅有一个巨大的中央石拱券，用以支撑承托着屋顶结构小梁的木构件，这一点将诺曼底式的罗马风展露无疑。拱形的壁炉连接着室内烟道，直接将烟引向室外。尽管目前的家具并非是当初的原物，但它们大多数是在中世纪可能出现过的类型（见图12-33）。

（2）修道院　中世纪，一些宗教社团的成员甘愿放弃世俗生活而选择修道院与世隔绝的生活方式，他们热衷于做好事和对宗教的追求，而对生活的欲望极其淡漠，因此，修道院的建筑和室内空间一般看起来都十分清贫简陋，并带有一种宗教性的压抑感。

1130 年左右建于法国南部的一些修道院可作为当时修道院形式的典型代表，它们都是带有侧廊的拱顶教堂，室内空间极为简朴，突出的耳堂使教堂平面呈现十字形布局，具有明显的象征意义。中厅上覆盖着筒拱，旁边的侧廊上则是半筒拱，可以抵抗筒拱向外的侧推力，同时作为连续支撑，将屋顶全部的侧推力传递给厚重的石砌边墙。这些石拱顶虽未多加装饰，但经过仔细切割和拼接的石构件本身就带着一种自然的美。鉴于结构的原因，修道院往往只在端部开几个大窗，墙面上都只能开很小的窗户，就像勒·托伦内特修道院的修士寝室，每个窗户对应一个修士所属的位置（当时这一位置会用木屏或布帘遮蔽起来），同时地面也会通过带状花纹来界定每个小空间的位置。值得一提的是，当时的屋顶下出现了一些金属的拉杆，这是一种尝试用现代手法加固古老结构的新方式（见图 12-34）。

图 12-33 海丁汉姆城堡的大厅

图 12-34 勒·托伦内特修道院

12. 2. 8 住宅室内

在中世纪早期，一般的农民都住得极为简陋，通常的形式是一间方盒子形的屋子，覆盖着一个两坡顶，屋内一般很暗。由于受到当地材料的局限，墙面通常用石头砌成，屋顶为木构，上面再铺上成捆的稻草。室内几乎没有家具，石砌的壁炉承担着取暖和做饭的双重功能，是整个室内空间的重心所在。

图 12-35 中世纪早期的城镇住宅

城镇的住宅则有着很大的不同，一般有好几层，采用木楼板、木楼梯或石楼梯进行上下空间的衔接。为了节省土地，这样的房子常常沿着狭窄的街道拥挤在一起，有时上层的楼面还向外挑出，以获得额外的内部空间（见图 12-35）。房子的前后留有一定的空地，可以改善住房的通风和日照，底层的房间主要用作商店、作坊或储藏，可以面向街道开放，二层是一个多功能的起居室，而二层以上则是阁楼或库房，供仆人和工匠们使用，厨房和卧室主要安置在屋后院子里的小房间内。就室内而言，城镇的房子和乡下的农舍大同小异，就是多了一些斜向支撑的沉重木构架。

12.2.9 建筑空间的装饰特点

（1）罗马风建筑空间　早期的罗马风建筑承袭了初期的基督教建筑，通常采用古罗马建筑的一些传统做法，如半圆拱、十字拱等，有时也搬用古典的简化柱式和装饰细部。在后来的演变中，通过对罗马拱券技术的不断发展，逐渐用骨架券取代了厚拱顶，形成了具有罗马风结构特点的四分肋拱和六分肋拱。罗马风建筑的外观常常比较沉重，为了减少这种沉重感，墙面会采用所谓的连环拱廊（见图12-36）及由一层层的同心圆线脚组成的券洞门，通常称之为透视门（见图12-37）。为了维持墙壁的强度，罗马风建筑的窗户通常很小，这使得壁面有了较广阔的空间，也便产生了在涂有灰泥的墙上绘制壁画的可能性。当然，罗马风建筑在各地也产生了多种地方性特色，例如：意大利的罗马风建筑除了受古罗马和初期基督教文化的影响，还渗透着拜占庭的风格因素，尤其是内部装饰，仍以镶嵌画为主，同时也产生了湿壁画；法国北部多为巴西利卡式教堂，南部则以古罗马式教堂为主。

图13-36　比萨教堂壁面上的连环拱廊

（2）伊斯兰建筑空间　伊斯兰教的礼拜寺是伊斯兰世界里主要的建筑类型，其立面一般比较简洁，墙面都是沉重的实体，大门和廊道由各种拱券组成，常见的拱券形式有尖券、马蹄形券、四圆心券、多瓣形券等（见图12-38）。拱券是伊斯兰建筑的主要特征之一，券面和门扇上通常刻有表面装饰或画上几何花纹，一些墙面和柱子上有时做成由一个个层叠的小型半穹隆组成的钟乳拱，具有强烈的装饰效果（见图12-39）。窗子一般很小，有平头的，也有尖头的，窗扇上用大理石板刻成一些几何形的装饰纹样，有时就像哥特教堂的处理手法那样，也用一些彩色玻璃。

图12-37　中世纪建筑上的透视门

图12-38　伊期兰建筑中常见的拱券

礼拜寺的内部空间远比外部来得重要。初期，其内部的基本特征是密集的柱林和上面支撑着的拱券。晚期的特点则是丰富的墙面装饰，由于伊斯兰教的《古兰经》禁止偶像崇拜，因而在装饰上一般很少看到有关人或动物的雕刻和绘画，而是以几何纹样、抽象形态的图案、文字等为主要的装饰题材（见图 12-40）。直到后期，才出现了一些程式化的植物装饰母题。图案的颜色以红、白、蓝、银和金为主，使整个室内空间呈现出一种非常光辉灿烂的效果。

图 12-39 伊斯兰建筑上的钟乳拱

图 12-40 伊斯兰墙面上的装饰纹样

12.2.10 室内家具与陈设

早期中世纪的家具种类比较多，已经出现了床、桌、椅、箱柜等多种形式，大多以木材为主，有时也有由石材或金属制成的，但其形式与风格都蕴含着罗马风的深刻影响。家具普遍不重表面装饰，重在体现整体构造的完美性。不过，只有统治阶级才能拥有各式各样的家具类型，普通平民常常一物多用，简单的箱柜，既用于储藏，也兼作椅子、桌子和床，所以，早期的椅子设计常常只是对柜子的一种改造而已。但皇室的物件却显得十分华丽，无论椅脚或靠背都参照了罗马风建筑中连环拱的造型。一些教堂里用于存放珍贵圣物的柜子会进行雕花的表面装饰，甚至柜子上雕刻精美且镶有珠宝的装饰件和内部收藏的物品一样珍贵，比如保存至今的孔克的圣弗伊教堂的圣物箱，上面木雕的圣人像，贴着金箔，镶嵌着珠宝，本身就具有很高的价值（见图 12-41）。

图 12-41 圣弗伊教堂圣物箱上的木雕

随着各种染色技术的发展，明亮多彩的纺织品为室内空间带来了更多的色彩，有些还带着强烈的拜占庭或伊斯兰风格，装饰纹样普遍采用毛茛、忍冬、葡萄等植物纹样和基督教的象征十字架、鸽子等，图案则以锯齿纹、Z 字纹和格状纹为多。金属制品也在这一时期得到了迅速发展，当时的大多数教堂和修道院都拥有打造金、银、铜、铁等的工房，从西歌德王雷凯斯文托斯祈祷用的皇冠上可以很明显地看到当时精致的金属加工技术（见图 12-42）。当然，这一切还仅限于在奢华的贵族生活中出现，一般的百姓之家依然十分简朴。

图 12-42　雷凯斯文托斯的皇冠

12.3　哥特风格

意大利文艺复兴的学者把 12 世纪、13 世纪到他们所在时代之间的艺术称为“哥特式”（“哥特式”一词原从哥特族而出，古人以之形容一切野蛮、陈旧、丑恶的东西）。他们认为那都是“蛮族人”哥特人所为。事实上，这种艺术基本上与哥特人没有多大关系。哥特式艺术开始于 1140 ~ 1144 年间易路七世的掌玺官苏热重修圣德尼教堂之时，它的发源地也就是法国巴黎及其附近地区。

哥特式教堂是中世纪建筑的最高成就，也是中世纪美术的最高体现。巴黎圣母院是哥特式美术中的代表作品，它不仅作为当时最重要的宗教活动中心，而且也以建筑上的高超水平而饮誉欧洲。“哥特式现实主义”表明了中世纪艺术越来越向世俗化和现实化方向发展，同时也已趋于中世纪的尾声。

12.3.1　哥特产生的背景和意义

光、高、数这三要素在基督教中是至关重要的，光是与神灵之光相关联的；高则能与天堂联系在一起；不同的数又包含有不同的宗教教义，如一是代表上帝的数字，三与三位一体有关，七是上帝创造万物的时间，也有七德七罪之说，十二是基督的十二个门徒，十三是最后的晚餐出现的数字……。哥特时期的建筑师要在自己的教堂设计中综合体现“光”、“高”、“数”这三个因素所代表的不同涵义，这就是为什么哥特式教堂盖得不仅高大，而且窗户开得很多，结构十分复杂的思想原因之一。

从社会的原因来看，教堂除了举行宗教仪式，也常常是国家和城市举行庆典的场所，要求能容纳更多的人，能体现国家与民族强盛向上的思想和愿望，所以也希望把教堂盖得高大、宽敞、明亮。

由于经院哲学的高度理性化，要求对交易的解释和形象再现必须遵循雅格的规则和秩序，作为教堂主要装饰的一些艺术形式必须依循固定程式的布局，同时，装饰雕刻在此时期也呈现出越来越多的独立化倾向，表现手法也越来越写实，逐步摆脱建筑结构的局限，自觉地模仿自然形象，特别是追求感情的表现，形成了所谓“哥特式现实主义”，为文艺复兴的到来奠定了一定的基础。

哥特式教堂既兼有理性与神性的双重特性，又有宗教与世俗的双重精神，受到僧侣与市民的双方支持，使它于 12 世纪、13 世纪盛行欧洲各地。

12.3.2 建造技术的新突破

12 世纪下半叶，哥特建筑富有创造性的结构体系使所有形式的问题都迎刃而解，骨架券、尖券、飞扶壁形成了连续的结构，使哥特教堂的整体性更强了，因此，哥特教堂的室内空间比罗马风时期的更为精练，效果也更加生动。今天我们所看到的精致而华美的哥特式建筑空间形态无不得益于此。

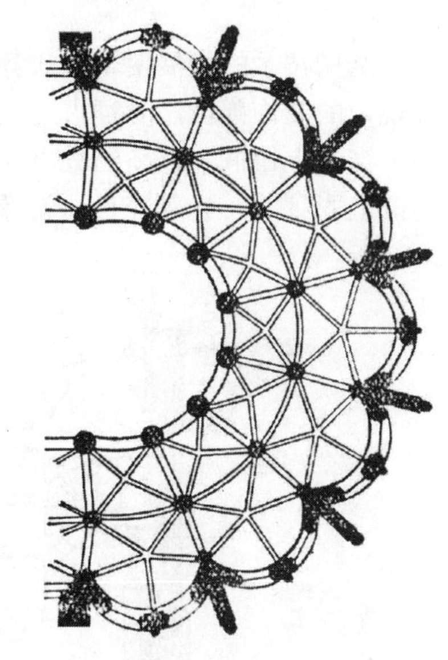
图 12-43 圣德尼大教堂的圣坛顶部

（1）骨架券和尖券 哥特式教堂使用骨架券作为拱顶的基本承重结构，十字拱便成了框架结构体系，填充围护部分可以薄到 25 ~ 30cm，极为省材，拱顶的自重大大减轻，对墙面的侧推力也减少了。同时，骨架券使各种形式的平面都可以用拱顶覆盖，祭坛外的环廊和小礼拜堂的拱顶问题也得到了解决，圣德尼教堂圣坛部分对这一新结构的应用就取得了极大的成功（见图 12-43）。

这种结构的基本做法是，在方形基础的对角线上建造半圆拱券，而四边的拱券为了让最高点能与对角线拱券的最高点平齐，而且便于制作，突破性地应用了尖券的形式，使得所有的拱券，四周的、对角线处的都拥有了同一高度（见图 12-44），从而使高屋脊以一道连续直线的形式纵贯建筑中厅不被打断，尤其是教堂空间得到了有效的视觉统一方式。尖券迅速取代了半圆形拱券，而且这种形式不仅适用于顶部，在教堂的门、窗甚至未涉及结构问题的装饰细部都得到了广泛的应用。

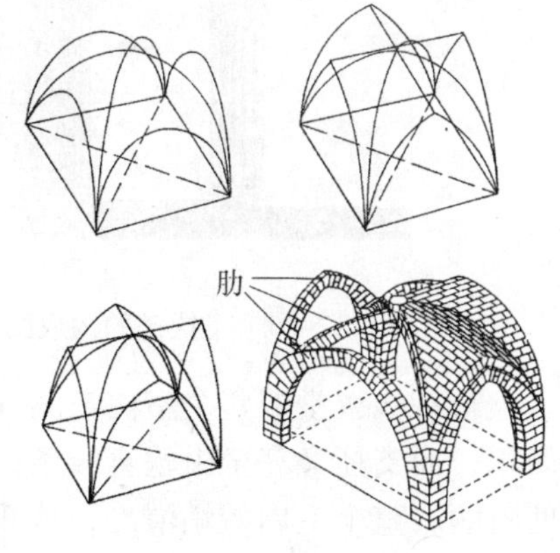

图 12-44 骨架券和尖券的构成图示

（2）飞扶壁 飞扶壁是哥特式建筑所特有的，这是一种在中厅两侧凌空越过侧廊上方的独立的飞券。一端落在中厅每间十字拱四角的起脚处，抵制顶部的水平分力；另一端落在侧廊外侧一片片横向的墙垛上（见图

12-45)。这使侧廊的拱顶不必再负担中厅拱顶的侧推力，高度大大降低，从而使中厅的高侧窗得到了扩大的余地。建筑外墙也因为卸去了荷载而大开窗户，结构进一步减轻，材料进一步节省，它和骨架券一起使整个教堂建筑的结构近乎是框架式体系了。

12.3.3 哥特的风格要素和特征

新的结构方式直接为建筑空间的艺术风格带来了新的因素，同时，教会也力图将其在教堂空间中与神学原理相结合，最终造就了独特的哥特式教堂的室内空间形态。

哥特式教堂的中厅一般不宽，但很长，而且空间越来越高，狭长窄高的空间中，整齐排列的柱子将视线直接引向圣坛，充满神秘感。拱顶上的骨架券在垂直支撑结构上集成一束，从柱头上散射出来，具有很强的升腾动势。裸露着的骨架在室内形成的垂直线条，和箭矢状的尖券形成强烈的向上感，带有一种向天国接近的幻觉，有力地表现着超脱红尘的宗教感情。

结构技术的发展使哥特式教堂的墙面承重减少，窗户面积扩大，并使其成为建筑中最具表现力的装饰部位。受拜占庭教堂玻璃马赛克的启发，工匠们用含有各种杂质的彩色玻璃在整个窗子上镶嵌上以新约故事为内容的一幅幅画面（见图 12-46）。阳光照耀时，整个教堂内部五彩缤纷、光彩夺目，就像身处虚幻迷离的天国世界。

图 12-45　飞扶壁的构成图示

图 12-46　哥特建筑的彩色玻璃窗

哥特式教堂的整个室内空间裸露着近似框架式的结构体系，窗子占据了支柱之间的所有面积，而支柱又完全由垂直线条组成，筋骨嶙峋，几乎没有墙面，雕刻、壁画之类的装饰无处附丽，整个室内峻峭清冷，体现着教会否定物质世界，宣扬“纯洁的”精神生活的虚伪说教。

12.3.4 哥特建筑空间的发展历程（法国）

（1）开端——圣德尼大教堂 1130 年，法国国王路易六世的权臣、修道院院长苏热主持了位于巴黎市郊的圣德尼大教堂的重修工作，这原是一座拉丁十字的巴西利卡建筑，最早建于 475 年。苏热上任后不久，就开始着手教堂的前庭和歌坛部分的改造工程。他根据自己对教义的理解，创造性地在十分复杂的平面上应用交叉骨架券作为穹顶的骨架。构成骨架券的每一块石块下沿都被能工巧匠们做成了纤细的圆滑相连的枝状，整个顶部看起来轻盈灵活（见图 12-47），一改往日沉重厚实的教堂顶部形象。另一方面，由于墙体不再具备承重作用，立柱之间的墙面被全部打开，做成了窗户，并用彩色玻璃进行装饰，小块的玻璃被镶嵌在铁棂做成的格子上，形成一幅幅无字的圣经，为那些迷惘在现实的苦难和黑暗中的信徒们指引着一条通向天国的路（见图 12-48）。

图 12-47 圣德尼大教堂的内部空间

圣德尼大教堂歌坛的这些极富创意的尝试很快得到了人们的普遍认同，并迅速在法国其他地区推广开来，因此，他被认为是第一座哥特建筑，而其西立面仍然还保持着明显的罗马风的特征。

（2）发展——巴黎圣母院 巴黎圣母院（NOTRE-Dame）坐落于巴黎市中心塞纳河中的西岱岛上，始建于 1163 年，在巴黎大主教莫里斯·德·苏利的力鉴下开始兴建，历时 180 多年，整座教堂在 1345 年才全部建成。

图 12-48 圣德尼大教堂的彩色玻璃

巴黎圣母院是法国哥特建筑初期的一个典型例子，之所以闻名于世，主要因为它是欧洲建筑史上一个划时代的标志。圣母院的正外立面风格独特，结构严谨，看上去十分雄伟庄严。它被壁柱纵向分隔为三大块；三条装饰带又将它横向划分为三部分，其中，最下面有三个内凹的门洞。门洞上方是所谓的“国王廊”，上有分别代表以色列和犹太国历代国王的二十八尊雕塑。“长廊”上面为中央部分，两侧为两个巨大的石质中棂窗子，中间为一个直径约 10m 的玫瑰花形大圆窗。正门内侧是纵长方形大堂，宽 48m，进深 130m，高 35m，中厅的两侧设有两条侧廊，平面十分开阔（见图 12-49）。堂内有许多大理石雕像，在回廊、墙壁和门窗上布满了圣经故事的绘画和雕刻。

教堂内部极为朴素，几乎没有什么装饰（见图 12-50）。大厅可容纳 9000 人，其中 1500 人可坐在讲台上。厅内的大管风琴也很有名，共有 6000 根音管，音色浑厚响亮，特别适合奏圣歌和悲壮的乐曲，曾经有许多重大的典礼在这里举行，例如宣读 1945 年第二次世界大战胜利的赞美诗，又如 1970 年法国总统戴高乐将军的葬礼等。巴黎圣母院是一座石头建筑，

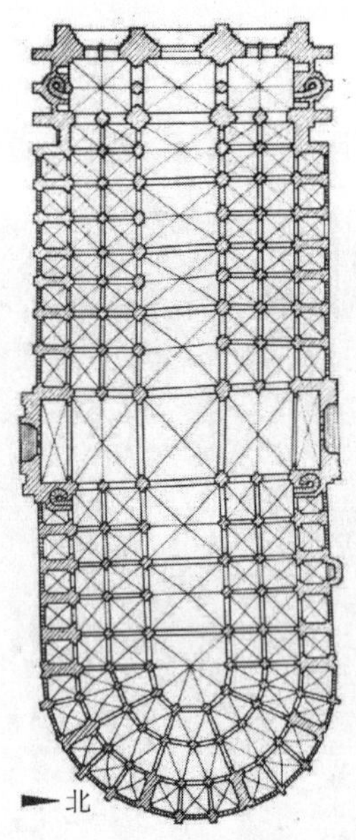

图 12-49　巴黎圣母院平面图

图 12-50　巴黎圣母院的内部空间

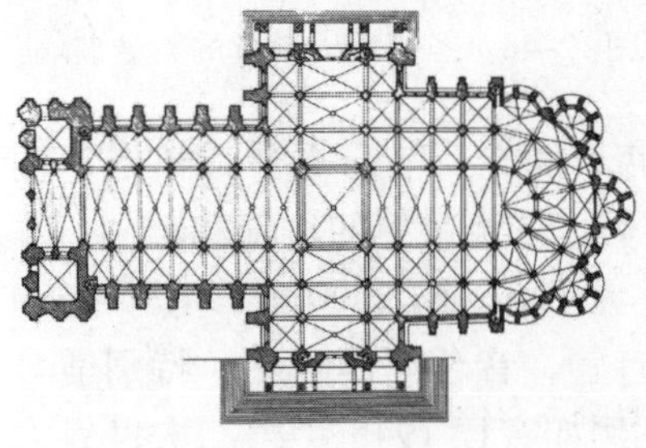

图 12-51　沙特尔大教堂平面图

在世界建筑史上一度被誉为由巨大的石头组成的交响乐。虽然这是一幢宗教建筑，但它闪烁着法国人民的智慧，反映了人们对美好生活的追求与向往。

（3）全盛——沙特尔大教堂　1194 年在一场火灾之后重建的沙特尔大教堂，标志着法国哥特建筑全盛期的到来，是哥特式建筑和中世纪基督文明的辉煌成就。基督教传入前，在沙特尔就建起了这座教堂。它与兰斯大教堂、亚眠大教堂和韦博大教堂并列为法国四大哥特式教堂。

沙特尔大教堂是在同一地方建造的第六座教堂。始建于1145～1165 年之间，大教堂深 130m，长方形的跨间宽 16m，四分拱顶高达 36m，带有侧廊式耳廊，每个耳堂作为出入口，教堂的 3 座圣殿分别与 3 座大门相通，特别的是歌坛部分有两条侧廊环绕，使歌坛在整个平面中的比例进一步增大（见图 12-51）。祭台与圣殿之间的祭廊上面有描绘耶稣和圣母玛利亚生平的浮雕。在 18 世纪很长的一段时间内，大教堂拥有一尊受人崇敬的怀有耶稣的圣母木雕像。

沙特尔大教堂作为法国哥特建筑全盛期的典型代表，具有一些基本特点：第一，中厅的高度显著增加，由于对尖券和飞扶壁技术的进一步深入，使得工匠们可以大胆地去建造高耸的中厅，罗马风时期就开始出现的向上的空间感得到了极大增强；第二，建造技术的改进可以使中厅最上层的窗子开得更大，更有利于室内采光和烘托气氛，沙特尔大教堂的彩色镶嵌玻璃被认为是中世纪最杰出的彩色玻璃艺术品，176 面窗户的总面积达到了 $2500m^2$；第三，构造复杂且形象不统一的六分肋拱又回复到了更为简洁的四分肋拱；第四，尖拱的应用使教堂空间的纵向开间大大缩短，大厅中柱子的样式又回到了统一的形象，使罗马风时期被中断的向祭坛方向的连续聚焦趋势得以重现（见图 12-52）。然而，这时法国哥特建筑的发展也已开始向最后阶段接近，装饰异常复杂，大量使用火焰式的花格窗，又称“火焰风格”。

（4）巅峰——亚眠大教堂　亚眠大教堂位于法国索姆省亚眠市的索姆河畔，从 1220 年起一次性建成，工程没有中断，集中汲取了近一个世纪的先进建筑技术，成就了这座最高、最长、最大的教堂，同时也被公认为是法国最美的教堂之一。

亚眠大教堂由 3 座殿堂、1 个十字厅和 1 座后殿组成。其中十字厅长 133m，宽 62m，从地面到拱顶内侧高为 42m，总面积达 7760m²，中世纪时，它可以容纳全城的百姓，还绰绰有余，整个平面呈拉丁十字状（见图12-53）。站在大教堂中仿佛能感到神之伟大、教堂的神圣，以及人的渺小，也许这正是当年设计师们的初衷。

图 12-52 沙特尔大教堂的内部空间

亚眠大教堂的外观为尖形的哥特式结构，墙壁几乎被每扇 12m 高的彩色玻璃所覆盖，体现了建筑发展的新观念。教堂共分三层，巨大的连拱占据了绝大部分空间，拱门与拱廊之间用花叶纹装饰，支撑部分是四根细柱和一根圆柱组成的圆形柱。拱廊背面墙壁两侧开有两个玻璃窗，正面拱门上方拱廊内的每个小拱中饰有六柄刺刀，三柄为一束共两束立于三叶拱下，气势宏大，瑰丽夺目。教堂还建有唱诗台，由四个连拱构成，与殿堂分居十字厅两侧，形成完美的平衡，突出了结构上轻松、和谐的格调（见图 12-54）。但在这“辉煌”的教堂中，垂直的线条被各种堆砌的装饰物缓和了，尖券也比较平缓，大量使用四圆心券和火焰式券，连窗棂也使用了复合的曲线，哥特教堂风格的一贯性被破坏了，这一切正昭示着哥特风格的落没。

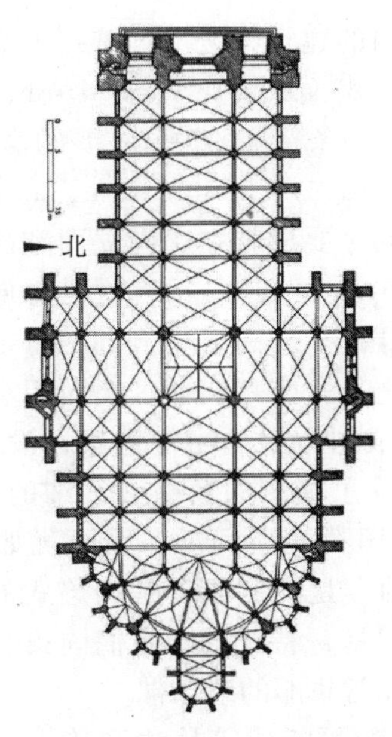

图 12-53 亚眠大教堂平面图

图 12-54 亚眠大教堂的内部空间

（5）衰落——韦博大教堂 韦博大教堂是法国人探索教堂中厅高度极限的最后一次尝试，其中厅高度竟然达到了 48m（见图 12-55），堪称古代建筑的世界奇迹。然而，仅仅历时 12 年，整个结构就于 1284 年被压垮了，直到 1324 年才又一次将歌坛上部的拱顶恢复了起来。

按照原来的设想，还要在教堂平面十字交叉的部位再建造一座高 153m 的巨塔，但终因柱子不堪重负而未建成，以致时至今日，依然呈现着一种残缺的外观。

图 12-55　韦博大教堂的内部空间

图 12-56　锡耶纳大教堂内部

图 12-57　威尼斯总督府外立面

12.3.5　其他地区的哥特式建筑空间

（1）意大利　意大利只接受了哥特建筑的高直形象和华丽的装饰手法，但没能充分吸收他的先进结构技术。其中，米兰主教堂最接近法国哥特风格。米兰教堂是欧洲中世纪最大的教堂，外形雕刻得十分精细，有 135 个尖塔，却没有向上破坏的感觉。它的建造耗时很长。

意大利的中世纪大教堂在构造上趋于保守。常偏爱半圆拱券而不喜欢尖券形式。为弥补这种简单的特征，建筑中加入了壮观的表面装饰。在锡耶纳大教堂中，无论室内还是室外，均采用了黑白条形大理石墙面的形式，另外，在檐壁上还有一条半身胸像的雕刻装饰带（教皇肖像），以及色彩丰富的拱顶（见图 12-56）。

意大利世俗建筑中著名的有佛罗伦萨城的市政厅、兰兹敞廊等。市政厅用粗石块砌成，瘦高的钟塔和厚重的体积相互对比，极具中世纪建筑特征，成为城市中心广场的标志。

欧洲中世纪最美丽的建筑物之一是威尼斯总督府。它的平面是四合院式的，南面临海，长约 74.4m，西面朝广场，长约 85m，东面是一条狭窄的河。主要的房间在南边，一字排开。大会议厅在第二层，54m×25m，高 15m。结构都是拱券的。总督府的主要成就在于南立面和西立面的构图。立面高约 25m，共分为三层。第一层是券廊，圆柱粗壮有力。最上层的高度占整个高度的大约三分之一，除了相距很远的几个窗子之外，全是实墙。墙面用小块的白色和玫瑰色大理石片贴成斜方格的席纹图案，没有砌筑感，从而消除了重量感。除了窄窄的窗框和细细的墙脚壁柱，没有线脚和雕饰。大理石光泽闪烁，墙面犹如一幅绸缎（见图 12-57）。所有的券是尖的或者是火焰式的，也有伊斯兰建筑的风格。圆窗是哥特式的，它们同第二层券廊的火焰形券一起组成了非常华丽的装饰带。

（2）英国　英国的哥特建筑从法国传入，它的开始比法国约晚 50 年，初期只接受了这种建筑的造型和装饰纹样，哥特建筑有机的结构方法接受得比较晚。中世纪的英国，农庄比较繁荣，商业城市发展较慢，初期教堂建在乡村，乡村的景色和建筑物巧妙融合更显教堂的秀丽。把拱顶处理得极为华丽是哥特教堂在结构上的特点。在英国哥特建筑中，拱顶有时会采用一些额外的肋，这些肋以放射条带的形式对拱顶表面加以划分，这样的拱顶形式被称为扇形拱顶，这样的屋顶形式能使人想到棕榈叶形的扇子模样，并出现了四圆心拱、扇形拱等。英国在城市里还建造了公共建筑和住宅。市民的住宅、旅社、医院、行会大楼等的造型较好。有用石材的也有用木构架的。木构架组织得很好，加上装饰性图案，十分美观，灵活又多变。

剑桥皇家学院礼拜堂是英国哥特建筑的典型例子，这个简洁的矩形空间，墙体上带有垂直式窗花格，窗花格镶满了色彩丰富的着色玻璃，别具一格的扇形拱顶可追溯至建造的最后阶段，即 1508～1515 年。室内大部分装饰集中在唱诗席，唱诗席希望能容纳下学院所有的学生。隔屏将宽敞的唱诗席与留给公众使用相对较小的空间隔开（见图 12-58）。

图 12-58 剑桥皇家学院礼拜堂室内

（3）德国 德国哥特建筑是由法国传入。科隆主教堂（Cologne Cathedral）是最具代表性的作品，它始建于 1248 年，是欧洲北部最大的哥特式教堂，并且具有法国北部风格。西面的八角塔楼体积巨大，俊挺秀丽。中厅是哥特式教堂室内处理的杰作，它使用了尖形肋交叉拱和集束柱。独特的浮雕、宽敞的歌坛、轻巧的飞扶壁、生动的圣母彩绘，这一切营造出一种神秘如幻觉的氛围（见图 12-59）。

图 12-59 科隆主教堂室内

12.3.6 世俗性哥特建筑空间

在哥特时期，除了大教堂之外，还包括了许多各式各样的其他类型的建筑，市政厅，各种手工艺、贸易的行会大厅，税务厅，以及其他官方建筑均建成哥特样式。中世纪晚期，随定居条件的日益完善，社会发展的复杂性促使人们越来越需要满足各种特殊用途的建筑。在这种情况下，作为修道院社区一部分的医院建筑得到发展。法国的博纳医院由一组二层建筑组成，建筑围绕在一个院子的三边，满足医院的各部分功能，在院落的第四边有一个宽敞的哥特大厅，是医院的主要病房。该院的病房都是一个开敞的大空间，四周环绕着许多帘子，这些帘布是用来划分病人单独休息区的（见图 12-60）。

图 12-60 法国博纳医院室内

城堡的建设贯穿于整个中世纪。哥特时期的城堡拥有比早些时期的设计更为精致、条件更为舒适的居所，并且它们中很多室内布置被完好地保存下来。在苏塞克斯的波迪姆城堡，布局呈规则的正方形，双轴对称，城堡的四角及各边的中央均布置有塔楼，在某种程度上，这意味着晚期城堡的平面布局更趋规则了。在威尼斯的黄金府邸，它的窗花格的装饰则验证了意大利哥特设计的精美。

12.3.7 中世纪的住宅室内和家具陈设

中世纪晚期由于拥有更稳固的定居条件，有钱人和有权势的人开始放弃城堡生活而倾心于住在大住宅中。在宅第中，大厅仍作为主要的多功能房间。大厅一端常有一种门厅区，称之为屏风过道，这种空间的分隔是通过一道屏风实现的。门厅区上部支撑着室内小挑台，乐师或其他表演者可在这里进行表演，并且与厨房和服务室相连。在大厅另一端，有一个高起的平台或高台将家人和尊贵客人使用的位子隔离开来，而其他的人则坐在临时布置的桌旁长凳上。大厅里一个壁炉靠墙布置着，它是整个房间的热源。宅第还有一些满足特殊用途的小房间，如小起居室、卧室、小祈祷室等。从外观看，这些建筑经常呈现出未经布局的无序状态，但却能表达高度如画的特征。德比郡的哈登大厦是英国宅第类型中一个规模庞大又十分美观的例子，这座宴会大厅是领主及其随从的聚会空间。有石砌墙，带横拉杆的木制两坡顶及尖券窗，在墙体较低矮处的木镶板延伸着，拉到房间的另一端形成“隔屏”，划出一服务区域。隔屏支撑着一个传统上作娱乐空间使用的小挑台，窗台壁龛里的坐凳以及柜子都是典型的中世纪家具（见图12-61）。

图12-61　哈登大厦的宴会厅

早期普通农民或农奴的居所是中世纪简朴、粗陋甚至是贫穷的真实写照。屋里是肮脏或光秃的地面，裸露的石墙面或木墙，以及少量家具，包括一些长凳、桌子，有时或许是柜子或是固定在墙上的搁板。特别是在寒冷地区，床有时候常做成像木头盒子一样，很短，人在上面只能保持半卧半坐的姿态。屋里的一个炉床或壁炉既用来做饭，又用来取暖。

中世纪晚期，积累起一定财富的商人们可拥有自己的住宅，这些住宅可能相当舒适、宽敞甚至精美。位于法国布尔日教堂城的住宅，基本上就是城市里的一座城堡。住宅由一群多层建筑组成，围成一个院子，带有楼梯塔、连拱廊、两坡顶，以及美丽别致的老虎窗。室内满是雕刻精美的门道和壁炉框，以及色彩绚烂的绘画木顶棚（见图12-62）。对主要房间来说，挂毯可能起到了保暖的作用，并赋予室内以色彩，使其尽显豪华本色。

中世纪末期，在盛产树林的地区，用木板来覆盖屋里石墙或粉刷墙面冰冷的表面已是很普遍的事。镶板墙创造的室内表面呈现自然的棕色，只偶尔有些装饰细部被染上鲜艳的颜色。在这些建筑中，都有固定的长凳、壁橱和盥洗架，因此房间几乎已完全设施化了，除了一张床、一张桌，有时还有些小凳子外，就不需要什么可移动的家具了（见图12-63）。在德国，作为一种热源，火炉的发展导致了装饰精美的花砖火炉的产生，这种壁炉自身基本上就是座小建筑，几乎在每一个主要房间的某一角落上都有这样的壁炉。整栋墙表面的嵌板用许多小木板一块块拼装起来，用线脚来掩饰板与板之间的交换，或者是将许多独立的木板用线脚组装在一起，这些线脚环绕在单个嵌板四周形成框子。带有雕刻细部的嵌板表面和线脚成为哥特式住宅主人用于炫耀财富和品位的时髦手段。精美的细部可能为简洁的几何形，或是采用哥特式建筑的语汇，如尖券的形式和以叶子和花朵为基础的细部雕刻（见图 12-64 和图 12-65）。在德国、瑞士、英格兰的一些地区，木刻成为高度发展的手工艺和艺术形式。垂直式哥特建筑的室内可能包含着墙裙板或是整个墙表面都覆盖着嵌板。中世纪建筑中的实用部分，如地窖、厨房、服务室和牲口棚，一般都按照严格的功能方式设计。地面用石头铺砌，墙面裸露，但高高开在墙面上的窗户顶部饰有哥特尖券。在比较简朴的住宅中，烧饭在壁炉又是房间的主要热源，这样就使得厨房成为最重要

图 12-62　法国布尔日教堂城的住宅

图 12-63　中世纪典型的住宅室内

图 12-64　中世纪的国王银宝座

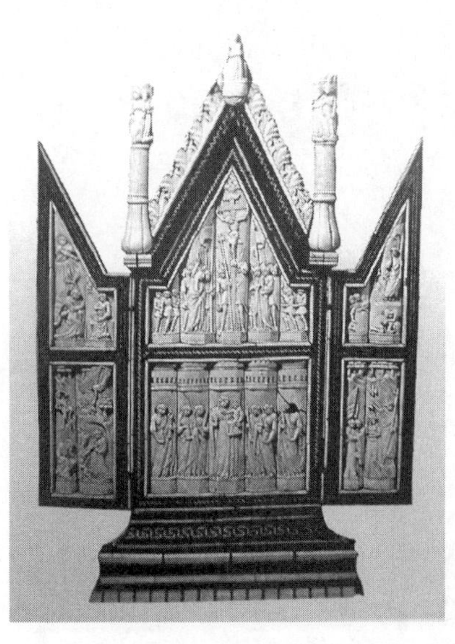

图 12-65　中世纪的牙雕礼拜坛

的部分，也常常是住宅中唯一重要的房间。玻璃较前更为普遍，价格也低廉了许多。窗户尺度逐渐增加。在这些房间中，斜向支撑和其他结构构件、木顶棚梁、铅条玻璃窗一起组成中世纪室内的特征要素。

14 世纪后半叶之后，一种新的世界观开始浮出水面，在这种观念之中，人类的思想和努力对于改善人类状况而言正逐渐被认为是一种有价值的途径。

第13章
文艺复兴时期

文艺复兴时期是指14世纪到16世纪西欧与中欧国家在文化思想发展中的一个时期。这个时期，欧洲的各大国家日益强大，宗教思想和行为也都发生了变化。“文艺复兴”的原意是“在古典规范的影响下，艺术和文学的复兴”。其变化的思想基础就是关怀人、尊重人、以人为本位的世界观。这个世界观是在14世纪通过一系列科学家、思想家和文学家重新对古代文化的发掘而得以建立的。资本主义生产方式的出现，不仅动摇了中世纪的社会基础，也确立了个人的价值，肯定了现实生活的积极意义，促进了世俗文化的发展，并在这个基础上形成了与宗教神权文化相对立的思想体系——人文主义。人文主义的学者和艺术家提倡人性以反对神权，提倡个性自由以反对人身依附。

在这种思想基础下，人类逐渐摆脱了以宗教崇拜为特征的建筑空间营造方式，转而更加关注人本身对空间的舒适性感知，因此，也就带来了一些专门针对于室内空间的营造手段，即今天所谓的室内设计的内容。真正的室内设计在此时初现端倪。

13.1 文艺复兴的思想基础

文艺复兴时期的文化不是简单地对古典文化的“复兴”，而是借古典外壳的新文化，是对社会新的政治、经济的反映。文艺复兴实质上是资产阶级和人民群众在思想文化领域开展的反封建斗争。

“人文主义”是文艺复兴时期文化上的新思潮，它是文艺复兴运动的思想基础，其特征在于它的世俗性质与封建文化的宗教性质完全相反。资产阶级反对中古教会的来世观念和禁欲主义，他们关注现实世界，注重享乐。由于唯物主义的发展以及维特鲁威著作的发现和出版，文艺复兴建筑师再次面对美学问题。他们相信美是客观存在于建筑中的，欣赏是人感知了美。客观存在的美是有规律的，建筑也应受规律的制约。

这一时期有许多新的建筑活动。大型世俗建筑物取代了教堂建筑的地位。城市建筑也分化了。资产阶级的房屋变得讲究。宫廷建筑大力发展，封建地主的堡垒衰败。古典柱式又成为统治阶级的建筑造型的主要手段。资产阶级在建筑领域立住双脚。建筑师不再是工匠，而成了专门的职业。建筑不再强调结构的合理性，而把美观变为首要考虑的问题。

13.2 意大利文艺复兴

意大利在14世纪到15世纪是欧洲最先进的国家，此时出现了资产阶级。资产阶级者认为人是有理性、知觉和决策力的，他们相信人的力量和生活的权利，轻视神的学说，主张认识人和自然。陈旧的世界观、宗教观对他们已不适用，这就逐渐产生了文艺复兴。

资本主义的因素最先在意大利萌芽，市民阶层的形成有力地促进了世俗文化的发展，文艺复兴运动也首先发生在意大利。12世纪和13世纪，十字军的远征疏通了地中海地区的贸易通道，意大利扼地理之要，操纵着西欧与东方贸易的往来。也开始形成了以城市为中心的市民世俗文化。对古代罗马艺术的关注却是产生新的表现形式的重要因素。15世纪佛罗伦萨在这时已经发展成为一个繁荣的工商业城市，人文主义的学术和艺术也得到高度发展。以反映世俗生活为己任的艺术家为了正确表现人体，对解剖学产生了兴趣，同时正确的空间表现则需要有严格的透视画法，于是在佛罗伦萨首先出现了科学和艺术的结合。

1452年拜占庭帝国被土耳其人所灭，大批希腊学者从君士坦丁堡逃到佛罗伦萨，带来了大量希腊文的手抄本，同时在意大利本土也发掘出各种古代的废墟遗迹，古希腊、罗马的文化遗产给予文艺复兴以强烈的影响。

意大利文艺复兴建筑的发展过程分为以佛罗伦萨为代表的早期；以罗马为代表的盛期；晚期，即巴洛克时期。

13.2.1 意大利文艺复兴的基本过程

（1）早期　佛罗伦萨3位艺术大师的出现标志着早期文艺复兴的来临，这3位大师是建筑师布鲁内莱斯基、雕塑家多纳太罗和画家马萨乔（见图13-1～图13-3）。布鲁内莱斯基在建筑艺术上取得了杰出成就，并在透视学和数学领域作出了重要贡献。他设计过一批代表文艺复兴成就的建筑，佛罗伦萨大教堂是其最早的作品，这座壮丽的新教堂体现了人文主义思潮的胜利，因此，它也被誉为佛罗伦萨共和国政体的纪念碑。在建筑物立面的结构上，布鲁内莱斯基采用了壁柱式，为了把大厦分成两层，又采用了全檐部的柱式，这样，古典的柱式体系就决定了建筑物的比例、分划与造型（见图13-4）。这是文艺复兴时代城市府邸中柱式的最早运用。

图13-1　布鲁内莱斯基

图13-2　多纳太罗

图 13-3　马萨乔

图 13-4　佛罗伦萨大教堂外立面

（2）盛期　15 世纪末到 16 世纪中叶，是意大利文艺复兴的全盛时期。佛罗伦萨开始失去它作为意大利经济、政治和文化的中心地位，取而代之的是另一重要城市、教皇所统治的基督教首府——罗马。

文艺复兴设计从早期到盛期的转变或发展，可追溯至伯拉孟特，1499 年，伯拉孟特移居到罗马。在这里，他开始了自己职业生涯的第二阶段，并成为意大利盛期文艺复兴作品的首批倡导者之一。在罗马的蒙托里奥地段的圣彼得修道院，伯拉孟特被授命重新建造曾有的回廊并在基址上建造一座小礼堂，即坦比哀多，尽管坦比哀多并没依据任何一个古罗马建筑建造，但其组织与相关的品质却使它看起来真正在精神上是古典的（见图 13-5）。它对后来建筑发展产生了极大的影响。

图 13-5　坦比哀多小礼堂

（3）衰落　意大利文艺复兴最伟大的纪念碑是罗马教廷的圣彼得大教堂。它集中了 16 世纪意大利建筑结构和施工的最高成就。100 多年间，罗马最优秀的建筑师都曾经主持过圣彼得大教堂的设计和施工。在圣彼得大教堂的建设过程中，新的、进步的人文主义思想同反动的宗教神学进行了尖锐激烈的斗争。

1506 年，圣彼得大教堂按照新的设计方案动工，协助伯拉孟特的有帕鲁齐和小桑迦洛。1514 年，伯拉孟特去世。从此，教堂的建造经历了曲折的过程。圣彼得大教堂的工程在混乱中停顿了二十多年，1534 年重新进行。帕鲁齐虽然很想把它改为集中式的，但没有成功。1536 年，新的主持者小桑迦洛迫于教会的压力，不得不在整体上维持拉丁十字的形制。1547 年，教皇委托米开朗基罗主持圣彼得大教堂工程。他抛弃了拉丁十字的形制，基本上恢复了伯拉孟特的平面。大大加大了支撑穹顶的四个墩子，简化了四角的布局。在正立面设计了九开间的柱廊。集中式的形制比拉丁十字式的完整得多、雄伟得多。他去世后，由泡达和封丹纳大体按照他的设计完成了穹顶。穹顶直径 41. 9m，很接近万神庙的穹顶。内部顶点高 123.4m，几乎是万神庙的 3 倍。希腊十字的两臂，内部宽 27.5m，高 46.2m，同马克辛提乌斯巴西利卡相仿，而通长 140 多米，则远远超出马克辛提马斯巴西利卡。穹顶外部采光塔上十字架尖端高达 137.8m，是罗马城的最高点（见图 13-6 和图 13-7）。17 世纪初年，在极其反动的耶稣会的压力下，教皇命令建筑师玛丹纳拆去已经动工的米开朗基罗设计的正立面，在希腊十字之前又加了一段三跨的巴西利卡式的大厅。圣彼得大教堂遭到的损害，标志着意大利文艺复兴建筑史的结束。

图 13-6 圣彼得大教堂立面

图 13-7 圣彼得大教堂鸟瞰

13.2.2 意大利文艺复兴的代表人物及主要成就

（1）布鲁内莱斯基 菲利普·布鲁内莱斯基是新的建筑纪元的第一位伟大代表。他出身于佛罗伦萨的一个富裕的公证人家庭，年轻时学习金饰工艺和雕刻，是当地金饰匠行会的成员。他先后两次去罗马（第一次与雕刻家多纳泰洛同行并一起工作），对古代建筑遗址进行了详尽的勘察，并将它们画在羊皮纸上。其所画的佛罗伦萨广场、街道、建筑的素描，表明了他对透视学有深入的研究。他发明的线透视体系，被当时的画家和雕刻家所运用，并极大地促进了写实主义绘画的发展。

1418 年，在工程委员会举行的公开佛罗伦萨大教堂设计方案竞赛中，布鲁内莱斯基的方案获胜，两年后开始施工，到 1436 年完成了主体建筑。它的设计和建造过程、技术成就和艺术特色，都体现着新时代的进取精神。为了突出穹顶，砌了 12m 高的一段鼓座。虽然鼓座的墙厚到 4.9m，还是必须采取有效的措施减小穹顶的侧推力，减小它的重量。布鲁内莱斯基的主要办法是：第一，穹顶轮廓是矢形的，大致是双圆心的；第二，用骨架券结构，穹面分里外两层，中间是空的。这两点显然不仅借鉴了古罗马的经验，而且也借鉴了哥特式建筑的经验，但它却是全新的创造。穹顶的大面就依托在这套骨架上，下半是石头砌的，上半是砖砌的。它的里层厚 2.13m，外层下部厚 78.6cm，上部厚 61cm。两层之间的空隙高 1.2～1.5m 左右，有

图 13-8 佛罗伦萨大教堂的穹顶

两圈水平的走廊，各在穹顶高度大约 1/3 和 2/3 的位置（见图 13-8 和图 13-9）。佛罗伦萨主教堂的穹顶被公正地认为是意大利文艺复兴建筑的第一个作品、新时代的第一朵报春花。

佛罗伦萨主教堂内部空敞明朗。西半的大厅长近 80m，只分为 4 间，支柱的间距在 20m 左右，中厅的跨度也是 20m。东部的平面很特殊，歌坛是八边形的，对边的距离和大厅的宽度相等，大约 42m 多一点。在它的东、南、北三面各凸出大半个八角形，约略呈现了以歌坛为中心的集中式平面。这是一个重要的创新，将在 15 世纪之后得到发展（见图 13-10）。主教堂西立面之南有一个 13.7m 见方的钟塔，高达 84m，是画家乔托设计的。教堂对面还有一个直径 27.5m 的八边形洗礼堂，内部由穹顶覆盖，高约 31m 多，顶子外表则是平缓的八角形。

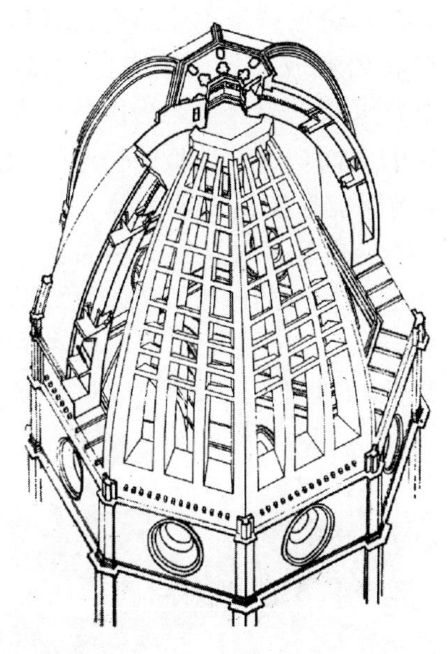

图 13-9 佛罗伦萨大教堂顶部结构

图 13-10 佛罗伦萨大教堂室内

布鲁内莱斯基为佛罗伦萨设计的两座拉丁十字式教堂，即圣洛伦佐教堂和圣灵教堂，均为后来西方教堂的典范。布鲁内莱斯基还是文艺复兴时期最早对集中式建筑进行探索的人，其代表作是圣洛伦佐教堂的老圣器室和巴齐礼拜堂。巴齐礼拜堂坐落于十字教堂南面狭长的庭院中，是巴齐家族的礼拜堂，从平面来看，构图对称，以中央穹顶下面的正方形开间为中心，在东西轴线上，外边是入口门厅，里面是唱诗堂，两者的平面均为正方形，上面各覆盖着一个小圆顶；在南北轴线上中央的主空间向两边扩散，扩展部分之上覆盖着筒形拱顶。门厅内，中央为圆顶，左右两边覆盖着筒形拱顶，其藻井装饰充满了古典气息（见图 13-11 和图 13-12）。

（2）阿尔伯蒂 阿尔伯蒂（Leon Baptista Alberti，1404—1472）是早期文艺复兴的建筑师和建筑理论家，但他首先是一位人文主义学者。阿尔伯蒂主要在罗马，同时不断去佛罗伦萨、里米尼和曼图亚旅行，作为一位建筑师，他所设计的主要工程也实施于这一时期，同时他还完成了一系列最重要的美学和数学著作，其中包括了《论建筑》一书。

阿尔伯蒂的《论建筑》是西方近代第一部建筑理论著作，以拉丁文写成，与维特鲁威

图 13-11 圣洛伦佐教堂中厅

的《建筑十书》有着密切的关系，虽然在写作体例、柱式理论、一般术语、历史资料利用等方面遵循了维特鲁威的典范，但阿尔伯蒂并没有翻译或复述维特鲁威观点，而是以古人为向导，阐述自己所理解的古典建筑原则。他开宗明义提出了建筑在所有艺术中处于最高地位的观点，进而阐述了作为人类生活环境创造者的建筑师的社会责任，同时也确立了建筑师超越工匠的崇高地位。关于建筑的定义，他认为，建筑是一种有机体，由线条和材料构成；线条产生于思想，而材料则来自大自然。

阿尔伯蒂并非是理论家，他主张研究古代建筑要为当代建筑服务，并将研究成果运用于自己的设计之中。他建造了佛罗伦萨鲁采莱府邸。他还为佛罗伦萨新圣马利教堂设计了新颖的立面。这种独特的构图，使这一立面成为16世纪天主教耶稣会教堂所模仿的原型。他在曼图亚所建的两座教堂，标志着他设计艺术的高峰。始建于1460年的圣塞巴斯蒂亚诺教堂是文艺复兴时期第一座希腊十字式教堂。他还设计了圣安德里亚教堂，对立面进行了更为大胆而巧妙的探索，创造性地将古典神庙和凯旋门母题结合起来（见图 13-13）。这意味着建筑师已经不再是中世纪那种专门和砖石打交道的工匠师傅，他的工作不再仅凭代代沿袭的经验和惯例，还要靠人文主义的知识装备。

图 13-12 巴齐礼拜堂内部空间

图 13-13 圣安德里亚教堂室内

（3）菲拉雷特 菲拉雷特是佛罗伦萨的一名雕刻师，他的本名叫阿韦利诺，菲拉雷特是他给自己起的外号，意为“美德之友”。1451 年，他来到米兰作为一名工程师和建筑师为弗郎切斯科·斯福尔扎服务，主要作品是米兰大医院。

菲拉雷特还是一位著名的建筑作家，他于 1461 ~ 1464 年间写过一部《论建筑》，此书共分为二十五书，第一书至二十一书专论建筑，后面四书论素描、绘画，还包括献给这些统治者的颂词。这本书从语言到结构与阿尔伯蒂的书完全不同，采用了日记本小说的形式和对话体的语言，阐述了古代建筑的起源和原理，描述他想象中的理想城“斯福尔青达”的平面、选址和发展过程（见图 13-14）。

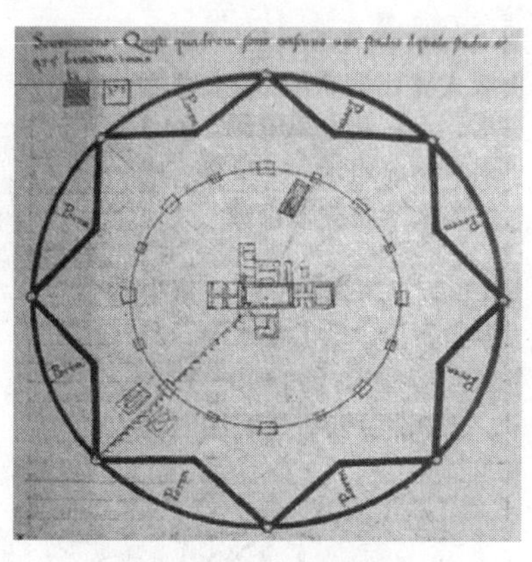

图 13-14 菲拉雷特的理想城

（4）莱奥纳尔多和布拉曼特 盛期文艺复兴的两位大师莱奥纳尔多和布拉曼特在 15 世纪 80 年代前后到达米兰，他们工作于同一座教堂，即慈悲圣玛利亚教堂。莱奥纳尔多在 490 年之后的近 20 年时间里画了大量的建筑素描，这些素描的重要性，一是将解剖学的素描技巧运用于建筑素描，创造了建筑鸟瞰图（见图 13-15），而在此之前建筑图反局限于平面图和正视图。这种新的建筑技巧为建筑设计提供了更多的信息量，促进了关于建筑是有机整体观念的发展。

图 13-15 莱奥纳尔多的建筑鸟瞰图

布拉曼特出生于乌尔比诺附近的费尔米尼亚诺，莱奥纳尔多不断精进的素描技艺和对集中式建筑的研究成果、米兰当地古典建筑实例，以及米凯罗佐和菲拉雷特所代表的建筑传统，是构成布拉曼特艺术的重要因素。

从 15 世纪 80 年代开始，布拉曼特开始为慈悲圣玛利亚教堂修建东端部分，他在米兰时期创作的作品很多，它们是对 15 世纪建筑艺术的总结，又是他未来设计的重要准备。布拉曼特于 1499 ~ 1500 年冬天来到罗马，他的重要作品是坦比哀多小礼堂，这是一座加盖了圆顶的古代周柱式原形神庙，令我们想起了古罗马的那些优美的原形神庙，以及早期基督教时代纪念殉教者的圣祠。以异教神庙的形式为基督教圣徒建造纪念性建筑，反映了将基督教教义与异教文化传统相统一这一人文主义理想。坦比哀多小礼堂十分纯正的古典主义，使它被誉为盛期文艺复兴的第一件标志性作品。

罗马的圣彼得大教堂是文艺复兴时期的代表性建筑，也是世界上最大的教堂。文艺复兴盛期教廷和建筑匠师之间的矛盾反映在他的建造过程中。布拉曼特放弃传统的巴西利卡式形制，力求明朗和谐，避免神秘。他设计平面是正方形的教堂，在正方形中又做了希腊十字。十字的正中用大穹隆覆盖（见图 13-16），内径接近万神庙，内部顶点的高度几乎是万神庙的 3 倍，古代的辉煌成就被彻底超越了。正方形的四角各有一个小穹顶，大圆顶周围有一圈柱廊，十字四个端点的墙向外成半圆，不分主次。教堂内设计大胆、富有变化。教堂完成的平面是拉丁十字，内墙用大理石、壁画等装饰，外墙用灰华石与柱式装饰（见图 13-17）。该教堂表现了华丽的外观和庄严的氛围，但内部设计缺乏整体性、统一性，过分追求装饰破坏了造型。

图 13-16 圣彼得大教堂的穹顶

图 13-17 圣彼得大教堂室内

从 1503 年尤利乌斯二世的教皇任期开始后，布拉曼特便在罗马城市建设中发挥了重要的作用。他在梵蒂冈的教皇宫中和圣达马索庭院建筑群，表现出他善于建造雄伟壮丽建筑物的非凡才华。

(5) 拉斐尔 文艺复兴艺术巨匠之一的拉斐尔不仅在绘画方面为西方确立了古典思想（见图 13-18），而且还是一位优秀的建筑师。拉斐尔英年早逝，但在他生命最后几年中，除了创作大量绘画作品外，还在罗马、佛罗伦萨设计了一些建筑，更重要的是他通过自己的建筑与室内设计，为后来兴起的手法主义风格开辟了道路。

图 13-18 拉斐尔

拉斐尔设计的佛罗伦萨郊区的潘多尔菲尼府邸，介于府邸与别墅之间，十分单纯而优雅。他为锡耶纳银行家阿戈斯蒂诺·基吉设计了基吉礼拜堂，位于罗马人民广场上的圣玛利亚教堂之内，这里同样表现出画家做室内装饰的特点：他采用昂贵的彩色大理石以及色彩鲜明的壁画来装饰室内，以追求强烈的色彩与光影对比效果；同时运用了极丰富的视觉效果（见图 13-19）。尽管室内富丽堂皇，但给人的总体印象依然是平面化的，如他偏爱扁平的壁柱，而不像雕塑家米开朗基罗喜欢用立体感更强的圆柱。

图 13-19 基吉礼拜堂

手法主义的术语初次用于历史性文献中描述一种绘画的艺术，这种绘画在文艺复兴的传统中发展了一种表达自由的个人情感。该术语同样可用于限定共同发展的建筑和室内设计。到 16 世纪中叶，已进入一个以古典元素为基础的稳固体系中。罗马柱式以及罗马人对柱式的运用方式已被编撰整理，并且成为插图性书籍的主要内容，它们显示“正确”的室内处理方式，这种室内很宁静，并且总的来说也很朴素。在设计中，手法主义是指细部的使用在方式上突破了规则，这些方式有时是反常的，甚至在它们变幻和变形文艺复兴宁静形式的过程中显得十分幽默，个人的意志开始取代早些时候的规则。

（6）佩鲁齐与小圣加诺　佩鲁齐与小圣加诺也是布拉曼特圈子中的重要建筑师，都曾工作于圣彼得大教堂的建设工程。

佩鲁齐在罗马的第一件重要建筑作品是为锡耶纳银行家阿戈斯蒂诺·基吉建造的法尔西纳别墅。他在罗马的另一件著名作品是带柱廊的马西米府邸，始建于 16 世纪 30 年代前半期。

小圣加诺比佩鲁齐小 4 岁，是佛罗伦萨著名建筑世家的后代，即朱利亚诺和老圣加诺的侄子。他的代表作是法尔内府邸（见图 13-20），是为当时罗马权贵红衣主教法尔内塞所建。从基本形制和立面处理来看，法尔内府邸更接近于佛罗伦萨的传统府邸式样。平面近似正方形，内部为方形庭院，后面有一个两层的敞廊，可以眺望台伯河的风景。府邸立面没有采用柱式体系进行划分，而是强调了水平线。各层的檐口线脚明确、有力，三层的高度似乎并没有逐层递减（见图 13-21）。

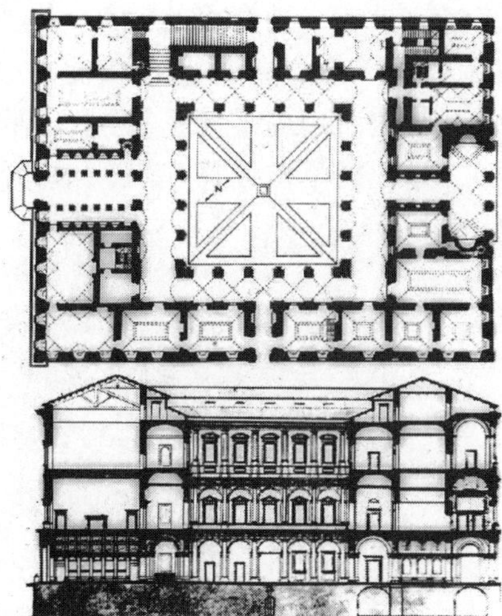
图 13-20　法尔内府邸平面图和立面图

图 13-21　法尔内府邸庭院一角

（7）米开朗基罗　米开朗基罗·博纳罗蒂是佛罗伦萨雕刻家、建筑师、画家和诗人，文艺复兴最伟大的人物之一，代表了具有非凡创造力的天才原型（见图 13-22）。他所追求的是建筑构件饱满的体积感和形状的张力，并将建筑和雕刻视为不可分割的整体。

图 13-22　米开朗基罗

米开朗基罗喜欢用深深的壁龛、凸出很多的线脚和小山花贴墙作 3/4 圆柱或半圆柱。喜好雄伟的巨柱式，多用圆雕作装饰。强调的是体积感。他不严格地遵守建筑的结构逻辑。佛罗伦萨的美狄奇家庙和劳伦齐阿纳图书馆是他的代表作（见图 13-23）。这两处都是室内建筑，却用了建筑外立面的处理法，壁柱、龛、山花、线脚等起伏很大。突出垂直分划。强烈的光影和体积变化，使它们具有紧张的力量和动态。家庙里大小壁柱自由组合，图书馆前厅里的壁柱嵌到墙里去，并支承在涡卷上，都是不顾结构逻辑的。他像雕刻一样用建筑表现他不安的激情，而不肯被建筑的固有规律所束缚，虽有创新，但毕竟不是建筑的本色。劳伦齐阿纳图书馆前厅 9.5m×10.5m，正中设一个大理石的阶梯，形体富于变化，很华丽，装饰性很强。最富于创造性的是通向阅览室的楼梯，在这里，米开朗基罗将它当为一件艺术品加以精心设计与表现。使它的曲线自然流畅，具有一种有机的效果。整个门厅表现出强烈的雕塑感，可谓是巴洛克建筑风格的先声（见图 13-24）。不过，拾级而上进入图书馆的主空间，效果则大为不同了，室内设计简洁而敞亮，墙壁用扁平的壁柱进行划分，具有深远的空间透视感。劳伦齐阿纳图书馆的这个楼梯，是比较早被当作建筑艺术部件的，设计得很成功。它是在米开朗基罗死后由瓦萨里主持完成的。

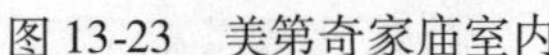

图 13-23　美第奇家庙室内

图 13-24　劳伦齐阿纳图书馆室内

（8）塞利奥　在文艺复兴时期，建筑理论对于风格的传播和建筑师的地位的提高具有重要意义，并引发了 16 世纪建筑理论的繁荣。这一时期，最重要的理论家是塞利奥、维尼奥拉和帕拉蒂奥。

塞利奥于 1514 年到罗马师从佩鲁齐学习建筑，他也做过一些设计，但并不得志。他对法国建筑的影响主要是通过论著实现的。这些著作除了对建筑问题进行详尽的文字阐释以外，还附加了许多图版，它们的重要性不但在于使该书成为第一本以图为主的书，用文字做图片说明的建筑手册，而且也在于保存了布拉曼特、佩鲁齐等当时著名建筑师的设计图样，从而成为新的建筑思潮的传播者，并为后世建筑史学者提供了珍贵的原始资料。塞利奥著作中最重要的一卷是最先出版的第四书，专论柱式（见图 13-25），五种柱式理论在这里第一次得到系统的阐述，并以木雕刻画的形式直观地呈现在读者面前。

（9）帕拉蒂奥　安德烈·帕拉蒂奥出身于距维琴察 20km 的帕多瓦的一个磨坊主家庭，他 14 岁学雕刻，17 岁离开家乡到维琴察，起先为两个雕塑家工作了十几年。在 30 岁时，人文主义者詹乔治·特里西诺伯爵发现了他的天才。

1570 年，他出版了《建筑四书》（见图 13-26），从内容来看，《建筑四书》比塞利奥的著作学术性更强，甚至作为一本出版物本身也值得称道，因为书中根据帕拉蒂奥素描制作的木刻图版十分精美。这些插图除汇聚了古代作品外，还收入了布拉斯曼的坦比哀多小教堂，以及他自己 1570 年以前的主要作品。

《建筑四书》的内容为：第一书论述建筑的材料与构造，建筑总论，以及五种柱式规模；第二书论述城市住宅和乡村别墅；第三书处理街道、桥梁、广场和公共会堂；第四书讨论古代神庙。它阐述了古典建筑的基本原理，这些原理被它的读者奉为准则，不过帕拉第奥本人却不总是一板一眼地遵循这些原则，正如米开朗基罗与拉斐尔一样，他是以大师的手法进行着综合与创造。

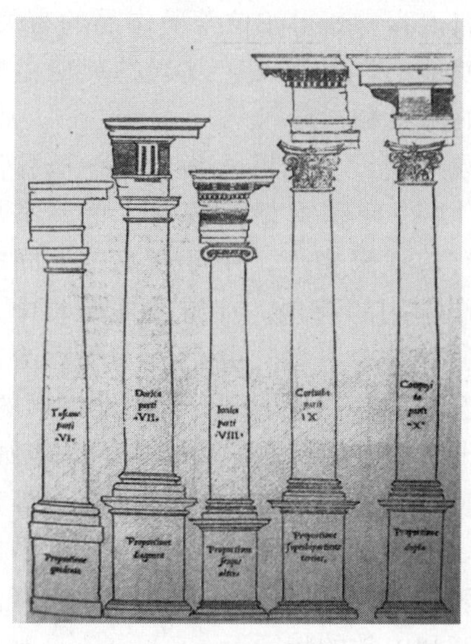

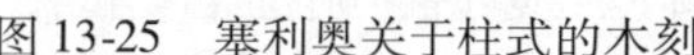
图 13-25 塞利奥关于柱式的木刻

图 13-26 《建筑四书》扉页

帕拉蒂奥是最具影响力的文艺复兴建筑师之一，他创造的一种开敞拱券在两侧各带一个矩形空当的布置方式逐渐成为人们所共知的“帕拉蒂奥母题”（尽管这并非它的首次亮相），该布置方式引起后来设计者的兴趣，并且一直使用着，直到现代。帕拉蒂奥在维琴察设计了许多城镇住宅，并在周围乡村设计了许多别墅，帕拉蒂奥最有影响的别墅建筑是圆厅别墅，它纯正的古典建筑语言、和谐的比例、适合的规模，以及隽永的田园诗意，使之成为西方建筑的经典，也成为西方建筑师的模仿对象（见图 13-27）。帕拉蒂奥在维琴察设计了许多城镇住宅，包括在马赛尔的巴尔巴罗别墅，其主要住宅的室内布局是典型的帕拉蒂奥式，有一个希腊十字平面，形成集中布局的空间，平面每个角落布置着一些小面积的房间。从建筑角度而言，室内很简洁，但室内壁画却很丰富，大部分是保罗·韦罗内塞的作品，壁画模仿了建筑的细部，同时，还包含了以幻觉画法表现的元素，如开启的门、阳台，从门内看到外部的景色，此外，甚至还有人物的形象——依靠在阳台上的仆人，正从门外观看的侍童，栖息在阳台栏杆上的一只鹦鹉（见图 13-28）。

图 13-27 圆厅别墅

图 13-28 巴尔巴罗别墅室内

图 13-29 圣乔治·麦乔雷教堂室内

由于对帕拉蒂奥作品的仰慕，同时通过他的论著和相关的插图，人们很容易获得帕拉蒂奥作品的有关信息，两者结合起来，使他的作品在文艺复兴的英格兰成为一种建筑创作灵感的源泉和指导。

帕拉蒂奥在威尼斯设计的巨大教堂——圣乔治·麦乔雷教堂（见图 13-29）和雷登托教堂，每一座都采用了古典语汇，带有筒拱形中厅，中厅开高窗，同时在十字交叉处有一个作窗用的穹顶。在雷登托教堂中，中厅两侧拱券向相连的礼拜堂开敞，并且走入圣乔治教堂的侧廊，那里，接连的耳堂，整个重演着中厅拱形的形式。在雷登托教堂，十字交叉处两侧的耳堂实际是半圆形龛。在两座教堂中，装饰细部严格限制在罗马柱式等建筑元素下，这些元素以一种较暗的石材建造，与近乎白色的穹顶和其他石膏表面形成对比。每一座教堂的整体效果都具有开敞、明亮和内敛的特征。

在维琴察的奥林匹克剧院，帕拉蒂奥试图重新创造一座小规模的，完全封闭的古罗马剧院。每排座位布置成半圆形，逐渐向上升起，后部接着一排列柱，所有座位开敞于绘制的天空下（见图 13-30）。舞台有一装饰丰富的固定背景（这里没有准备可变化的场景），该背景摹画着罗马舞台的通道、窗户和雕塑品，三个宽敞的通道口，从每一个里面都能看到一种街景。街景采用了虚假的透视画法进行描绘，这样它们看起来似乎延伸了很远的距离，尽管事实上它们的距离都很短（见图 13-31）。装饰设计作为剧院展示表面的一种主要元素，在这里，它引入的概念是从剧院转到建筑和室内的设计。

图 13-30 奥林匹克剧院舞台

图 13-31 奥林匹克剧院背景

13.2.3 意大利文艺复兴时期室内空间的发展

文艺复兴时期，建筑创作不断深入，表现之一就是平面和空间布局的进步。以府邸为例，在初期，例如佛罗伦萨的一些立面、内院、主要厅堂，分别推敲，互不联系。到了盛期，注意到了它们的相互联系的过渡，平面比较严谨。道利亚府邸是这一时期热那亚府邸的代表作。它是四合院式的，内院 10.8m×18.6m，周围房子为两层，纵轴明确。它的主要特点是：第一，有严格的正方形的结构网格，开间和进深都服从它们，布局简洁整齐。这是早期和盛期的府邸都没有的；第二，顺应地形。前后分几个高程，在门厅里设大台阶，登上台阶才是院子前沿的廊子。院子后面，轴线的末端设一个双胞对分的大楼梯，它的休息平台向后通向花园；第三，开敞。大台阶、大楼梯等从阴暗的角落里解放出来，堂堂正正地置于中央充分利用它们固有的形体和高度变化，作为重要的建筑构图要素。由于不做封闭的楼梯间，通过台阶和楼梯上下层的空间交流穿插，层次又丰富多了；第四，楼上楼下，沿内院都有一圈外廊，基本上没有不方便的套间。而在佛罗伦萨和罗马的府邸里，既无外廊又无内廊，套间很多。

13.3 欧洲其他国家的文艺复兴

随着战争所带来的文化碰撞以及各地艺术家和建筑师之间的相互交流，意大利文艺复兴的新思潮很快在欧洲的大地上生根发芽，扩张开来。但因受到不同区域地方性特征的影响，文艺复兴的成果也表现出了一定的差异性。

13.3.1 法国的文艺复兴

15 世纪下半叶，法国入侵意大利，随着军队对意大利南部和北部地区的不断入侵，意大利的宫廷文化引起了法国王室和贵族的强烈兴趣，兴起了法国文艺复兴之端。强大的王权、资产阶级、国王贵族不但热衷于意大利贵族的建筑物，而且也对他们的服饰乃至整个生活方式进行效仿。但作为哥特艺术的故乡，法国早就在建筑上赋予过宗教艺术最崇高的表现力，此时，尽管对意大利文艺复兴的成就如醉如痴，艺术家们仍能不忘传统，熔法国、佛兰德斯、意大利艺术的动人之处于一炉，产生出自己的杰作。

文艺复兴建筑风格在法国的发展可分为三个阶段：16 世纪为早期，这是法国哥特建筑发展为文艺复兴风格的过渡时期。把传统的哥特式和文艺复兴的古典式结合，把文艺复兴建筑的细部装饰用于哥特建筑上；古典时期是路易十三、路易十四时期，此时文化、艺术、建筑飞速发展，极力崇尚古典风格。造型严谨华丽，普遍应用古典柱式，内部装饰丰富多彩，也有些巴洛克手法。纪念性广场群和大规模的宫廷建筑是这时期的典型；晚期路易十五使法国政治、经济、文化走向衰落，此时兴起舒适的城市住宅和精巧的乡村别墅。精致的沙龙和安逸的起居室取代了豪华大厅。在室内装饰方面产生了洛可可风格。该风格装饰细腻柔软，爱用蚌壳、卷叶，精巧富贵。

1530 年，佛罗伦萨手法主义艺术家罗索（Rosso，1494—1540）接受了法国枫丹白露王宫的内部装饰工作（见图 13-32），两年后意大利艺术家普里马蒂乔（Primaticcio，约 1504—1570）也来到那里。他们为之竭忠尽智，费尽了心血。罗索独出心裁地设计出一种将壁画和灰泥边饰结合在一起的新形式。作为壁画边框，围绕中心画面的灰幔和高浮雕人体不再单纯起装饰作用，而是对画中含意的补充；而普里马蒂乔将手法主义装饰风格引进了法国。枫丹白露王宫中的法兰西斯一世廊是这一装饰画派的辉煌的代表作（见图 13-33）。窗户对面的墙壁上有精美的绘画，画框周围装饰着灰泥高浮雕，人物体态硕壮优美，颇有米开朗基罗遗风。缠绕在画框边上的如皮革般卷曲折叠的装饰母题也是他们的创造，后来在整个欧洲，包括意大利都十分流行。法兰西斯一世廊长 64m，宽 6m，它的装饰工程开始于 1531 年，完成于16世纪40年代。

图13-32　枫丹白露王宫外立面

图13-33　法兰西斯一世廊

法国文艺复兴高潮期的代表作非卢浮宫莫属，这是一项持续了几个世纪的建筑工程，建筑师皮埃尔·莱斯科在亨利二世统治期间负责了此项工程，带着对古典建筑透彻的理解，他建造了卢浮宫东部的正方形庭院，柱式体系的运用在其中表现得十分得体，各要素之间的比例关系也得到了周密的考虑，庭院立面底层的拱券深深嵌入，以突出上层，二层窗户上面的弓形和三角形窗楣山花相交替，山花两端由涡卷形托石支撑，不禁让人联想起米开朗基罗的建筑语汇（见图13-34）。

亨利二世登基的那一年，洛尔姆开始为王室服务，在皇家建筑的扩张和改造工程中表现出卓越的组织才能。洛尔姆的主要作品是诺曼底附近的阿内宫（见图13-35），比起拉斯科来，洛尔姆的设计少了几分精致，但更为大胆，立体感更强。入口采用了凯旋门的主题，多立克式体系十分纯正，大拱券内装饰着意大利艺术家切利尼原为枫丹白露制作的狩猎女神狄安娜的青铜浮雕，而门道上部透雕形式的花栏杆则带有哥特式的特点。各种要素在他手中得到了完美的融合。

图13-34　卢浮宫立面

图13-35　诺曼底阿内宫入口

洛尔姆的《论建筑第一部》是16世纪法国最著名的人文主义著作之一，在这本书中，洛尔姆遵循维特鲁威的范例，结合自己的实践经验进行建筑史的论述。全书由九书组成，第一书论带来人与建筑师之间的关系、选址和材料等问题；第二书论述几何学基础，兼及建筑地点和构造基础；第三书和第四书是他最独特的贡献，即石头切割和立体几何问题，这对建筑师十分有用；第五书、第六书和第七书论柱式（见图13-36），并附上了他在罗马做的大量测量图；第八书处理门、门框和窗框；第九书论壁炉。

16 世纪末和 17 世纪上半叶，法国的古典主义建筑在布罗斯、勒梅西耶和芒萨尔等人的努力下有了进一步的发展。布罗斯喜欢在他的设计中表现出如雕塑般的体积感与团块感。他的代表作品有布莱廊库尔府邸，为摄政女王马利亚·德·美第奇设计的巴黎卢森堡宫，以及位于雷恩的布列塔尼的议会宫。其中巴黎的卢森堡宫是法国早期的古典主义建筑中最具代表性的宫廷建筑（见图 13-37）。它带有意大利建筑的很多痕迹。平面为大型四合院，主楼顶部为巨大的弯顶，上设采光厅。侧翼的顶部则用楼代替了圆形弯顶，建筑群的造型由此变得丰富生动，外立面的砖石痕迹很重，形成清晰，深刻的水平线，增强了墙面的立体感。壁柱的造型非常突出，双柱式是典型的古典主义样式，柱子的比例严谨了许多。主楼的边缘也采用双柱式结构，体现了卢森堡宫在形制上比其他的古典主义早期建筑表现得更为成熟。

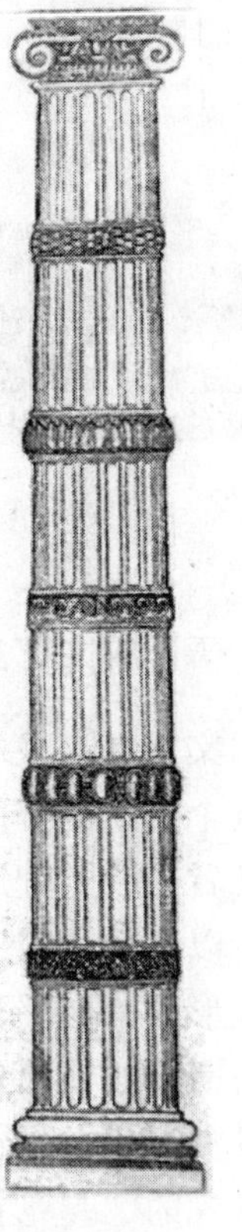

图 13-36 洛尔姆的“法国柱式”

13.3.2 尼德兰的文艺复兴

中世纪的尼德兰包括现在的荷兰、比利时、卢森堡以及法国东北部的一些地区。由于地理条件优越，尼德兰很早就是欧洲西北部重要的水陆交通中心，手工业发达，商业繁荣，是当时欧洲资本主义经济十分发达的地区之一，因此文艺复兴在尼德兰也取得了辉煌成就。

16 世纪下半叶，手法主义开始在荷兰和佛兰德斯的市镇流行，其主要的装饰要素是一种华美的带状纹样，装饰在拱券等建筑构件上。具有手法主义特点的建筑图样手册，以铜版画的形式出版，对这一风格的发展起了很大的推动作用。意大利和法国的建筑对尼德兰建筑都有影响，但因为尼德兰在中世纪时市民文化就相当发达，相应的世俗建筑的水平较高，所以，它独特的传统也很强。

尼德兰文艺复兴建筑在 17 世纪达到了高峰。在欧洲唯理主义哲学影响下，荷兰形成了自己的古典主义建筑，这种建筑横向展开，以柱式的叠柱式控制立面构图，水平分划为主，形体简洁，不再有传统的台阶形的山花，而代之以古典的三角形山花。装饰很少。但它的传统特点仍然很明显，以红砖为墙，而壁柱、檐部、线脚、门窗框、墙脚等用白色石头，色彩很明快。

这时期主要建筑师是雅各布·凡·坎彭，他十分纯熟的古典主义手法将佛兰德斯夸张的装饰和哥特式的残余要素一扫而光。其最重要的代表作是始建于 1648 年的阿姆斯特丹市政厅（见图 13-38），立面的对称构图，巨柱式的采用，将古典原则与文艺复兴的风格融合起来；室内建有宽敞明亮的大厅和装饰华美的房间，可与文艺复兴时期意大利的任何宫殿相媲美，这在荷兰是没有先例的。阿姆斯特丹市政厅是北方 17 世纪最重要的建筑物，也是荷兰历史上最辉煌年代城市生活的标志。

图 13-37 卢森堡宫外立面

图 13-38 阿姆斯特丹市政厅

13.3.3 德国的文艺复兴

德国文艺复兴发端于 15 世纪，历史上将 1420 年左右到 1540 年这段时期称为文艺复兴时期。这个时期的许多艺术家对人的生活环境和生产现象表现出关切，反映出文艺复兴时期人文主义者在一定程度上肯定现世生活、肯定人性、歌颂大自然的倾向。但由于德国远离意大利，所以新的建筑风格影响显得很微弱，个别意大利建筑师到德国为诸侯服务，带来某些新的建筑形式，似乎具有某种偶然性。

奥格斯堡的福格尔礼拜堂通常被认为是德国第一座文艺复兴建筑，由从事银行业的福格尔家族投资兴建，加在了圣安娜教堂的西端，其设计受到了 15 世纪威尼斯建筑的影响，将晚期哥特式的"星形拱顶"、意大利的拱顶结构和柱式体系结合在一起（见图 13-39）。在此我们可以看出，在 16 世纪大部分时间里，德国文艺复兴建筑只不过是将 15 世纪意大利北方建筑的装饰要素加到当地晚期哥特式的结构上。

比较来说重要的还有慕尼黑的圣米迦勒教堂（见图13-40），它由巴伐利亚公爵威廉五

图 13-39 福格尔礼拜堂室内

图 13-40 慕尼黑圣米迦勒教堂室内

世出资兴建，是欧洲北方的第一座耶稣会教堂。在建筑形式上，它是罗马耶稣会教堂的变体，中堂内覆盖着筒形拱顶，两侧为礼拜堂。

德国北方的文艺复兴风格直到 16 世纪下半叶才开始出现，科隆市政厅门廊是其代表作品。它是由威廉·韦尔纳肯设计的，一座两层敞廊加在了中世纪的主题建筑之前，宽五开间，进深两开间，以古典圆柱、浮雕和雕像装饰得富丽堂皇。

13.3.4 英国的文艺复兴

16 世纪，英国和欧洲其他国家一样正发展新兴的资产阶级。国王亨利五世为加强中央王权，使教会屈从于国王。16 世纪下半叶，英国的经济巩固了资产阶级的地位，文化、艺术十分活跃，文艺复兴建筑开始在英国出现。英国文艺复兴建筑的发展可分为两个阶段：早期从 1558 年到 1640 年；晚期是 17 世纪下半叶到 18 世纪。

16 世纪上半叶，英国在尼德兰影响之下，喜欢用红砖建造房屋。砌体的灰缝很厚，腰线、券脚、过梁、压顶、窗台等都用灰白色的石头，很简洁。室内用深色木材做护墙板，板上作浅浮雕；天花则用浅色抹灰，作曲线和直线结合的格子，格子中央垂一个钟乳状的装饰；一些重要的大厅用华丽的锤式屋架。这是一种很富有装饰性的木屋架，由两侧向中央逐级挑出，逐级升高，每级下有一个弧形的撑托和一个雕镂精致的下垂装饰物。这种建筑风格，是中世纪向文艺复兴过渡时期的风格，又因为当时正是英国的都铎王朝，所以得名为“都铎风格”。府邸的外形追求对称，即使平面不完全对称，立面仍然是对称的。室内装饰更加富丽。爱在大厅和长廊的墙上绘壁画和悬挂肖像。兽头、鹿角、剑戟盔甲也多用作重要的装饰物，显扬祖先的好勇尚武。天花抹灰，大多作蓝色，点缀着金色的玫瑰花。都铎风格常与半木架建筑的出现联系在一起，一直持续到 17 世纪，还保留着这种通常又被称作的乡土风格。

罕帕敦宫是 16 世纪最著名的府邸之一（见图 13-41 和图 13-42）。英国国王亨利八世在

图 13-41　罕帕敦宫室内

图 13-42　罕帕敦宫大厅

罕帕敦宫中建造了著名的大厅，长32m，宽12m，高18m，墙上挂满挂毯，顶上是华丽的锤式屋架，门窗、装饰保留哥特风格。1689年威廉三世扩建了罕帕敦宫。它的平面是一个四合院，设计仿造17世纪大型府邸，采用荷兰古典主义样式，用红砖砌成。

英国文艺复兴时期最著名的府邸是哈德威克府邸、勃仑罕姆府邸、坎德莱斯顿府邸。这些府邸的平面都具有一定的相似性，表现为正中为主楼，包含大厅、沙龙、书房等。主楼前是个很宽的三合院，两侧各有一个很大的院子，一个是厨房和杂用及仆役的房屋，另一个是马厩等（见图13-43）。

在德比郡的哈顿大厦是一座大型的庄园府邸（见图13-44）。平面大致对称，南面是大玻璃窗，窗子用许多小块玻璃格组成，顶棚是石膏带饰，在有壁柱和拱券的地方采用木镶板，暗示着帕拉蒂奥母题。

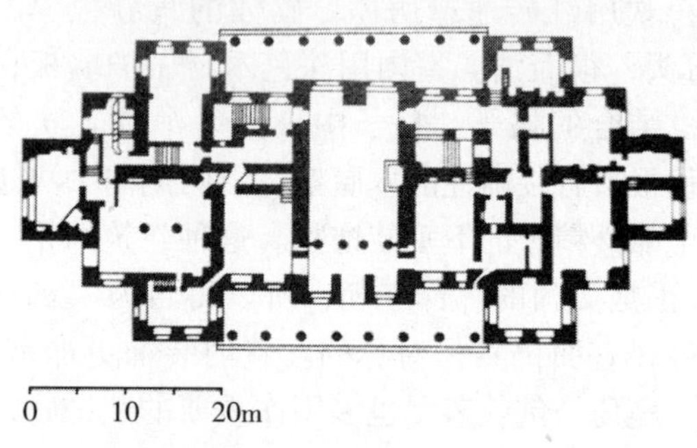

图13-43　哈德威克府邸平面图

图13-44　哈顿大厦长厅

13.3.5　西班牙的文艺复兴

15世纪，文艺复兴之风也吹到了地处欧洲西南的西班牙，西班牙的文艺复兴从13世纪后半期就显露端倪了，其产生有两个主要条件，一个是国内的条件，就是长达数百年的反抗阿拉伯人的斗争逐渐取得了胜利，这一胜利为西班牙的文艺复兴提供了有利的环境；另一个是国外的条件，意大利和尼德兰的文艺复兴艺术对西班牙产生了重要的影响。

15世纪下半期，意大利文艺复兴的建筑风格与西班牙的哥特式传统风格以及摩尔人的阿拉伯风格结合在一起，产生了一种叫银匠式的风格。“银匠式”这一术语指像银器般精雕细刻的建筑装饰，这种装饰主要集中在入口和窗户的周围，各种石头、泥灰制作的雕塑装饰，加上用铸铁制作的花栏杆、窗格栅、各种灯盏和花盆托架，玲珑剔透，十分精美，表现了西班牙人活泼热情的性格特征。银匠风格在16世纪上半期日益发展，这种风格的建筑物如贝壳府邸（1500～1512年）和萨拉曼卡大学的图书馆的立面（完成于1529年）（见图13-45）等。而在格拉纳达主教堂的室内，古典形式被运用于了细部装饰，则是银匠式风格在室内的典型代表（见图13-46）。

图 13-45 萨拉曼卡大学图书馆立面

图 13-46 格拉纳达主教堂室内

此后，意大利的建筑风格逐渐加强，古典主义的风格在西班牙建筑中日益占据了上风。1556 年腓力二世继位，他安排建造了集皇家陵墓、教堂、修道院、皇家宫殿等为一体的埃斯科里亚尔宫（见图 13-47 和图 13-48），这是一座用灰色花岗岩石建造的庞大的宫殿建筑群，平面为长约 200m，宽约 160m 的矩形，包括 17 个庭院，沿中轴线两侧做对称布局，成网格状。从平面设计上可以看出菲拉雷特的米兰大医院以及古罗马晚期的某些建筑，如戴克里先的斯普里特宫的影响。希腊十字式的大教堂是整个建筑群的中心，内外采用庄重的多里克柱式，巨大的圆顶来源于罗马圣彼得大教堂的基本形制；皇宫位于教堂的后部，宫殿四角建有塔楼，塔尖高高升起，远远望去给人一种森严之感。埃斯科里亚尔宫从里到外都很少用装饰物，它成功地借用了意大利文艺复兴建筑的结构语言，表现了绝对的君权纪念碑主题。

图 13-47 埃斯科里亚尔宫建筑群

西班牙当时的住宅大多是封闭的四合院式的。院子四周多有轻快的廊子，大都用连续券，柱子纤细，华丽一些的爱用绞绳式的柱子，或者用浮雕箍装饰柱子，手法和题材常有阿拉伯式的。上层的廊子有用木构架的，以木或铸铁作栏杆，样式很轻巧。廊内墙面多用白色粉刷。南方比较富裕的住宅里，用阿拉伯式的瓷砖或陶片贴面。封闭的四合院，相当宽敞，气氛是安谧的，很轻松，适合于家庭生活。富裕的住宅也颇有装饰。装饰有

图 13-48 埃斯科里亚尔宫内教堂

图 13-49　西班牙的活动柜

两个特点：第一，利用朴素和繁密的对比。第二，利用轻巧和厚重的对比。

西班牙文艺复兴的家具总的说来比较简朴，有时还很粗陋，是以意大利文艺复兴早期风格为基础的。用核桃树、橡树、松树和杉树制作的椅子、桌子和箱子是最常见的家具（见图 13-49）。厚重的扶手椅有时候在前面和后面用铰链安装可伸缩的杆件，使椅子可以折叠，易于搬动。西班牙的丝织品采用色彩艳丽的图案和带有银线和金丝的刺绣镶边。纺织品常从意大利进口，但是西班牙的斜纹布、锦缎和天鹅绒这类纺织业却在意大利的影响下发展起来。当蜡烛仍然是人工照明的惟一来源时，高品质的金属制造业提供了装饰精巧的烛架和墙上支架。

16 世纪下半期，除宫廷的罗马主义艺术外，在地方上也出现了样式主义的艺术。虽然西班牙的样式主义艺术受意大利的影响，但西班牙的样式主义艺术却带有更多宗教神秘主义的色彩。

13.3.6　俄罗斯的文艺复兴

15 世纪末，莫斯科王公伊凡三世建立了俄罗斯中央集权。伊凡四世 1547 年改称沙皇，随此，莫斯科展开了大规模的建设活动。16 世纪后半期，伊凡雷帝进行了 25 年的战争，经济衰败，建筑活动也衰落了。17 世纪中叶，经济逐渐恢复，手工业和商业发达起来，这一时期的建筑造型也开始接受文艺复兴与巴洛克的影响。18 世纪初，彼得大帝的改革促进了本地文化和西方的融合，彼得堡成为学习西方先进文化的实验室。

图 13-50　俄罗斯圣瓦西里教堂

俄罗斯的建筑传统是在拜占庭建筑的影响下建成的。墙体很厚、窗户很小、穹隆顶密集，内部主要用湿粉画装饰，间有彩色镶嵌。15 世纪末俄罗斯统一后，在教堂建筑中仍保留传统，世俗建筑则受文艺复兴建筑的影响。16 世纪，上层统治阶级的建筑与教堂受民间建筑的影响，产生了“帐篷顶”教堂，这种建筑后来发展成为俄罗斯建筑独特的风格，如红场的圣瓦西里教堂就深受这种风格的影响（见图 13-50）。17 世纪，世俗建筑接受了意大利文艺复兴建筑的成就。17 世纪末已开始流行巴洛克风格，但俄罗斯的巴洛克仅注重形式，不追求宗教效果。18 世纪初社会改革，俄罗斯建筑吸收了法国古典主义的处理手法，这种风格和传统建筑结合产生了不少很有特色的建筑。

在 18 世纪中，彼得堡最有代表性的建筑是皇家村的叶凯撒玲宫（见图 13-51）。叶凯撒玲宫位于彼得堡皇家村东北角，法国古典式的建筑造型、长方形的平面，简单明朗，东端是个小教堂，其他是长方形的连列厅，其雄伟的柱子，体现出皇家的气派；宽大的窗户使光线充足；内外装饰都很华丽。

伏兹尼谢尼亚教堂是为纪念伊凡雷帝的诞生而建，这座高塔式建筑，高 62m，基座较宽，帐篷顶锋利。主体建筑分两层，底层是十字形，二层是八角形，二层之间用三层重叠的船底形装饰过渡，顶部是八角形尖塔，下层较高，上层较矮，窗户是瘦长形，壁柱向上也逐渐缩小，建筑给人感觉自下而上逐渐缩小。教堂内部极为狭窄，不为宗教仪式，只为纪念国家新生。它吸取民间建筑的形式特点，是具有俄罗斯民族风格的纪念性建筑。

华西里·柏拉仁诺教堂是伊凡雷帝为纪念战争胜利而建的。教堂有几个独立的墩式部分，中间那个最高，是帐篷顶，其他 8 个是葱头式穹隆，教堂由红砖砌成，白色石头为装饰，穹顶用绿色和金色，给人感觉心情愉悦（见图 13-52）。

图 13-51　皇家村的叶凯撒玲宫

图 13-52　柏拉仁诺教堂

13.4　文艺复兴时期的室内空间和家具陈设

受到文艺复兴人文思想的影响，这一时期的装饰、室内布置、家具和陈设更为丰富多样，并体现出更多的对人性关怀的倾向。

13.4.1　建筑装饰与室内装潢

文艺复兴时期宫殿、城楼、宅邸、别墅、医院、剧场、市政厅、图书馆等世俗性建筑的兴盛，逐渐取代了宗教建筑一统天下的局面，这些建筑大量采用古希腊、古罗马建筑的各种柱式，并且融合了拜占庭和阿拉伯的结构形式。整体建筑设计的基本原理是对称与均衡，建筑的外观呈现明快而笔直的线条，尤其是借着笔直的架构来强调水平的特性，如水平向的厚檐、各楼层之间的台口线等，窗口及出入口均采用水平线、垂直线、圆弧、山墙等几何图形设计，并且每个部分都联系于一个统一的尺寸，建筑物在整体上特别注重所谓合乎理性的稳定感。

与人感受联系更为紧密的室内空间越来越受到重视，室内设计风格也受到新要求的强烈影响。对称是一种主要概念，同时，线脚和带状细部采用了古罗马范例。一般而言，墙面平整简洁，色彩常呈中性或画有图案，像墙纸一样。在装饰讲究的室内，墙面覆盖着壁画；顶棚梁或隔板常涂有绚丽的色彩；地砖、陶面砖或大理石的地面可以布置成方格状图案，或比较复杂的几何形图案；壁炉，作为唯一的热源，装饰着壁炉框，其中有些是巨大的雕像装饰（见图 13-53）。家具的使用要比中世纪广泛，但以现代标准来看仍十分有限。垫子用于椅子和长凳上，同时又可以把强烈的色彩引入室内，雕刻、装饰和嵌花的使用是根据主人的财富与品位决定的。以石头来砌筑墙体和拱形顶棚的教堂室内是禁用色彩的，不过常装饰着建筑的细部，这些细部来自古罗马建筑的模式（见图 13-54）。窗户上的着色玻璃让位给单一颜色的简单玻璃。壁画广泛采用祭坛壁画形式，三联一组形式以及带框壁画形式，画面内容阐释着宗教主题。文艺复兴的室内，无论民居还是宗教建筑，随着财富的积累和古典知识的广为传播，设计都趋向从相对简单的形式发展成日益复杂繁琐的风格。

图 13-53　米兰的沃尔塞奇府邸室内

图 13-54　文艺复兴的理想室内

13.4.2　室内家具

这一时期的建筑与室内装饰给家具的发展带来了极大的影响，家具上颇多地采用了雕刻、镶嵌、绘画等装饰技术。

随着现行透视画法技巧的发展，艺术家们能够以看起来几乎是照相效果的方式来描绘室内情景。例如，卡帕西奥描绘了圣人厄休拉的梦境，事情发生在一个装饰华美的卧室中，画面中，圣人睡在一张整洁且大小合适的床上，床有精美的床头板，四角有高高的杆子，杆子支撑着上部的一个顶篷。屋里有一个小书橱，一个凳子拉向桌子，另外还在一个书架上放着一本翻开的书。一个壁炉式烛台可使人想起以蜡烛照明的方式。门框、窗细部和线脚显示出早期文艺复兴细部极为精美的品质（见图 13-55）。

图 13-55　《圣人厄休拉的梦境》

在意大利，椅子方面的哥特式箱柜造型已被仿罗马椅子所替代。贵族门一般都使用装饰豪华、造型丰富的椅子，扶手椅的坐垫和靠背因都覆盖上羊毛或羽毛填充的垫子，故较中世纪的木板椅坐起来舒适。那种折叠式椅子是仿古罗马执政宫坐椅做成，多用于餐厅、书屋、会客厅等房间。另一种称为“卡萨邦卡”的长座椅一般都固定于地板上，上面雕有装饰花纹，用于会客或各种礼仪性场面。此外，当时还流行有顶盖的储藏物品的箱柜，上面满雕豪华的装饰雕刻，并有兽足造型的柜脚（见图 13-56 和图 13-57）。餐厅中的桌子以板状的桌脚支撑，其形式可分为脚架式和四脚固定立式两种。卧床多为平台式，平台的前后皆有取材于建筑立面上的板子，壁面上则多为吊有顶盖的形式。

图 13-56 意大利影木镶嵌衣柜

法国初期的家具形式都为哥特式与文艺复兴的混合，形式大多非常简洁，直至亨利四世时期才确立其文艺复兴的精致造型。由于上流阶层生活水准的提升，对家具的种类、品质及造型也有了更高的要求，扶手椅的前脚为圆柱形、后脚为角柱形，底部设有横档，以使椅子的稳固性增加，比例也较匀称；餐桌往往像建筑一样，底下由连拱装饰；箱柜以双层较多，饰有豪华的花纹及人像浮雕或大理石嵌板；床一般有顶盖，下垂织物布帘。

英国的家具大多表现厚重且以直线为构成要素，其特色在于构造的单纯性与实用性。材料使用橡木，椅子有三角椅及靠背椅等多种；床与餐桌及装饰性橱架上的支柱常用瓜状形式作装饰。

图 13-57 美第奇宝箱

13.4.3 室内陈设

此时的陈设主要包括日常生活和社交用的挂毯、纺织品、陶瓷玻璃器皿、金属工艺品等。对于有钱有势的人来说，工匠所制作的多种精美的手工艺品，满足了奢华之家的新口味和艺术的表达。

14～16 世纪是挂毯等纺织品的黄金时代。挂毯除用来装饰壁面外，还具有吸湿、调温等功能，装饰时多为数件一组，非常富丽堂皇（见图 13-58）。此外，一种叫蕾丝花边的织物在当时也相当流行。丝织品是文艺复兴最流行的织物，采用大尺度的编织图案，带有浓烈的色彩。天鹅绒和锦缎占据着早期文艺复兴的主流，到 16 世纪时，织锦和凸花厚缎也逐渐得到广泛应用。蓬松的垫子和枕头有时用于长凳或椅子上，垫子和枕头是用纺织品覆盖的，表面带有明快的色彩。地毯较少用，尽管东方毯子很昂贵，但仍偶尔用作桌布或铺在地板上，从英格兰德比郡的哈德威克府邸长厅的布局中可以很明显地感受到当时的室内家具和陈设（见图 13-59）。

图 13-58 文艺复兴时期的巴黎织锦

陶瓷用品在意大利主要以一种“玛袭黎卡”风格较为流行，上有各种槲叶、孔雀羽毛、几何图形装饰纹样，颜色一开始以紫、绿、黄、蓝为主，后来逐渐发展为多种色彩（见图 13-60）。

颇能显示文艺复兴金属特色的制品有餐具、摆饰、暖炉饰品、烛台等日常用品，以及刀、剑、甲、胄等。

图 13-59　哈德威克府邸长厅

图 13-60　意大利彩绘陶壶

第14章
欧洲17世纪和18世纪时期

进入17世纪和18世纪，文艺复兴的影响依然在蔓延，但在不同地区之间发展的差异性则表现得越来越明显，并由此滋生出多种不同的风格形态。室内设计得到了进一步的发展和提高，如果说此前的室内空间是由建筑形体直接生成的产物，其内涵通常由建筑建造的结构方式和工艺水平所决定的话，那么，现在的室内设计几乎可以看到一个独立体系的存在了。

14.1 意大利的巴洛克

巴洛克艺术产生于16世纪下半叶，盛期是17世纪，进入18世纪，除北欧地区外，巴洛克艺术逐渐衰落。意大利是巴洛克艺术的发源地，这种艺术形态虽不是宗教发明的，但它是为教会服务、被宗教利用的，教会是它最强有力的支柱。

14.1.1 巴洛克的风格要素

巴洛克艺术有如下的一些特点：第一，它很豪华，享乐主义的色彩很浓；第二，它为一种激情的艺术，它打破理性的宁静和谐，具有浓郁的浪漫主义色彩，非常强调艺术家丰富的想象力；第三，它极力强调运动，运动与变化可以说是巴洛克艺术的灵魂；第四，它很关注作品的空间感和立体感；第五，它具有综合性，巴洛克艺术强调艺术形式的综合手段，例如在建筑上重视建筑与雕刻、绘画的综合，此外，巴洛克艺术也吸收了文学、戏剧、音乐等领域里的一些因素和想象；第六，它有着浓重的宗教的色彩，宗教题材在巴洛克艺术中占有主导的地位；第七，大多数巴洛克的艺术家有远离生活和时代的倾向，如在一些天顶画中人和形象变得微不足道，如同是一些花纹（见图14-1）。

巴洛克建筑和室内设计强调富有雕塑性、色彩斑斓的形式。造型来源于自然、树叶、贝壳、涡卷，丰富了早期文艺复兴的古典词汇。墙和顶棚都有修饰，有些隔断也用立体的雕塑装饰，或带有人像和花草元素，它们有些涂上各种颜色，并融入彩绘的背景之中，创造了一种充满动感的人像密集的幻觉空间（见图14-2）。舞台设计中常通过在平面布景画上创造幻想的空间而把视觉兴奋的要素引入戏剧中，这种手法对巴洛克与洛可可的室内设计具有强烈的影响。巴洛克建筑与室内设计常被视为天主教反宗教的改革运动之一，它宣扬破除偶像崇拜，为民众提供新的视觉刺激，呈现出日常生活中少见的丰富、美丽的背景。除装饰技巧外，在空间造型中，巴洛克设计喜爱复杂的几何形，卵形和椭圆形比方形、长方形和圆形更受到欢迎。曲线的和复杂的楼梯处理以及复杂的平面布局带来动感和神秘感，通过增加了充满幻觉的绘画和雕塑，使设计的目的从简洁明晰迅速变得复杂繁琐。

图 14-1　如同花纹的人物形象

图 14-2　巴洛克风格在室内的应用

如果说文艺复兴是对古典建筑语言的恢复，那么巴洛克则是在此基础上强调了古典文法的修辞。但它使古典语言基本成分的组合更富于变化，将曲线、弧面、椭圆形等形式要素引入建筑，以造成富于动感的视觉体验。巴洛克建筑师调动一切艺术手段来表现主题，建筑、雕刻、绘画等艺术形式相互交织穿插，以至观者不能分辨建筑在何处起始、何处结束。洛可可风格则将这一倾向推向极端，尤其在室内设计和陈设设计方面，甚至不惜抛弃古典风范，具有随心所欲的特点。所以说洛可可是巴洛克风格的晚期阶段。

14.1.2　巴洛克在意大利的发展

16 世纪下半期，处于内忧外患的意大利，危机日益加重，在这样的背景下，文艺复兴的艺术出现了衰退现象。一些盛期的艺术大量相继谢世。这时虽然有样式主义艺术在兴起，但它毕竟是一个短暂的流派，昙花一现。就是在这样一个沉寂、困扰、寻觅的时期里，从 16 世纪末到 17 世纪初有 3 个艺术流派终于在相互斗争中产生了，它们是意大利学院派艺术、巴洛克艺术和以卡拉瓦乔为代表的现实主义艺术。其中，巴洛克艺术对当时的建筑和室内设计产生了几乎是颠覆性的影响，它沿袭了 16 世纪文艺复兴盛期演变而来的手法主义，并在此基础上得到了发展和改进。

17 世纪的建筑活动主要在罗马一带。整个意大利处于进一步的衰落之中，而罗马却掀起了一个新的建筑高潮，大量兴建了中小型教堂、城市广场和花园别墅。其主要特征是：第一，炫耀财富。大量使用贵重的材料，充满了装饰，色彩鲜丽，一身珠光宝气；第二，追求新奇。建筑师们标新立异，前所未有的建筑形象和手法层出不穷。而创新的主要路径则表现为：首先，赋予建筑实体和空间以动态，或者波折流转，或者骚乱冲突；其次，打破建筑、雕刻和绘画的界限，使它们互相渗透；第三，则是不顾结构逻辑，采用非理性的组合，取得反常的效果；第四，趋向自然，在郊外兴建了许多别墅，园林艺术有所发展，在城里也造了一些开敞的广场，建筑也渐渐开敞，并在装饰中增加了自然题材；第五，城市和建筑，都有一种欢乐的气氛。

14.1.3 意大利巴洛克的代表人物及主要成就

(1) 维尼奥拉　维尼奥拉在巴洛克艺术发展过程中起过重要作用，他设计的罗马耶稣教堂成为巴洛克教堂的原型（见图 14-3）。当时的艺术、建筑和设计都是为了使罗马的教堂更引人注目、更激动人心、更有吸引力。由维尼奥拉完成的耶稣教堂的室内设计可看成是作者把罗马古典主义的雄伟壮观与巨大尺度下的简洁形象相结合的一种尝试，高窗镶嵌在正殿筒拱上，还有穹顶鼓座上的一圈小窗户，光束穿透暗淡的空间，创造出如舞台灯光般的效果（见图 14-4）。

图 14-3　罗马耶稣教堂外立面

图 14-4　罗马耶稣教堂室内

(2) 贝尼尼　姜洛伦左·贝尼尼是意大利巴洛克风格中最著名的雕刻家、建筑家、画家（见图 14-5）。贝尼尼是作为一名雕塑家开始他的职业生涯的，不可避免地以雕塑家的眼光来思考巴洛克艺术。1629 年，他作为负责圣彼得大教堂的建筑师设计了位于穹顶下，最中心位置祭坛上的巨形华盖（见图14-6）。这个巴洛克式的焦点控制了整个空间，并且使室内特性也转变为巴洛克语汇。实际上，该华盖是一个雕刻作品，也是一个建筑作品，它由四个巨大的青铜柱子支撑顶部，相当于 10 层楼那么高。柱子看上去是罗马科林斯式，但好像是被巨人扭曲过，与其说是静止的支撑要素，不如说是带有动态感的特性。华盖顶端是镀金的十字架，由 S 形半券支撑，十字架放在宝球之上。整个华盖缀满藤蔓、天使和人物，充满活力。而标志贝尼尼雕刻顶峰的是他在 1645 ~ 1647 年所作的圣德列

图 14-5　姜洛伦左·贝尼尼

萨祭坛（见图 14-7）。

图 14-6　圣彼得大教堂的巨形华盖

图 14-7　圣德列萨祭坛

（3）博罗米尼　罗马盛期巴洛克大师博罗米尼创造了与贝尼尼相对峙的建筑风格。与贝尼尼的逍遥豁达的性格截然不同，博罗米尼是一个孤僻的天才，他的性格内向而任性、沉思而内省，最终自杀身亡。

1634 年博罗米尼等到了他施展才能的机会，圣三位一体男修士会委托他重建四喷泉圣卡尔洛教堂，而这座教堂成了罗马巴洛克建筑最重要的作品之一。它的平面是由两个等边三角形组成的一个菱形，上升到上楣处，以弧线相连接呈现为椭圆形，这种平面似乎象征着三位一体（见图 14-8）。室内主空间中的 16 根圆柱分为四组支撑着柱上楣，柱头别具特色，将罗马式的涡卷装饰反转过来。站在圆顶之下向上看，在柱上楣之上发四个大券，形成四个内凹的龛，拱间形成的帆拱支撑着上面的鼓座和椭圆穹顶。高大的教堂空间，基本上是成对的柱子向内挤压排布，形成椭圆形，圣坛向外凸出。这个椭圆形通过底层柱网平面和上部穹顶变换得到强调。藻井用八角形、六角形和十字形平面过渡，且越往上越缩小，直到顶部用椭圆形采光亭结束。采光通过穹顶下部边缘的高窗和顶部采光亭上的窗子获得（见图14-9）。弯曲的墙面，起伏的山花，覆盖着祭坛和侧面的圣坛，连同各种复杂的穹顶，还有戏剧性的光影效果，所有这一切都使这个特殊的空间充满活力。

图 14-8　圣卡尔洛教堂外立面

博罗米尼善于利用既有的空间条件来创造令人耳目一新的效果，这一点还表现在他的另一名作圣伊夫教堂中。他因地制宜地利用了庭院东端原有的两层半圆形立面，所以从外观上看不出教堂内部结构。从内部来看，礼拜堂的平面很新颖，由两个等边三角形相叠并旋转而构成一个六角星形状，据说这种形状是智慧的象征。圆顶直接从上楣处升起，没有通常过渡性的鼓座，从而构成了一个六角形穹顶。圆顶之上是六角形的采光厅，顶端为一螺旋形上升的小金字塔，顶着圆球与十字架，颇具伊斯兰清真寺尖塔的风味。这座建筑上凸起与凹进的线条运动，不免令人想起流动的音乐。

（4）隆恒纳　威尼斯的巴尔达萨雷·隆恒纳设计的圣玛丽亚·德萨·萨卢特教堂是带有回廊和中庭的八边形建筑，其中，庭是一个高高的圆穹顶的空间。圣坛几乎是一座独立的建筑，有自己的小穹顶，可以在教堂内通过拱券看到它。教堂穹顶有 16 个大窗户采光，地面铺设复杂的几何图案，采用明亮的黄色和黑色大理石。唱诗班位置处设有一个门洞，圣坛则相对比较昏暗。这种连续变化的光影效果，正体现了典型巴洛克空间的丰富性。在威尼斯公爵府议会厅的室内设计中，墙面布满令人惊奇的富丽堂皇的绘画和石膏工艺，如建于中世纪的公爵府，在会议大厅内，墙面上有一个巨大的钟与其他绘画一起布满墙裙以上墙面，而天棚画周围的边框都是镀金的图案，给参观者以强烈的印象（见图 14-10）。

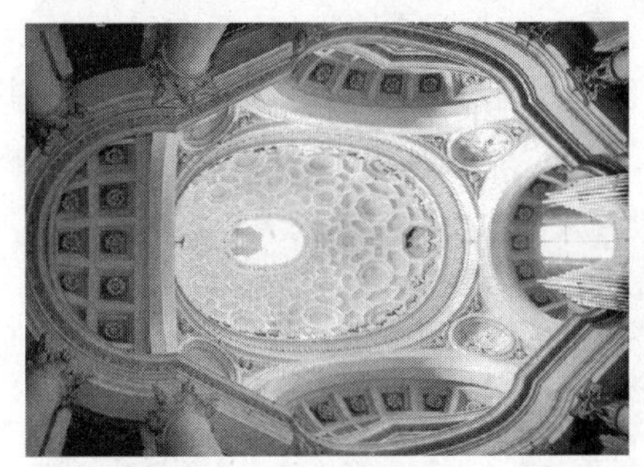

图 14-9　圣卡尔洛教堂采光顶

图 14-10　威尼斯公爵府议会厅

（5）瓜里尼和尤瓦拉　瓜里尼是一名哲学家和数学家，他所著的《民用建筑》，使他声名远扬。1667 年前后，他在都灵设计的圣罗伦佐教堂可以归入皇家宫殿建筑类型中。这座教堂的体量是一个大方块加上一个突出的小方块，小方块内是圣坛，大方块内平面是由各种形状叠加成的曲线形，平面凹凹凸凸，可看到希腊十字、八边形、圆形或不知名的复杂形状。圣坛接近椭圆形，紧挨着主体建筑，一切都覆盖着一层华丽的巴洛克式的建筑与雕刻装饰。穹顶不是简单的半球形，而是由八个相互交叉的券肋组成的，中间留着一个八角形洞口，上面安置着采光亭。有八个椭圆形和八个小五边形窗户镶嵌在拱券之间，采光亭上也有八个窗户，最上面冠以带有八个小窗户的穹顶，以结束这座令人称奇的建筑。由于其形式上的几何复杂性和通过许多窗户带来的明亮光线，使圣罗伦佐教堂成为表达无限神秘感的典范，同时，它还与教堂下部昏暗的空间产生了强烈的对比效果（见图 14-11）。

图 14-11　圣罗伦佐教堂室内

进入 18 世纪，皮埃蒙特地区最重要的建筑师尤瓦拉，他是一位杰出的建筑师和城市规划师。他设计的皇家建筑斯图皮尼吉宫最为鲜明地表现了其建筑设计的宏大气势和折中主义倾向。这是为维托里奥·阿梅代奥二世建造的一座猎庄，距都灵只有几公里。这座宫殿群的主题建筑平面为X形，从中央的圆形建筑辐射出四条呈对角向的翼楼。在这组建筑的前面，尤瓦拉又加以扩展，围成了一个六角形的庭院。从规模上来看，这座恢宏的王宫是对法国凡尔塞宫的仿效。大客厅上方建有圆顶，四周建有四个圆室环绕，二楼是供乐师所用的楼廊。整个大厅装饰有彩色与金色图案，相互辉映，墙面上的壁画与雕塑装饰令人眼花缭乱，就像华丽的舞台布景（见图14-12）。

14.1.4 意大利巴洛克的室内空间及家具陈设

（1）教堂的室内空间　天主教堂是巴洛克风格的代表性建筑物。这时候的教堂，形制严格遵守特仑特宗教会议的决定，以罗马的耶稣会教堂为蓝本，一律用拉丁十字式，把侧廊改为几间小礼拜室。但是，这些教堂却不遵守特仑特宗教会议要求教堂简单朴素的规定，相反，大量装饰着壁画和雕刻，处处是大理石、铜和黄金，“富贵”之气流溢。其室内壁画的一个特点是它经常使用透视法延续建筑，扩大建筑空间。例如，在天花上接着四壁的透视线再画上一两层，然后在檐口之上画高远的天空、游云舒卷和飞翔的天使。第二个特点是色彩鲜艳明亮，对比强烈。第三个特点是构图动态剧烈。画中的形象拥挤着，扭曲着，不安地骚动着（见图14-13）。但是，巴洛克式教堂中，各种艺术手段的焦点在圣坛和祭坛，主要的效果是荣耀上帝。

图14-12　斯图皮尼吉宫室内

图14-13　巴尔贝利尼宫天顶壁面

（2）府邸的室内空间　府邸的平面设计也有新的手法。例如，罗马的巴波利尼府邸，底层有一间进深三开间的大厅，朝花园全部敞开，面阔七间，第二进五间，第三进三间，所以平面近似一个三角形。它进一步发展了文艺复兴晚期使室内外空间流转贯通的手法。都灵城在这时候建造了一些水平比较高的府邸。其中最重要的是卡里尼阿诺府邸，它以门厅为整个府邸的水平交通和垂直交通的枢纽，是建筑平面处理上很有意义的进步。门厅是椭圆的，有一对完全敞开的弧形楼梯靠着外墙，而造成立面中段波浪式的曲面。楼梯形成了门厅中空间的复杂变化，而且本身也很富于装饰性，这进一步标志着室内设计水平的提高。

（3）家具与室内陈设　巴洛克家具的基本特征与文艺复兴时期的没有什么两样，但是自从巴洛克设计只为权贵服务时，精美甚至卖弄就成为宫廷室内典型家具的特征。厢形家具的基本形式是门上或抽屉正面有曲线或圆鼓形的装饰。家具腿端部变成脚状或者通过水力车床做成圆球、球茎或瓶子形式。雕刻图案有植物、人像，以及有隐喻的形象，扶手表面也刻有一层装饰的花纹，它们与建筑线脚、壁柱和柱子很匹配（见图 14-14）。巴洛克家具是喜欢硕大、肥胖和鼓形，而洛可可家具则相反，追求苗条和纤细。家具腿是修长优雅的曲线，镶嵌图案小巧精美。附加装饰用锡、银、青铜或镀金。橱柜顶端可能采用彩色的大理石。坐式家具渐渐地都配有垫子，垫子边缘带有花边、穗带、绳结或者密密麻麻的装饰钉，下面用带有曲线形状的木框托着（见图 14-15）。

图 14-14　意大利百宝箱

镜框、画框、吊灯及一些日常器皿都带有雕刻和镀金，极尽繁琐之能事，贝壳、卷草或涡卷形是深受喜爱的 S 形装饰图案（见图 14-16 和图 14-17）。虽然明快的色彩当时已经开始出现在纺织品、毯子和绘画作品中，但是文艺复兴时期的建筑色彩基本上是灰色石块，大理石和白色灰泥的原有颜色，在意大利的巴洛克建筑中还使用了天然胡桃木。后来，比较大胆的颜色渐渐开始使用，例如各种颜色不同的大理石，包括黄、红、绿和镀金的大理石，为室内空间创造更多的戏剧性效果。到 18 世纪出现了窗帘和装饰性窗帘帐。地面常用磨光木地板，称为“拼花地板”（见图 14-18）。

图 14-15　巴洛克风格的坐式家具

图 14-16　巴洛克风格的圣柜

图 14-17　巴洛克风格的装饰瓶

图 14-18　王妃化妆室的拼花地板

14.2　法国的古典主义、巴洛克和洛可可

法国建筑在巴洛克时期呈现出了古典主义的面貌，这是因为推行绝对王权的法国君主崇尚的是古典主义。另一方面，从法兰西斯一世以来，法国艺术便受到意大利艺术的强烈影响，被笼罩于罗马巴洛克艺术的大氛围之下，所以这一时期法国建筑在规模以及细节上都不同程度地体现了巴洛克的特征。我们可以说法国路易十四时代的建筑是古典主义版本的巴洛克建筑。

14.2.1　法国 17 世纪和 18 世纪的发展概况

16 世纪初，法国在风景秀丽的罗亚尔河的河谷地带，建造了大量宫廷的以及宫廷贵族的府邸、猎庄和别墅。而意大利文艺复兴则成了法国宫廷文化的催化剂，在国王和贵族们的府邸上，开始使用柱式的双胞对折楼梯。不过，当时仑巴底地区的建筑本来就不是严谨的柱式建筑，加上法国的工匠们按自己的习惯手法处理它们，所以，这些柱式因素起初还能够融合在法国传统的建筑中。城市府邸虽然采用了意大利四合院式，但仍有法国自己的特点：明确区分正房、两厢和门楼倒座，轴线很明确。内院四周不设柱廊，而设内走廊。在宫廷建筑中，柱式构图则相对比较严谨。

17 世纪中叶，法国文化中普遍形成了古典主义的潮流。在文学中，要求明晰性、精确性和逻辑性，既反对贵族文学的矫揉造作，也反对市民文学的“鄙陋”。在建筑中，这个潮流自然同 16 世纪意大利刻意追求柱式的严谨和纯正一拍即合，首先在宫廷和宫廷贵族的建筑里，然后到城市的府邸里，一种风格清明的柱式建筑决定性地战胜了法国市民建筑的传统。代表这个转折的，是王室的布鲁阿府邸中奥尔良大公新建的麦松府邸，麦松府邸的内部结构特别清雅别致，明净如洗（见图 14-19）。这种建筑物中所表现出来的注重理性、讲究节制、结构清晰、脉络严谨的精神，正是后来的古典主义的初潮。

图 14-19　麦松府邸大厅

自 17 世纪 70 年代开始，克洛德一世就在勒布伦手下参与凡尔赛宫的装饰工作。至克洛德三世与另一画家贝兰一起，逐渐创造出了一种以阿拉伯纹样和怪诞图样为基础的新室内装饰风格，为洛可可风格首开先河。“洛可可”一词是 18 世纪后期产生于法国艺术家作坊中的行话，带有轻蔑嘲弄的意味。洛可可风格于 17 世纪末、18 世纪初从室内装饰中生发出来，并扩展到建筑、绘画与雕塑领域。它的特点是迷恋于细密繁复的装饰细节，同时也追求田园诗般的抒情效果。

在路易十四去世后，而路易十五未成年间，法国由奥尔良的菲力普摄政，史称摄政时期，这一期间洛可可风格得到了充分的发展，一直繁荣到 18 世纪 50 年代。一群建筑与室内装饰师发展了这种与新生活方式相联系的洛可可装饰风格，轻灵的装饰面板覆盖于室内的表面，将天顶和隔壁联成一体。装饰着阿拉伯纹样的壁柱，以及高高的圆头镜子，使室内产生相互辉映的效果，充满生气。房间的布置与陈设也越来越讲究生活的舒适与便利性，而不再是强调身份地位的象征和礼仪性。

14. 2. 2　路易十四时期

法国的 17 世纪被称为路易十四时期，这位称霸欧洲的君主不忘建立统一的官方艺坛。为国王及其精英服务的艺术把古代和现代思想、天主教和世俗思想兼收并蓄，并让现实描写带上了神话的外表。他崇尚古典精神，表现出严正、高贵、酷爱秩序的特点。

于・阿・孟萨设计的恩瓦立得新教堂是 17 世纪最完整的古典主义纪念物。教堂是给残废军人收容院造的，目的是纪念“为君主流血牺牲”的人，因此，也被称为巴黎残废军人教堂。于・阿・孟萨在此作了一个大胆的设计，他不顾教堂的使用问题，使它背对着收容院，以圣坛和旧有的巴西利卡式教堂相接，整个形体完全摆脱收容院建筑群。内层穹顶的正中有一个直径大约 16m 的圆洞，从圆洞可以望到第二层穹顶上画着的耶稣基督。在第二层穹顶的底部开窗，把画面照得比内层穹顶亮，造成寥廓天宇的幻象。这种将古罗马万神庙穹顶的圆洞同意大利巴洛克教堂的天顶画相结合的巧妙构思，后期流行很广。教堂内部明亮，装饰很有节制，单纯素约的柱式组合表现出严谨的逻辑性，脉络分明，宗教的神秘和献身感情没有了容身之地，中央两层门廊的垂直构图使穹顶、鼓座同方形的主体联系起来（见图 14-20 和图

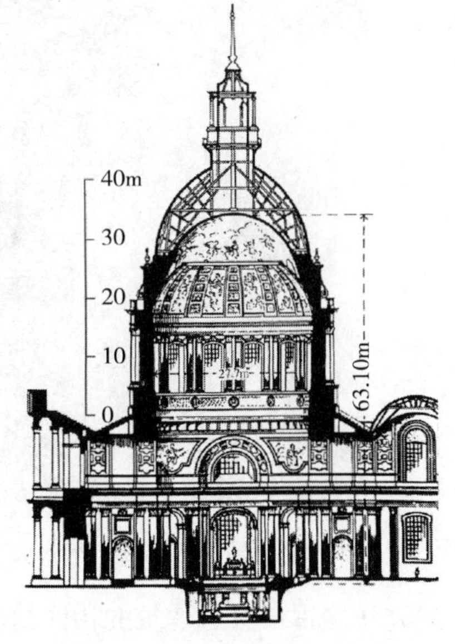

图 14-20　恩瓦立得新教堂剖面

图 14-21　恩瓦立得新教堂顶部

14-21）。

在巴黎南郊壮观的沃·勒·维贡府邸是勒伏为路易十四国王的财政大臣尼古拉·富凯设计的。椭圆形的大客厅突出来，成为其他房间的焦点，精致的卧室顺序敞开，却没有私密性的交流空间，楼梯则放在不起眼的次要位置（见图 14-22）。而且他还开创了法国园林设计的方法，府邸中间是一个椭圆形的沙龙，可以俯瞰花园。门对面是由两个科林斯壁炉柱夹峙的拱券，在古典檐部以上穹顶以下，也即上部窗户层以下的部分，环绕着雕刻的人像和装饰性花冠。当国王路易十四首次来到这座府邸时，也曾为它的美丽与奢华所感染。后来对府邸主人的调查工作终于使这位财政大臣被革职，并锒铛入狱。

路易十四时期，最为庞大的工程就是巴黎凡尔赛宫，它是为了显示绝对君权的威严气魄而建造的。其规模、面貌都由代表学院派古典主义的于·阿·孟萨所决定，他把西立面中央办公厅 1 个开间补上，并从两端各取出开间，创造了一个长达 19 间的大厅，厅长 76m，高 13.1m，宽 9.7m，是凡尔赛宫最主要的大厅，用于举行重大的仪式。其内部装修全由夏尔·勒布伦负责。同西面的窗子相对，在东墙上安装 17 面大镜子，因此该大厅也被称为镜厅（见图 14-23）。镜厅用白色和淡紫色大理石贴墙面，科林斯的壁柱，柱身用绿色大理石，柱头和柱础是铜铸的，镀金。柱头上的主要装饰母题是展开双翅的太阳，因为路易十四当时被尊称为“太阳王”。檐壁上塑着花环，檐口上坐着天使，都是金色的。拱顶上画着 9 幅国王的史迹画。镜廊的装修金碧辉煌，采用了大量意大利巴洛克式的手法。

图 14-22　沃·勒·维贡府邸

图 14-23　凡尔赛宫镜厅全貌

法国古典主义建筑的构图简洁，它的几何性很强，轴线明确，主次有序，以致完整而统一。巨柱式比起叠柱式来，减少了分化和重复，既能简化构图，又使构图能有变化，并且统一完整。巨柱式也有利于区分主次。法国古典主义建筑毕竟是依附于宫廷的，主要在宫廷建筑中发展，因此，它的作品大多过于冷肃，傲气凌人，甚至夸张造作。它们特别偏好高高的基座层，开小小的门洞，就连公共剧场都是如此。

图 14-24　洛可可风格的法国衣柜

路易十四时期的家具与那时的宫殿、城市府邸一样，尺度巨大，结构厚重，装饰丰富。建筑与室内设计的性格是统一的。橡木与胡桃木是常用的木材，此外，还用一种镶嵌细工，镀金和银来装饰（见图 14-24）。椅子一般是方形的，很厚重，带有扶手、座位和靠背，并有垫子和套子。除了这些厚重精致的家具以外，有些小物品也和家具一起平行发展。照明的枝形烛台用金属、雕花木头和水晶进行各种方式的组合。镜子有各种尺寸，采用雕花和镀金边框，与画框一样装饰丰富。钟的价值在于装饰华丽，暗示地位尊贵。色彩趋势强烈与明亮的红色、绿色或紫罗兰色，与镀金装饰一起，极尽奢侈豪华。中国墙纸从那时起开始引进，并且渐渐地在室内设计中深受欢迎，它带来了东方趣味和异国情调。挂毯是人们非常喜爱的墙上饰物，有时铺在地上，下面是木材、石头或大理石铺设的，常带有简洁的几何图案。

14.2.3　摄政时期和路易十五、路易十六时期

摄政时期是路易十四和路易十五之间的过渡期，“摄政时期的装饰风格”比早些时候的艺术少些厚重、粗朴和傲慢，曲线形式变成老生常谈。在室内设计、家具设计和相关装饰艺术中发展得比较强烈。

路易十五时代的建筑从巴洛克风格的繁琐转向古典主义的内敛，最终被称为新古典主义。在路易十五时期，更关心的是朴素的城镇住宅设计，较小的皇室项目和采用优雅洛可可风格的室内装修与改造。

图 14-25　图卢斯府邸黄金殿

洛可可在这一时期得到了较为广泛的发展，最初表现在室内装饰品上，以豪华、欢快的情调为主，主要在宫廷中流行。这种艺术风格华丽、纤巧、轻薄。室内装饰追求各种涡形花纹的曲线。1713 年由科特设计的图卢斯府邸黄金殿正是这种风格的集中体现，空间的四角都被做成了柔和的曲面，柱身都有浮雕装饰，但并没有巴洛克般强烈的凹凸变化，花草和少女雕像装饰的壁面与天花板营造出亲切而妩媚的气息（见图 14-25）。

在建筑中，洛可可风格主要表现在室内装饰上。它反映着贵族们苍白无聊的生活和娇弱敏感的心情。他们受不了古典主义严肃的理性和巴洛克喧嚣的放肆，而追求更柔媚、更柔和、更细腻、更琐碎纤巧的风格。和巴洛克风格不同的是，洛可可风格在室内排斥一切建筑母题。过去用壁柱的地方，改用镶板或者镜子，四周用细

巧复杂的边框围起来；檐口和小山花也用凹圆线脚和柔软的涡卷代替；圆雕和高浮雕换成了色彩艳丽的小幅绘画和薄浮雕，浮雕的轮廓融进底子的平面之中；丰满的花环不用了，改用纤细的缨络；线脚和雕饰都是细细的、薄薄的，没有体积感。前期室内中又硬又冷的大理石，由于不合小巧客厅的情趣，也都淘汰掉了，墙面大多用木板，漆白色，后来又多用木材，并打蜡。装饰题材呈现出自然主义的倾向。最爱用的是千变万化的舒卷着、纠缠着的草叶，此外还有蚌壳、蔷薇和棕榈（见图 14-26）。它们还构成撑托、壁炉架、镜框、门窗框和家具腿，等等。为了彻底模仿植物的自然形态，它们后来竟完全不对称，连建筑部件都不对称，例如镜框，四条边和四个角都不一样，每条边、每个角本身也不对称，流转变幻，并且趋向繁冗堆砌。爱用娇艳的颜色，如嫩绿、粉红、猩红等。线脚大多是金色的，天花上涂天蓝色，画着白云。喜爱闪烁的光泽，墙上大量嵌着镜子，挂着晶体玻璃的吊灯，陈设着瓷器，家具上镶螺钿，壁炉用磨光的大理石，大量使用金漆，等等。特别喜好在大镜子前面安装烛台，欣赏反照的摇曳和迷离。门窗的上槛，镜子和框边线脚等的上下沿尽量避免用水平的直线，而用多变的曲线，并且常常被装饰打断。方角也被尽量避免，在各种转角上总是用涡卷、花草或者缨络等来软化和掩盖。

洛可可装饰的代表作是勃夫杭设计的巴黎苏俾士府邸的客厅（见图 14-27），窗户、门、镜子和绘画周围都环绕着镀金的洛可可装饰，简单的房型却有着复杂的装饰，通过镜子的多次反射，营造出极为花俏的效果。

图 14-26　斯坦尼斯拉斯广场的铁栅栏门

图 14-27　苏俾士府邸客厅

这时的建筑师和装饰家是用意大利文艺复兴和法国古典主义的伟大成就哺育出来的，他们并不缺乏创造的才能。虽然他们只能在时代的总潮流中从事洛可可的装饰，却为它创造了许多新颖别致、精巧的片段，创造了许多富有生命力的手法。一些洛可可的客厅和卧室，非常亲切温雅，比起古典主义的巴洛克式，更宜于日常生活，所以洛可可的装饰影响是相当久远的。

路易十六时期，洛可可设计又结合了一些新因素，向更学院式、更严谨的新古典主义发展。加布里埃尔在凡尔赛宫的作品和著名的面向巴黎路易十五广场的两个立面都是这个时期的代表作品。室内根据潮流变化，常常重新装修，装饰丰富。洛可可风格的房间通常造型简单，仅用安静、清淡色彩的镶板，但表面常用曲线装饰雕刻，是其典型特点。更多地采用直线和几何形式。红木变得很流行，木雕和镀金细部都比较典型，但雕刻趋向于平行线脚、凹槽或半圆形线脚。希腊装饰细部被引进，并进一步与古代古典主义联系在一起（见图 14-28）。窗帘变得很普遍，深红色和金黄色常用于窗帘的边缘装饰与流苏。

路易十五、路易十六时期的家具追随着摄政时期家具的形势发展，与曲线形式一起引进的还有对舒适的追求，例如沙发扶手椅，在靠背、座位上都有垫子，在扶手上也有垫子（见图 14-29）。法式低扶手椅是一种更大的扶手椅，带有高靠背、扶手和宽松的带垫子的座位。还有小沙发椅与加长的躺椅都得到了发展，这种家具形式的发展正是来源于对简便和舒适的关注。

图 14-28　贡比涅府邸客厅

图 14-29　路易十六式涂金扶手椅

14.2.4　法国该时期的住宅空间及室内家具

从 17 世纪初年以来，法国的室内空间不再追求无谓的排场而求实惠，并更倾向于关心生活的方便和舒适（见图 14-30）。有些府邸就把前院分为左右两个，一个是车马院，一个是漂亮整齐的前院；大门也分两个，正房和两厢加大进深，都有前后房间，比较紧凑；普遍使用小楼梯和内走廊，穿堂因而减少；厨房和餐厅相邻，卧室附设着浴室、厕所和储藏间；并专门为采光和通风设了小天井；有了可以用水冲刷的卫生设备和冷热水浴室。平面上功能分区更明确，精致的客厅和亲切的起居室代替了 17 世纪中叶豪华的沙龙，以适应言辞乖巧、举

图 14-30　法国格拉斯的一处卧室

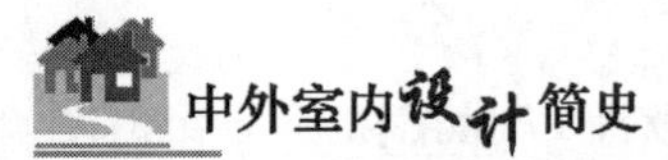

止风流的慵懒生活，连凡尔赛宫里的大厅也被分隔成小间。没落贵族的娇柔气质，要求房间里没有方形的墙角，喜爱圆的、椭圆的、长圆的或圆角多边形的等形状的房间，连院落也是这样。

当法国文艺复兴的室内设计风格为官宦权贵们服务时，市民们朴素的建房屋、做家具的方法却一直沿用着中世纪使用的工匠传统。17 世纪和 18 世纪，当以商人、工匠和专业人员为主体的中产阶级开始出现时，随之也出现了一批房屋所有者，他们希望，并且也有能力承担一种舒适奢华的高水平的生活方式。过去只能在府邸和宫殿中才能享受到的优雅，现在开始出现在一些类似的地方，甚至小尺度建筑上也拥有这种趣味。

地方性家具在法国不同地区略有不同，但都是从路易十四或路易十五的华贵风格中提取元素并进行简化的。雕刻细部趋向于华美并采用曲线，但材料通常为实心木料，最常用的木材有橡树和胡桃树。出现了大型的储存用的柜子，大衣柜是重要的陈设家具，常常有雕刻细部，暗示着洛可可设计风格。五金材料，如把手和钥匙孔周围的锁眼盖都有装饰。椅子通常小而简单，梯状靠背椅，灯心草坐垫椅，还有绑着坐垫的椅子是最常见的形式。在椅子的靠背和座位上常有椅套和椅垫，它们追随高尚的风格，但是细部简化。

这一时期源于宫廷艺术的室内陈设得到了进一步发展，表现出奢华纤秀、华贵妩媚的气质，给人以温柔的感觉。玻璃制品、挂钟、金属工艺品等被广泛采用，但金属工艺品同时兼搭宝石、陶瓷、玻璃等材料，显得富丽堂皇（见图 14-31 和图 14-32）。

图 14-31　花坛式水晶吊灯

图 14-32　洛可可时期的银质水壶

14.3　其他欧洲国家的发展

14.3.1　西班牙的超级“巴洛克”

进入 17 世纪，昔日的西班牙大帝国日益衰弱，逐渐降为二等国。至 17 世纪下半期，西班牙的政治、经济进一步衰落，但教会的势力与日俱增，西班牙正是耶稣教团的老巢，当耶稣会猖獗时，教堂建筑中流行巴洛克式，而且怪诞堆砌到了荒唐的地步，被称为“超级巴洛克”。

荷西·戈·德·莫尔是西班牙 17 世纪上半期重要的建筑家之一，他是埃连拉艺术的继承者，但风格和埃连拉不大相同，开始比较重视装饰性，萨拉曼卡的耶稣堂（1617 年开工）是他的代表作品之一。法·蒂斯塔主要工作在 1632 ~ 1667 年间，是另一个比较著名的建筑家，他的代表作是马德里的圣伊塞德罗·埃里·列阿里教堂（1626 ~ 1651 年）。这个教堂已显露出一些巴洛克特征，虽然装饰较多，但整体结构清楚，有着庄重的特色。

17 世纪下半期巴洛克风格在西班牙建筑中继续得到发展，这时的西班牙建筑强调离奇古怪的结构和戏剧性的效果，柱子往往是扭曲的，立面凸凹不平，好像把银匠风格和巴洛克风格糅合在了一起。整个建筑物有着看不完的细部，显得十分繁琐。然而从美学的角度来看，西班牙的巴洛克建筑却明显缺乏创造性。

16 世纪西班牙银匠式建筑装饰风格在 18 世纪初又有了新的表现形式，即丘里格拉式，这一术语得名于丘里格拉建筑师家族，他们是西班牙巴洛克建筑的主要代表人物，活动于西班牙中西部城市萨拉曼卡。何塞是兄长，他先后工作于萨拉曼卡和马德里，从事建筑设计和室内设计。他在萨拉曼卡的圣埃斯特万教堂中设计的祭坛装饰以极华丽的雕塑和科林斯圆柱装饰了东端，圆柱的柱身是螺旋形的，具有强烈的手法主义特点。

图 14-33　圣地亚哥·德·孔波斯特拉主教堂西立面

西班牙巴洛克最著名的实例是圣地亚哥·德·孔波斯特拉主教堂的西立面，以金黄色花岗岩重建的教堂立面，保存了罗马式的室内及教堂大门，表面装饰复杂，雕刻与曲线形的各种纹样堆砌得无以复加（见图14-33）。由于过于强调高度，其中即带有一些哥特式的味道。

在托莱多，巴洛克的主要代表人物是建筑师、画家和雕塑家托梅，其设计的托莱多主教堂圣龛可称为是西班牙巴洛克最辉煌的创造，将建筑、绘画和雕刻都结合进了整体的空间构造之中（见图 14-34），由于在后面的唱诗堂和后堂回廊处加上了玻璃门，因此也被称为“透明圣龛”。

西班牙文艺复兴的最后一个阶段称作“库里格拉斯科”风格，大约从 1650 ~ 1780 年，平行于其他地区的巴洛克与洛可可风格。库里格拉斯科风格可以理解为是对简朴的严谨装饰风格的反叛，一个极端的反应是表面装饰非常繁琐，色彩十分艳丽。最惊人的实例是教堂的室内设计。例如，位于格拉纳达的拉卡图亚教堂的圣器收藏室，墙面覆盖着一层霜状的泥塑装饰，把基本的古典式柱子和檐部淹没其中（见图 14-35）。这个最为极端的例子恰如其分地体现了“库里格拉斯科”风格的特征：淹没于石膏装饰中的西班牙式的巴洛克艺术，古典建筑的潜在形式完全消失在表面装饰的喧闹中。这样的室内设计已经很难把它归成巴洛克、洛可可或手法主义范畴，它似乎超出了任何有规律的分类。

这时的超级巴洛克，简直是狂乱的。一棵柱子可以有几个柱头，柱身痉挛地扭曲着，断折的檐部和山花像碎片一样埋没在乱七八糟的花环、涡卷、蚌壳等之中。形式和构图变化突兀，不遵从任何理性的逻辑，一切都不稳定、混杂、毫无头绪。

图 14-34　托莱多主教堂圣龛

图 14-35　拉卡图亚教堂

18 世纪中叶后，在西班牙逐渐兴起古典主义的建筑风格。1767 年在西班牙全国掀起了驱逐耶稣会教士的运动，在耶稣会的情况下，巴洛克风格的建筑也随之日益衰落。来自法国的国王腓力五世，虽然是西班牙的国王，但一心想着的是法国建筑风格，这时他从法国和意大利请来许多建筑师为他服务，极力提倡古典风格，1738 ~ 1764 年建造的马德里王宫就是一座古典风格的作品。

14.3.2　德国的巴洛克和洛可可

图 14-36　波莫斯菲顿宫的楼梯厅

德国在 30 年战争期间破坏严重，艺术发展受到阻碍，从战争中恢复过来花了将近半个世纪，然而到了 19 世纪，德国又重新陷入了战前的分裂局面。虽然四分五裂的德国在 19 世纪之前在欧洲历史上未能作为一个统一体发挥作用，但这似乎并没有妨碍德国艺术与学术的发展；而且在天主教大修道院及教堂中，巴洛克和洛可可室内装饰，其豪华程度比起世俗建筑来，有过之而无不及，尤其是德国南部地区。

这时的建筑室内设计达到了很高的水平，尤其在楼梯间的设计上。例如乌兹堡的寝宫和波莫斯菲顿宫的楼梯厅，充分利用大楼梯的形体变化和空间穿插，配合绘画、雕刻和精致的栏杆，造成了富丽堂皇的气派效果（见图 14-36）。它们都用了一些世俗化了的巴洛克式装饰手法，更加富有活跃的动态。就像巴洛克风格在西班牙变成超级巴洛克一样，洛可可风格到了德国，也变得毫无节制，放荡不羁。

（1）教堂空间　诺伊曼在 24 岁时到德国中南部的维尔茨堡做了一名军事工程师，后来被任命为维尔茨堡亲王兼主教的宫廷建筑师。他作品的最大特色在于辉煌的礼仪性大楼梯。其中最有名的是维尔茨堡雷西登茨宫的楼梯间（见图 14-37）。这是一座大型宫殿，里面有一个漂亮的洛可可风格的小礼拜堂，一个气派的大楼梯，一间主要大厅，其顶棚用壁画进行了装饰，由威尼斯画派乔瓦尼·巴蒂斯塔·提埃波罗绘制。石膏装饰的细部与绘画相互结合，雕刻消失在画中，图画溢出画框，相辅相成，表达出无限的空间感。粉红、蓝、金是调色板内的主要颜色。大楼梯在底层由高高的拱廊来支撑，上层的墙壁上装饰着扁平的壁柱，其上建有高高的大穹顶，覆盖了整个楼梯大厅。在这里，建筑、绘画与雕塑融为一体，俨然是一座洛可可艺术的殿堂。

图 14-37　雷西登茨宫的楼梯间

在宗教建筑中，诺伊曼则施展了他构建复杂拱顶体系的才华，他最著名的教堂设计要数位于韦尔岑海利根的朝圣教堂，始建于 1743 年，建在美因河畔的一座小山上。该教堂实际上是一座巴西利卡，但曲线占了主导地位，主空间的平面由三个纵向的椭圆形构成，而耳堂的平面则是两个圆形。主祭坛设在教堂中央，雕刻有 14 位圣徒的祭坛呈心形，体现了传说的神秘氛围，其上是椭圆形的拱顶（见图 14-38）。室内建有复杂的穹顶支撑体系，中堂与侧堂相贯通，穹顶不是靠外墙支撑，而是靠中堂与侧堂之间的柱子来承重，因此，光线通过外墙上的三层窗户照射进来，创造了一种朦胧的诗性效果。洁白的墙壁、华丽的大理石柱和色彩绚丽的壁画，构成了一种轻快活泼的基调；中堂的圆柱并非排列成直线，而是进进出出，就像迈着舞步；柱上楣的曲线盘绕着整座教堂，宛如优美的赋格曲。

在巴伐利亚地区，巴洛克建筑在阿萨姆兄弟的作品中得到了更为充分的发挥。他们作为建筑师一起合作，发挥着各自的特长，将绘画、雕刻与建筑融为一体，创造了令人叹为观止的巴洛克室内装饰。慕尼黑圣约翰教堂，是一座更为著名的巴洛克建筑（见图 14-39）。这座教堂因虔诚的弟弟 E. Q. 阿萨姆支付了全部费用，所以又被人们称作阿萨姆教堂。它的入口门面很狭窄，装饰集中于中央入口部分和顶部的山花。教堂左右两边分别是他本人和神父的住宅，与教堂相通。教堂内部为两层，波动起伏的墙面、弯曲的横梁、扭曲的柱子，均是典型的巴洛克手法，到处可见繁复的装饰像钟乳石一样垂挂下来。

齐默尔曼在位于上巴伐利亚的一座朝圣教堂——草甸教堂中发展了一种厅堂式结构，该教堂是德国南部洛可可教堂中最可爱最动人的一座（见图 14-40）。在室内，中堂为椭圆形，墩柱支撑的拱廊既将中堂与侧堂划分开来，又通过拱券将室内空间融为一体。洛可可的灰泥装饰色彩更鲜亮，更富于感官刺激。由板材与灰泥制作的拱顶向上开口，透视了顶层约翰·巴普蒂斯特的壁画，表现的主题是最后审判，这是一个庄严的拜占庭式主题，与牧歌式优雅的建筑形成强烈的对比。

图 14-38　韦尔岑海利根朝圣教堂内景

图 14-39　慕尼黑圣约翰教堂

弗朗索瓦·居维利埃最著名的作品是阿马连堡，这是一座小型的园林殿阁，建于慕尼黑的宁芬堡宫内。它的中厅是一个简单的圆形，相邻的两个房间是银色和柠檬色，中厅有三间窗户开向花园。墙面上的镜框把原本简单的形式转化为貌似复杂的效果，像万花筒般的扑朔迷离，层叠反射出墙面和顶棚上的银色石膏装饰，以及中间灿烂辉煌的枝形花灯形象（见图 14-41）。

图 14-40　草甸教堂室内

图 14-41　宁芬堡宫中厅

图 14-42　施纳茨勒府邸舞厅

(2) 宫殿和府邸　宫殿和府邸设计中常免不了一些符合潮流的特别房间的装修设计。例如在德国奥格斯堡的施纳茨勒府邸舞厅，墙面有洛可可石膏艺术工艺、木雕、精美镜框、烛台和枝形烛架，在天棚和墙壁上还有壁画，所有一切华贵装饰都是要突现和强调府邸主人的重要性（见图 14-42）。德国宫殿的室内设计以及一些小型的、非正规的宫廷建筑，如花园中的亭榭，都深受法国洛可可风格影响。

14.3.3　英国 17 世纪、18 世纪的发展

17 世纪上半叶，英国资本主义经济迅速成长，封建

制度成了资本主义发展的严重障碍，资产阶级革命爆发。革命力量聚集在国会周围，同国王进行激烈的斗争，1649 年，查理一世终于被送上了断头台，国会废除了君主制，宣布英国为共和国。1660 年，斯图亚特王朝复辟。1688 年，资产阶级和新贵族发动宫廷政变，推翻了复辟王朝，确立了君主立宪制的资本主义制度。英国资本主义经济发展的重要特点之一是它在早期就深入农业。一些贵族从事资本主义经营，一些资产阶级购买土地，建设农庄。庄院府邸一时大盛，带动了建筑潮流的变化。

18 世纪中叶兴起于罗马的一种艺术思潮和艺术风格被称之为新古典主义，它很快传遍到英国以及整个欧洲，并随着新代殖民活动，飘洋过海，传向北美地区。

（1）詹姆斯一世时期 1603 年英王伊丽莎白一世死后无嗣，苏格兰国王詹姆斯四世被指定为继承人，史称詹姆斯一世，开始了斯图亚特王朝的统治。詹姆斯一世在位期间依靠封建贵族，加强君主专制统治，鼓吹君主是君民之父，宣扬“君权神授”和“君权无限”论，把英国国教作为封建专制统治的精神支柱，加强了对农民和手工业者的剥削，给广大人民带来了灾难，严重阻碍了资本主义的发展。1625 年詹姆斯一世逝世，其子查理一世继承王位。

詹姆斯一世时期，伊尼戈·琼斯担当起了把文艺复兴盛期比较协调的古典主义引进英格兰的重任。琼斯是崭新的白厅宫的设计者，它只有一小部分建成，那就是宴会厅部分，这是一件两层高的房间，带有严格的帕拉蒂奥的外立面，室内是双立方体空间，带出挑的阳台，下层是爱奥尼柱式，上层是科林斯柱式，顶棚分成格子，格子内部是鲁本斯的绘画，周围是华美的石膏装饰（见图 14-43）。

琼斯和约翰·韦布还一起负责了重建位于威尔特郡的威尔顿府邸的设计工作，它包括两个正规精致的礼仪大厅。根据它们的几何形状而被称为单立方体大厅和双立方体大厅，墙面白色，带有彩色和镀金的雕刻装饰，有花环和成堆的水果装饰，画框周围是模仿的假帐帘。凡·戴克的许多肖像画就挂在门与壁炉之间，壁炉同样装饰丰富。顶棚是凹形带有彩绘的镶板，凹形表面的框子带有石膏装饰（见图 14-44）。这些房间的丰富装饰正暗示着加洛林时代以及后期的某些风格特征。

图 14-43　白厅宫的宴会厅

图 14-44　威尔顿府邸的大厅

图 14-45　詹姆斯一世时期的家具

詹姆斯一世时期的家具从某种程度上说比伊丽莎白时期的前辈们的家具要轻巧多了，尺度也小些，雕刻装饰也更优雅（见图 14-45）。

（2）加洛林王朝和威廉、玛丽时代　从加洛林王朝到威廉和玛丽时代，英国最著名的建筑师就是克里斯托弗·雷恩爵士，他是一位数学家、物理学家、发明家和天文学家，是一名真正的多才多艺的“文艺复兴人物”。他对于科学与数学的兴趣为他的作品带来了理论和逻辑的特点，加上与法国和意大利的巴洛克艺术相结合，产生了一种独特的英国语汇。

图 14-46　圣史蒂芬·威尔布鲁克教堂

雷恩的巴洛克手法常常受到法式和规则的约束，因此与意大利北部天主教建筑、德国南部或奥地利的巴洛克迥然不同。例如，圣史蒂芬·威尔布鲁克教堂的外观并不是非常气派，但室内设计却是雷恩伟大的杰作之一（见图14-46）。这是一个简单的长方形空间，通过引入 16 根柱子来界定一个希腊十字，一个方形，方形之上是八边形，这样使空间变得复杂起来，八边形通过八个券来界定，上面支撑一个圆穹顶，穹顶通过呈以 16、8、16 块变化的镶板数来装饰，再上面是一个通向采光亭的小圆洞。这个几何杰作产生了独特的美感，室内则通过椭圆形窗和券窗得到照明。

图 14-47　加洛林时期的家具

在加洛林时期，胡桃木成为最广泛使用的木材，还常常带有黑檀或其他木材的镶嵌物。在椅背、椅腿和橱柜腿上出现了曲线形式（见图 14-47）。圆桌也开始采用。非常优雅的雕刻并不罕见，有时涂漆或镀金。从更多地采用室内装饰品，出现翼背椅和各种形式的桌子以及从前不知道的带抽屉的箱子来看，这时的室内是以不断强调奢侈、舒适和使用方便为宗旨的。

（3）安妮女王时期　安妮女王统治时期相当于英国建筑的晚期巴洛克时期，家具和室内设计呈现出一种新的趣味：实用、朴素和舒适。建筑却与之相反，继续表达巴洛克式的壮观。

范布勒设计的布伦海姆府邸是王室送给马尔伯勒公爵的一份厚重而有纪念意义的礼物，表彰他在布伦海姆战役中战胜了法国人。大厅的无尽序列，三层高的巨大长廊，以及厨房和马厩院的复杂设计使它可以与凡尔赛宫殿媲美（见图 14-48）。

古典语汇开始进入创造性的变化之中，产生了活跃的建筑轮廓线，并同时证明着巴洛克的设计方式——断山花，屋顶上的尖塔以及室内设计，例如带有巨大尺度，富有错觉的建筑墙面和天顶画的沙龙客厅，一切都极富戏剧性。

（4）乔治王朝时期　乔治王朝时期，在牛津附近的凯特林顿庄园有一座小住宅内的一间漂亮房间是典型实例，现保存在纽约大都会博物馆内（见图 14-49）。这个现代意义上的书房，表现出比较严谨，但又丰富而豪华的内部装饰，并带有洛可可风格的石膏细部，墙面和顶棚覆盖着白色的石膏装饰；镜子、绘画和巨大的镀金烛架增添了色彩和光亮。

乔治风格后期的建筑与室内设计特点体现在亚当兄弟的优秀作品中。他们的作品部分带有帕拉蒂奥特点，部分带有洛可可风格，如同法国洛可可艺术一样，趋于严谨的新古典主义。在贝德福德郡的卢顿·霍府邸的设计中，从平面可以看出亚当所关注的实际用途，即房间不向另一房间直接开门，相反，使用一条长廊通向各个房间。餐厅旁边是餐具室，并有楼梯通往下面的厨房。唯有伯爵的房间可以从邻近的房间进入，并有一扇门通向一个大型图书室，走廊外面，有服务性楼梯通向其他楼层和一些带盥洗室的小房间，这是室内厕所的早期模式。立面中间是门廊控制着两侧的屏墙，屏墙遮挡着采光井，采光井恰好为小房间提供了光线和通风。

图 14-48　布伦海姆府邸大厅

在伦敦郊外的西翁府邸有一个壮观的入口大厅，位于两端所有灰白相间的半圆形壁龛均导向一个令人惊讶的方形接待室，那里有 12 根绿色大理石的爱奥尼柱子，每根柱子上面支撑着一个金色雕像。彩色大理石的地面图案重复着米色和金色石膏顶棚的调子（见图 14-50）。

图 14-49　凯特林顿庄园的书房

在乔治风格的住宅内，根据主人的财富和地位，无论朴素还是高贵的房子都带有装饰性的石膏顶棚和装饰性壁炉台，家具也根据主人的喜好做得舒适朴素或者炫耀卖弄。绘画和镜框挂在墙上，框子很优美；窗户广泛地采用帐幔处理（见图 14-51）。来自中国的墙纸表达着自然的风景主题，进口的瓷器

图 14-50　西翁府邸的入口大厅

图 14-51　乔治风格住宅内的窗户

是餐具中的时尚，钟柜与小神庙形式很像，以山花和柱子构成。小型钟带有弹簧驱动装置，盒子样式从严谨到装饰都有，以便在功能和装饰两方面都能满足各种特殊房间的需求。这时出现的奇彭达尔风格可以看作是混合着各种外来影响的严谨的洛可可形式，特别是中国要素，如：中国家具和在中国风景画墙纸上出现的塔、雕刻的龙和漆器艺术。奇彭达尔家具有一种潜在的简洁性，制造精巧、坚固、实用，并富有装饰效果，有着简单的方形腿、弯曲的腿及带孔洞的椅背等（见图14-52）。

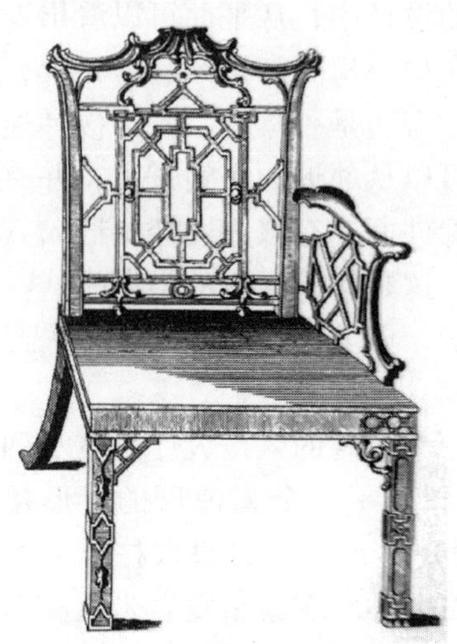

图 14-52　奇彭达尔家具

14.4　殖民时期与联邦时期的美洲

图 14-53　伏京·瓜达路普教堂室内

今天的美国建筑似乎引领了整个世界的潮流，但在17、18 世纪期间，美洲这片曾经的蛮荒之地，在受到殖民侵犯的同时，正在发生着急剧的转变，这种转变也暗示着未来发展的种种可能性。

14.4.1　殖民地风格的遗存

1620 年，第一批到北美大陆永久定居的欧洲移民乘坐“五月花”号船到了波士顿附近定居后，就在这里开始了零星的美术和创造活动。

（1）拉丁美洲的殖民地风格　拉丁美洲建筑空间的特点是将欧洲巴洛克形式和当地印第安风格融合在一起，具体表现在教堂的入口和圣坛等重点部位。墨西哥城的一些大教堂沿袭了西班牙文艺复兴和巴洛克传统，中厅和侧廊等高，两边有祈祷室，成对的塔楼位于富于装饰的巴洛克立面两侧，描述着宗教主体的彩绘雕塑渲染了强烈的现实主义。例如，在墨西哥的莫雷丽雅城，伏京·瓜达路普教堂就有类似的装饰（见图 14-53）。

（2）北美的殖民地风格　就美国而言，早期殖民地时期住宅具有明确的功能性。木构部件裸露，倾斜的支架清晰可见。地面用宽大的厚木板制成，顶棚是简易露明的木构架，构架下边是一层厚木板。墙面也以实木制作，或者在木构件之间填以灰泥和板条（见图 14-54）。这种板条由部分劈开的薄板制成，灰泥嵌入劈开的缝槽中，固定住板条。大型砖砌壁炉决定着主要房间，一般是厨房和多用途起居室。

家具的材料一般是松木，偶尔也会有樱木、橡木、山胡桃木或一些当地的其他木材。家具有台架式的桌子、长凳、一二把斜靠背椅，上面有编织的灯芯草坐垫。硬质木材非常广泛地用于桌子和柜子，都是用手工榫头连接，如箱形节点、楔形榫头、榫眼和榫舌。储藏室有挂物的钩子、螺钉、几个架子、储盐的盒子等。不同类型的烛台、灯架、灯笼可以增加壁炉的光亮。在卧室里，木架的床，中间是稻草、树叶、燕麦壳或羽毛的床垫。偶尔也有豪华的床架并有顶盖形式。有时还有木板箱，上面带有小盖子，并装有转动的轮子。所有的纺织品都是家庭制作的。编织的地毯算得上奢侈品，家庭制作的被子是室内色彩的来源之一，这种朴素的、实用型的室内装饰来自清教徒居民的宗教态度（见图 14-55）。

图 14-54　美国早期殖民地时期住宅

图 14-55　北美的殖民地风格室内

14.4.2　美国乔治式风格

美洲长期以来一直处于英国的殖民统治之下，直到乔治三世在位期间，美洲终于赢得了独立。这为美国的建筑和室内空间形成自己的独特风格提供了相应的社会基础。但这时的美国还普遍受到早期殖民地风格和欧洲一些主流风格形态的影响。

美国乔治住宅用砖或木材来建造，一般追随欧洲文艺复兴形式，使用对称布局的平面和丰富装饰的细部，包括山墙、壁柱，还常有帕拉蒂奥式窗。住宅的室内逐渐比较正规，粉刷的墙或木板饰面，木质踢脚板，脚线，壁炉框周围的古典细部，门、窗、檐口饰带都一应俱全。例如，费城的鲍威尔住宅就是一个很好的典例。

费城外，叫做“欢乐山”的住宅是一座保存完好的英式豪宅的小型翻版（见图 14-56）。简单的对称平面，中央大厅的一边是客厅，餐厅和楼梯在另一边，卧室对称布置在楼上。服务房间作为两个小型附属建筑布置在前面的两侧。材料是砖，泥灰抹面，转角有隅石。入口大门上罩有精致的山花，再上面有帕拉蒂奥窗。室内保存完好，表面是精致的木质镶板，每个入口上有山花，在楼上的房间里，成对的券形门壁橱，布置在用大理石框做的壁炉的上面。

华盛顿家族的种植园住宅弗农山庄始建于1732年，开始是一个较小的农舍，经过多年的扩建，直到1799年达到现在的规模。入口立面是用木材制作的，外部刷成石质的样子。窗户的布置保存了最初的形式，偶尔有不对称的布置，尽管上部有山花和圆屋顶。大舞厅是最后扩建中增加进去的，两层高的房间，侧墙装有巨大的帕拉蒂奥窗（见图14-57）。许多房间沿袭了乔治式风格，小房间的壁炉布置在对角线上，墙角里的壁炉台大多数具有丰富的细部。

图14-56 “欢乐山”的住宅室内

图14-57 弗农山庄的帕拉蒂奥窗

乔治王朝统治的后期，美国手工艺人和橱柜制作工人在英国流行的样式上更加技艺精湛和高超。安妮式和奇彭达尔式是常用的样式，有时混杂在一起。安妮式家具，也被称之为凹形衣橱。带凹槽的半圆形式隐喻贝壳形，这种只在美国运用的雕刻主题在纽波特的家具中得到广泛的应用。纽约和波士顿也是高品质家具生产的中心。椅子的设计基本上沿袭了英国样式，有简单的小块靠背的安妮式，还有带有洛可可细部和来自中国灵感细部的奇彭达尔式和海普怀特式（见图14-58）。

14.4.3 美国联邦时期的风格

1789年，美国联邦政府成立，乔治·华盛顿就任第一届美国总统。1780～1830年的设计通常被描述为属于“联邦时期风格”。在设计术语中，联邦时期的设计倾向逐渐转向严肃的古典主义形式。

托马斯·杰斐逊作为美国独立的第三位总统，在美国建筑设计发展中产生了巨大的影响。杰斐逊对帕拉蒂奥和罗马设计概念的运用更具有创造性和想象力。他本人的住宅蒙蒂塞洛山庄，带有柱廊和八角穹顶，有时被认为是参照了帕拉蒂奥的圆厅别墅，但是，它的新颖之处在于其穹顶并非内部圆形大厅的顶，尽管看起来是一幢单层建筑，实际上却具有完整的二层卧室。大面积的服务性功能的底层，延伸到外部，形成长翼。入口大厅上部的回廊上层连接各房间，从上部回廊可以俯瞰门厅，楼梯则隐藏在凹室中。许多房间都带有壁橱、壁炉、壁龛式床，而杰斐逊自己房间里的龛式床，既可以通向书房，也可以通向更衣室（见图 14-59）。那里还有许多设计精巧的细部，比如成对的双门和有底层的装置连接在一起，使得一边转动时，两边都打开。白色的木作，细部精美的壁炉框和门框，大厅里完整的檐口，都用朴素的墙面衬托。在大厅里应用了明亮的韦奇伍德蓝色，其他房间则用简单的墙纸。

图 14-58 乔治王朝后期的家具

图 14-59 杰斐逊房间的龛式床

桑顿的国会大厦在 1812 年的战争中被焚毁，因而需要大规模的重修。而在室内，英式教育下的本杰明 · 拉特罗布则对两间立法院大厅的细部尤为关注，并调整了许多构成复杂室内平面的小空间。他创造了美国式的希腊柱式：柱头上用烟草叶和玉米棒代替了原来的毛茛叶，受到国会成员的赞赏（见图 14-60）。半圆形的房间，顶部是半穹顶的顶棚，采用了爱奥尼柱上精确的古典细部、相关的线脚和格子式顶棚。天棚上富丽的红和金的装饰压倒了建筑的简洁和庄严，这种装饰还反复地挂在主持官员的椅子和桌子上，刻意地强调了室内空间中各元素之间的呼应关系。

图 14-60 国会大厦的立法大厅

桑顿同时还设计了与众不同的华盛顿八角形住宅，其三角形地形增加了平面的趣味性，它有一个圆形入口大厅和上层圆形的卧室作为两翼间的枢纽，角度顺应邻近的街道（见图 14-61）。最近修复和整理了室内细部，恢复了家具和最初在住宅中的相关陈设，圆形入口大厅有灰白的大理石地面，墙上有浅黄和灰色的木作，相同的颜色延展到邻近的楼梯厅，在那里地面和楼梯扶手都是运用天然的深色木材，楼梯踏步和栏杆都漆成深灰绿色，客厅的墙面是暖色带暗边的，餐厅墙壁则是绿色带浅绿的边。

联邦时期的家具可分为早期和晚期。早期主要是以赫普尔怀特和谢拉顿所作的晚期乔治式为主导；晚期则显示出法兰西帝国流行样式的影响，有点像英国橱柜制作和摄政时期的设计。早期的设计倾向于谢拉顿精巧的、直线形式，外表面常有装饰的镶嵌物和雕饰的小细部，运用贝壳、树叶、花和篮子的主题，桌椅的腿常常又高又细，有直的也有弯曲的（见图 14-62）。红木仍是最受人喜爱的木材，条状的镶嵌饰物采用相对比的木材，比如槭木和椴木，鼓形门常用于储藏桌子或餐具的小房间。而联邦时期的晚期则更倾向于采用比较沉重和比较大体量的形式，常带有雕刻的装饰、嵌物和黄铜边等元素，爪形、狮脚、涡卷状的椅子扶手随处可见，椅子和躺椅的形式常寓意希腊花瓶的图像。

图 14-61　华盛顿八角形住宅大厅

图 14-62　联邦时期早期的家具

第15章
欧洲19世纪时期

18 世纪末到 19 世纪的主流是对各种风格的“复兴”，如哥特式复兴、罗马式复兴、希腊复兴、新文艺复兴、巴洛克复兴等。当然，这些复兴决不是简单的模仿，而是结合了 19 世纪在结构、功能、材料和装饰方面的新观念，同时也带有折中主义特点。工业革命的发生无疑是这一阶段最重要的历史事件，它所导致的人类生产力和生产方式的巨变，使整个人类社会都发生了翻天覆地的变化，建筑和室内设计更是深受影响，新工艺和新材料的出现大大改变了以往的建造模式，出现了许多新迹象，室内设计的体系更为完整，并出现了专门的论著。

15.1 工业革命与建造基础的新发展

18 世纪中叶，英国人瓦特改良蒸汽机之后，由一系列技术革命引起了从手工劳动向动力机器生产转变的重大飞跃。随后传播到英格兰直至整个欧洲大陆，19 世纪传播至北美地区。一般认为，蒸汽机、焦炭、铁和钢是促成工业革命技术加速发展的四项主要因素。

工业革命带来建造的新方法，这起源于新需要和新技术的相互应用。同时，工业革命所带来的新兴材料的出现，使建筑及室内空间也发生着重大的改变，并最终导致了木材和砖石作为建筑材料的变更。

15.1.1 铁和玻璃

为了采光的需要，铁和玻璃两种建筑材料配合应用，在 19 世纪建筑中获得了新的成就。1829~1831 年最先被用在了巴黎旧王宫的奥尔良廊，该空间的顶上应用了这种铁构件与玻璃配合的建筑方法，它和折中主义的沉重柱式与拱廊形成强烈的对比。1833 年便出现了第一个完全以铁架和玻璃构成的巨大建筑物——巴黎植物园的温室，这种构造方式对后来的建筑有很大的启示。

19 世纪后半叶，工业博览会给建筑的创造性提供了最好的条件与机会。显然，博览会的产生是由于近代工业的发展和资本主义工业品在世界市场竞争的结果。博览会的历史可以分为两个阶段：第一个阶段是在巴黎开始和终结的，时间为 1798~1849 年，范围只是全国性的；第二个阶段则占了整个 19 世纪后半叶（1851~1893 年），这时它已具有了国际性质，博览会的展览馆便成为新建筑方式的试验田。

图 15-1　机械展览馆

1889 年的世界博览会是这一历史阶段发展的顶峰。在这次博览会上，主要以机械展览馆与埃菲尔铁塔为中心（见图15-1和图15-2）。19世纪最伟大的玻璃和铁的建筑正是于1851年建于伦敦的这座展览馆，它被用来庆祝维多利亚时代英国的伟大。这座展览馆很快被称之为水晶宫，它由铸造厂大量生产铁构架、柱子和梁架，在工地上铆拴在一起，再把工厂制造的玻璃片装上。它不同于以前的任何建筑：巨大的内部空间，1851ft（1ft =0.3048m）长，面积超过800000ft^2（1ft^2 =0.0929030m^2），结构元素如此细小，以至于几乎可以忽略，配上玻璃墙和屋顶，场地上巨大的榆树保留在建筑中。优美、简洁、轻快的室内深受与会者的赞赏（见图15-3和图15-4）。

图15-2　埃菲尔铁塔

图15-3　水晶宫外立面

图15-4　水晶宫内景

法国建筑师拉布鲁斯特的第一个主要的作品是巴黎圣日内维夫图书馆，它的设计非常有前瞻性，是完全脱离巴黎美术学院教育的方式。这幢建筑有一个简单的石头外观，它那层层的拱券窗框上刻有新古典主义的细部，都很难被察觉。中央入口大门通向巨大的大厅，里面有新古典的方柱支撑着铁拱券，再由券支撑着上面的平顶棚（见图15-5）。在大厅的两边是书库和一间珍本书收藏室。从入口门厅像通过隧道一样通向后部巨大的双跑楼梯，然后通向占据整个上层的大阅览室。墙边依次排着书架，上面是高窗。房间中心线上有一排细铁柱支撑着两个筒拱，它们由铁券构成，支撑着曲线形的灰泥顶棚。铁构件上穿孔用作装饰图案是史无前例的。

图15-5　巴黎圣日内维夫图书馆

15.1.2 钢筋混凝土

钢筋混凝土在 19 世纪末到 20 世纪初广泛地被采用，给建筑结构方式与建筑造型提供了新的可能性。钢筋混凝土的出现和在建筑上的应用几乎成了一切新建筑的标志。其结构一直到现在仍体现着它在建筑上所起的重大作用。

钢筋混凝土的广泛应用是在 1890 年以后的事。它首先在法国与美国得到发展。法国建筑师埃内比克于 19 世纪 90 年代在布尔·拉·莱因城为自己建造的别墅，就是钢筋混凝土应用的一个典型实例。此后，包杜也于 1894 年在巴黎建造的蒙马尔特教堂中应用了钢筋混凝土结构，这是第一个用钢筋混凝土框架结构建造教堂的例子。

图 15-6 工业革命早期的公寓套房

15.1.3 新的生活系统

早期工业革命对室内设计的影响，其技术性远大于美学性。第一步是走向现代化的管道系统，照明和取暖方式的出现，使得早期室内的某些重要元素逐渐过时（见图 15-6）。铸铁成为做火炉的一种廉价而又实用的材料。城市里，中央管道水系统开始出现，蒸汽泵的压力将水提升到一个高的储水池或水塔，以至于重力可以将水再送到建筑上层房间里的浴室中，流动水的出现催生了抽水马桶，而阻止下水道气体排出的排水阀门，也在 19 世纪初被广泛利用了。油灯在功能上的优点得以发展，各种油灯逐渐代替了烛台，枝状吊灯得以应用。所有这一切都对改变室内的空间形态起到了巨大的作用，室内设计得到了更广阔的天地。

15.2 复古思潮——古典复兴、浪漫主义

18 世纪古典复兴建筑的流行，固然主要由于政治上的原因，另一方面则因为考古发掘进展的影响，特别是庞贝城的出土，更使人们认识到古典建筑的艺术质量远远超过了巴洛克与洛可可，这也是古典亡灵再现的条件。古典复兴建筑在各国的发展，虽然有共同之处，但多少也有些不同。大体上在法国是以罗马式样为主，而在英国、德国则以希腊式样较多。采用古典形式的建筑主要是为资产阶级服务的国会、法院、银行、交易所、博物馆、剧院等公共建筑。此外，法国在拿破仑时代还有一些完全是纪念性的建筑。至于一般的市民住宅、教堂、学校等建筑类型则影响较小。

19 世纪后半叶资本主义在西方获得胜利后，资产阶级的真面目很快暴露出来，一切生产都已商品化。建筑业毫无例外地需要有丰富多彩的式样来满足商品的要求与资产阶级个人玩赏和猎奇的嗜好。于是希腊、罗马、拜占庭、中世纪、文艺复兴和东方情调在城市中杂然并存，汇为奇观。交通、考古、出版事业大为发达，加上摄影的发明，帮助了人们认识与掌

握古代建筑的遗产，以致有可能对古代各种式样进行模仿和拼凑。新建筑类型的出现，以及新的建筑材料、新的建筑技术和旧形式之间的矛盾，便造成了19世纪下半叶建筑艺术的混乱，这也正是折衷主义形成的基础。

15.2.1 英国的复古思潮

在英国，文学艺术上的浪漫主义思潮是工业革命的产物，发生在18世纪的工业革命，它一方面重新确立了人的价值；另一方面也深刻改变了英国社会的阶级关系和人与自然的关系。艺术家在注重感情表现的同时，也发展了新的审美范畴，梦幻、恐怖，甚至丑陋都可以成为艺术创造的题材。

图15-7 布赖顿皇家别墅内景

（1）摄政样式 摄政样式最奇特的地方是它看上去是在古典主义的限制和丰富的幻想间摇摆。布赖顿的皇家别墅，由约翰·纳什设计，混杂着东方风格及洋葱顶主导的外观，使之具有摩尔人建筑的面貌。皇家别墅内部是一系列富于幻想性装饰的房间，迷幻而精巧的枝状吊灯用了新发明的汽灯，显示了照明的新水准（见图15-7）。中国的壁纸和竹家具，红色和金色的精美织物，镀金的、雕琢过的家具带有黄铜的嵌饰和边条，各种新颖的粉红色和绿色的地毯，强烈的墙面色彩，使得布赖顿皇家别墅成为戏谑的、富幻想的、重装饰的摄政时期设计的典型代表。

同时，他设计的一些建筑也表现出了受限制的古典方面，当他设计成组的联排住宅时，采用的是简单的形式，朴素的白墙，细部常来自希腊的先例。住宅有时布置成弯曲形或新月形，比如在摄政公园入口处的皇家新月花园住宅，或带有大拱券和爱奥尼柱子的坎伯兰联排住宅，二处都在伦敦，外墙面都粉刷成白色。最典型的纳什式有装饰性的铁栏杆、弓形窗、门廊上小出檐的屋顶或白粉墙上突出的隔间部分，这些也是伦敦和英国许多其他城市摄政样式的典型代表。

图15-8 约翰·索恩爵士住宅早餐厅

（2）古典主义 约翰·索恩爵士是摄政时期充满趣味的设计师，他高度个性化的作品，有时是新古典主义的，有时是指向现代主义的严肃朴实，有时又是复杂的装饰。索恩本人的住宅，在伦敦林肯旅行社广场13号，是作为一种建筑实验室和他人收藏大量艺术品和建筑构件的艺术陈列馆而建的。这幢住宅已成为有卓越室内环境的博物馆，早餐厅中央有扁平的穹顶，中间是一个更高空间的范围，采光高窗射入光线，使得穹顶看上去是一个漂浮的天篷（见图15-8）。这里，圆镜被加入到装饰细部中，在其他房间产生一种透明的、光亮的和幻觉的效果。陈列厅空间是一个三层高的房间，充满了奇巧的收藏品。索恩高度个性化的方式，把源自古希腊和罗马的构思，源自皮拉内西雕刻中奇异的监狱室内的装饰，源自法国 C. N. 列柱和 E. L. 布列的新古典主义手法集中在一起，这样便使他成为 19 世纪后期浪漫主义思潮的关键人物。

（3）哥特样式　自中世纪以来，哥特式传统在英国从来没有消失过，但对哥特式风格有意识的复兴是肯特于 18 世纪 30 年代开创的。1749 年，沃波尔买下了位于伦敦附近特威克纳姆的草莓山庄，并着手将它改建成一座哥特式的城堡，这是将哥特式运用于民间建筑的革命性创举。在设计整个建筑平面的过程中，抛弃了当时流行的新古典式的对称性，采取了非对称的布局，使得山庄更具如画式的特点。在室内装饰与家具设计方面，他也坚持采用景致统一的英国垂直式风格（见图 15-9）。大走廊设计于 1795 ~ 1762 年间，建有扇形拱顶，这是我们曾在威斯敏特大修道院的亨利七世纪礼拜堂中见到过的。

图 15-9　草莓山庄大走廊

纳什精通所有历史风格，并将它们完美地结合起来，造成出人意料的辉煌效果。他设计的乡村住宅大多呈不对称的布局，使居住者享受到大自然的美景，同时，建筑本身又成为景观的组成部分。它们风格多样，也有对哥特式风格的回应。其中，最优秀的是德文郡的勒斯科姆城堡，这是为大银行家霍尔建造的，位于灌木丛生的偏远山坳里。它的平面大致是十字形，大型阳台独具特色，在夏天向花园敞开，而在冬天则可用玻璃门封闭起来。这座建筑将 18 世纪最初建立的非对称型大型乡村宅邸模式，缩小为适合于中产阶级需求的小型城堡，在建筑史上具有重要地位。另外，纳什还建造了大量规模更小的乡村宅邸，比如精致而充满自然气息的布莱斯 · 哈姆雷特庄园（见图 15-10）。

图 15-10　布莱斯 · 哈姆雷特庄园

英国在 19 世纪欧洲哥特式复兴中扮演了重要的角色，而这一运动最有力的倡导者是普金。普金出版了一系列带插图的论述性著作，在理论上与风格上决定了哥特式复兴的进程。他在《尖顶建筑或基督教建筑的真谛》一书中开宗明义地提出了两条设计原则：“第一，建筑中不应该存在就便利性、结构和适宜性而言是多余的东西；第二，所有建筑都只能是对建筑基本结构的美化。”在普金看来，哥特式之所以是“真实的”，是因为它诚实地使用建筑材料，结构暴露出来，功能由此得以展示。这一理论的提出，使他后来在理论家的眼中成为功能主义的先驱。普金还是一个多产的天主教建筑师，早期的重要作品有德比的圣玛利亚大教堂和麦克尔斯菲尔德的圣阿尔班教堂，两者都是垂直式建筑。除了建筑设计以外，普金还是一位优秀的工艺设计师，在家具、金工、陶瓷、织物、彩色玻璃，以及墙纸等设计方面具有很高的造诣。1844 年初，他完成了他最豪华的出版物《基督教装饰及祭服汇编》，书中解释了基督教法衣和教堂陈设品的象征意义和用法，使得早已为人们遗忘的中世

图 15-11　伦敦议会大厦上议院

图 15-12　伦敦议会大厦外景

纪教会器物在英国的罗马天主教社区和圣公会教区重新流行起来。在其艺术生涯的后期，应建筑师巴里的邀请，他参与了伦敦议会大厦的建造工程（见图 15-11 和图 15-12）。

15.2.2　法国的复古思潮

1814 年 3 月联军进入巴黎，4 月 6 日拿破仑下诏退位，路易十八随即登上王位，波旁王朝就此复辟。在复辟的年代里，一些知识分子是苦闷的，于是，法国在文学和艺术上掀起了浪漫主义运动，而追求共和制的资产阶级以历史上的罗马作为借鉴，也是再自然不过的。

（1）法国历史建筑的保护与修复　从 19 世纪上半叶开始，在英国哥特式复兴遍地开花的同时，在法国兴起了对中世纪哥特式建筑的研究与保护。

维奥莱·勒迪克很快成为历史文物委员会的中心人物，修复了许多中世纪的建筑物，如圣丹尼斯教堂、卡尔卡松和阿维尼翁的城堡、亚眠主教堂、兰斯主教堂、克莱蒙费廊主教堂等。他在 19 世纪建筑修复理论方面是欧洲首屈一指的权威，主张古建筑的修复应恢复其原状，但在他自己的实践中，并没有完全遵循这一原则，以致有时改变了古建筑原来的风格。

作为一名建筑师和历史修复者，维奥莱·勒迪克强调通过实践来获得第一手知识，这直接影响了他的理论。维奥莱·勒迪克分析中世纪建筑的结构，以便建立一种现代哥特式风格的基础，进而为“现代”建筑的特色下定义。他在 13 世纪的建筑与 19 世纪的建筑之间看到了一种联系，所以他由研究哥特式而转向现代建筑原理就不奇怪了。他还将他所热爱的哥特式视为是对结构与材料问题的解决方案，而不是天主教教义的证明。他的教学内容发表在《论建筑》一书中，该书反映了他先进的建筑理论，对现代有机建筑和功能主义的发展，特别是对 19 世纪后期的芝加哥学派影响很大。

（2）帝国风格　帝国风格最初是指室内设计与装饰，后来被扩展到公共建筑和其他的陈设与物品设计上，它是古典主义风格一个令人眩目的豪华变体，是拿破仑时期风靡一时的法国官方建筑装饰风格。从建筑方面来看，帝国风格的设计特点是以中轴线作严格对称，尺度宏大；各个构件以严格的等级次序统一为一个整体；使用优质与昂贵的材料，做工极其精良，并服从于“忠实于材料”的原理，这是 19 世纪所流行的美学信条。

帝国风格的创建者是法国建筑师方丹与佩西耶。1801 年，方丹和佩西耶成为官方建筑师，拿破仑的妻子约瑟芬请他们重新修建她的乡村宅邸马尔迈松城堡。往日他们在罗马的研究终于找到了用武之地，他们将城堡室内的天顶改造成庞贝与赫库兰尼姆的建筑样式，并使用对比强烈的色彩，在红木镶板上贴上了镀金的铜花边，闪闪发光。在入口大厅、会议室、约瑟芬与拿破仑的卧室，则采用了军事帐篷的式样（见图 15-13），昂贵的古典式家具的设计也是出自佩西耶与方丹之手。

马尔迈松成为帝国风格的开端，这种伪装风格在帝国时期十分时髦，当时的卢浮宫、土伊勒里宫、枫丹白露王宫等皇家宫殿城堡的室内装饰，都打上了这一烙印。随着拿破仑的军事征服，这种风格也被带到了欧洲各地。佩西耶和方丹对古希腊罗马建筑与装饰的深入研究正顺应了这一时代的要求，他们的出版物《室内装饰集》对于帝国风格的传播也起到了很大的作用。

（3）彩色装饰　作为一名建筑师，希托夫将彩饰理论运用于他修复和新建的一些剧场和公共娱乐设施上。他最重要的作品是保罗圣味增爵教堂（见图 15-14），希托夫的意图是以折中主义的手法，将古典的理想与当代的革新熔于一炉。这座教堂的西立面有一个向前突出的爱奥尼式门廊，山花中填满了雕刻，两侧有一对塔楼高高耸立，令人想起中世纪教堂的程序，但细节的处理却是古典式的。室内装饰华丽的双侧堂，两层柱廊支撑着裸露的木桁架屋顶，具有早期基督教建筑的古风。希托夫在室内运用了彩饰体系，圆柱是黄色的人造大理石，柱上楣和脚线是泥金的，屋顶的桁条与天顶藻井装饰着明亮的蓝色与红色。彩色装饰的真正意义在于不迷信古人，敢于挑战正统观念，激发了年轻一代设计师的想象力。

图 15-13　约瑟芬与拿破仑的卧室

图 15-14　保罗圣味增爵教堂外立面

（4）设计专业教学的产生　巴黎高等美术学院的设计理论和设计教育，在很大程度上决定了 19 世纪法国及欧美建筑理论与实践的发展。在这所著名学府中，设计专业的学生也同绘画雕塑专业一样画素描，作为最基本的训练，同时还开设每周一次的艺术史、文学、透视、解剖等课程，而实践课则在教授的工作室里完成。学院古典主义的主要代表是卡特勒梅尔·德·坎西，在他的支持下，一批年轻的设计师，为拿破仑时期法国城市兴建了大量公共建筑，其风格是纯净的古典式，其主旨是弘扬正气，维护公共秩序。

拉布鲁斯特是这些设计师中最具革新思想的一个，他坚持的信念是：建筑是特定建筑材料的产物，是特定功能、历史和文化条件的产物。拉布鲁斯特不仅设计了巴黎圣日内维夫图书馆，还设计了巴黎国立图书馆（见图 15-15）。这座建于 1858 ~ 1868 年的书库共有五层，地面与隔墙全是用铁架与玻璃构成，这样既可以解决采光问题，又可以保证防火的需要。在书库内部几乎看不到任何历史形式的痕迹，一切都是根据功能的需要而布置的，因此也有人称他为功能主义者。但在阅览室等其他部分的处理上，仍表现出其受有折中主义的影响。在主阅览大厅梦幻般的空间里，细长的圆柱带有漂亮的花叶柱头，支撑起由 9 个玻璃与陶瓷制成的圆顶，外圈由一系列连拱廊环绕，拱券内以庞贝风格的壁画景象装饰（见图 15-16 和图 15-17）。

图 15-15　巴黎国立图书馆藏书库

图 15-16　巴黎国立图书馆阅览厅

图 15-17　巴黎国立图书馆阅览厅柱头装饰

15. 2. 3　德国的复古思潮

19 世纪，德国经历了从封建主义到资本主义的过渡，结束了长期领土分裂与专政制度的小国割据，成为中央集权国家，从而由 19 世纪上半叶的农业国变成了一个工业国，并在政治、经济精神生活各方面都进行了一系列改革，获得了突飞猛进的发展。

随着社会的进步、经济文化的发展，在德国建立了一批新型艺术博物馆，各邦国君的艺术收藏也逐渐对公众开放，广大的人民群众有了接触艺术品的机会，提高了艺术鉴赏力。而资产阶级的艺术协会、艺术博物馆与展览会以及艺术评论也都起到了传播与介绍艺术的作用。总之，大变革时代的种种冲击、一系列改革与经济的发展以及科学技术的进步都使得德国 19 世纪艺术家的思想十分活跃，各种风格流派彼此共存、相互竞争、继而迅速更新。

德国的希腊复兴通常和 K. F. 辛克尔联系在一起。他最成功的地方是对古代经典的汲取，善于运用柱式、檐部，并常有山花，但他对这些素材的运用非常自由和富有想象力，他从不尝试任何希腊建筑原本的再现。辛克尔所设计的一系列公共建筑，为柏林树立起了解放后欧洲大国首都的庄严形象，其中的第一批建筑有皇家新警卫楼、剧院和博物馆（见图15-18）。

图 15-18　柏林皇家新警卫楼

其中，博物馆的室内也充满了富丽的细部、绘画、雕塑和高超的技艺所处理的新古典主义建筑主题。

15.2.4 美国的复古思潮

(1) 古典复兴 美国作为新独立的国家是第一个宣称自己是民主政体的现代国家，就像过去的古希腊那样。新联邦政府鼓励希腊复兴，委托许多官方建筑用这种逐渐流行的样式。在纽约，汤和戴维斯公司创作了另一幢帕提农式的庙宇——美国海关大厦（见图 15-19 和图 15-20），它是完全石砌的建筑，前后都有多里克柱廊，四周的窗户由壁柱间隔着。室内是约翰·弗拉齐的杰作，他是主要公共空间的设计师，圆形的大厅，周围一圈科林斯柱和壁柱，支撑着主要坡顶，下嵌有饰板的穹顶。整个非希腊式的室内是处理希腊庙宇式建筑室内问题的另一种方法。希腊复兴建筑更自由地吸收了希腊的先例经验，在功能上往往是成功的，形式庄严而且令人印象深刻。大量使用希腊式的家具，克利斯莫斯椅和希腊装饰主题的沙发，安置在希腊檐口线脚和粉饰过的玫瑰花形顶棚下。甚至墙到墙之间也铺了地毯，也运用了模糊不清的希腊式。

图 15-19 美国海关大厦

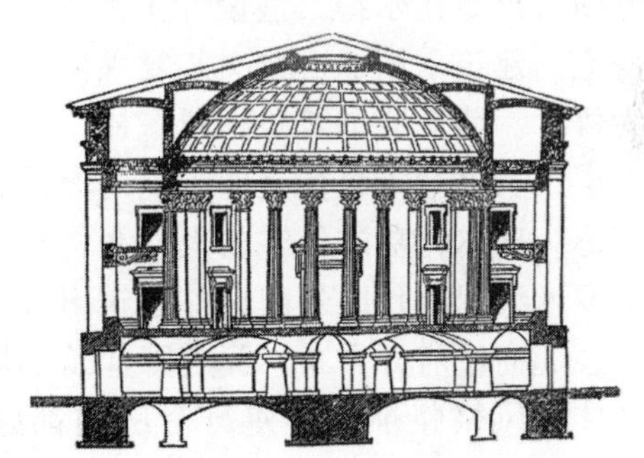

图 15-20 美国海关大厦室内剖面

(2) 哥特复兴 对希腊复兴缺乏实用性方面的无法容忍，使得浪漫主义者的品位开始转向更多样和更灵活的方向，这就造成了另一个与哥特时代之间的联系。

纽约州塔里敦城附近俯瞰哈得逊河的林德哈斯特府邸是戴维斯著名的作品，它将哥特式的元素，包括巨大的塔楼，运用到一座乡村住宅设计中。这幢住宅设计最初建成是对称的，但 1864 年戴维斯为新主人扩建时，将设计改成生动的不对称式，许多房间充满了哥特式细部，顶棚上粉饰出的肋料寓意哥特式的拱顶，尖券窗带花饰窗格，里面用着色玻璃镶嵌，还有许多雕刻装饰细部（见图 15-21）。戴维斯设计的家具也推测为住宅用的哥特形式：雕刻靠背的椅子，暗示着哥特式教堂玫瑰窗的痕迹，此外，还有哥特式雕刻的八边形餐桌，大量哥特式尖券头和宽脚细部的床。

图 15-21 林德哈斯特府邸餐厅

15.3 折衷主义

“折衷主义”观念是指所有的设计应当是选择一个历史先例并对其做“令人信服”的模仿。在设计领域，它意味着从历史先例中挑选那些对某一特殊工程似乎适合或有吸引力的东西。折衷主义将整体的创造性都回避掉了。复古主义和维多利亚式尽管很多地方利用了历史先例，但他们的目的还是要设计一些新东西。折衷主义的本质，相对来说，其目的则是盲目重塑过去的东西。

15.3.1 美国的折衷主义

在美国，像其他地方一样，各种风格形成了一个大仓库，设计者可以从中选择任何看起来对一个具体工程合适的样式。这其中唯一牢不可摧的原则是禁止创新，只能对过去的遗产加以模仿。

查理德·莫里斯·亨特是巴黎学院派建筑在美国传播的先锋。他典型的折衷主义的观点使他有可能以任何一种风格进行设计，以满足特别工程的需要或特殊业主的口味。亨特为柯尼利厄斯·范德比尔特二世设计了浪花府邸（见图15-22），它是罗得岛纽波特市的另一座大型住宅。建筑采用了古典文艺复兴样式，房间环绕一两层高的中庭进行对称布置，设计用来作为舞厅。墙面装饰着科林斯壁柱，此外，入口门廊还布置有4根独立的科林斯柱子。卧室在二层，奥格登·科德曼做了室内设计，将其布置成一种相对简洁的形式。

被称为比尔特莫尔住宅的大型乡村别墅是亨特为乔治·W. 范德比尔特设计的，它坐落于北卡罗米纳州阿什维尔附近。建筑再次采用弗朗西斯一世时期的法国文艺复兴风格，细部可使人想起商堡府邸和布卢瓦府邸建筑的做法。在每一幢这样的住宅中，室内设计都遵循着住宅整体的风格特征，这使每个房间都好像是精美博物馆古代装饰风格的有机组成部分（见图15-23）。亨特在设计史中占据的位置很少是依靠自己的创作品确立的，他是将美国设计的进程引向折衷主义的功臣。

图15-22 浪花府邸餐厅

图15-23 比尔特莫尔住宅餐厅

1872 年，麦金创办了自己的事务所，之后，威廉·米德和怀特分别于 1877 年、1879 年加入，三人成立了颇为成功又颇具影响的麦金、米德和怀特事务所。波士顿公共图书馆奠定了麦金、米德和怀特事务所在美国公共建筑设计领域中的卓越地位。建筑的做法可使人想起巴黎拉布罗斯特作的圣日内维夫图书馆，简单基座上有线性排列的券形窗，在室内，一部宽敞的大楼梯直通上层，上面一层是装饰精美的阅览室，阅览室向前伸展，穿越科普里广场前端。在这座富丽堂皇的借书大厅中，借阅者可在此等候借阅图书，图书取自书架，而书架是不对公众开放的，大厅细部采用了意大利文艺复兴式样，顶部是带彩画的木梁，室内还有一座大型壁炉和壁炉台，用大理石科林斯柱子装点着门洞，一条带状壁画布置在门洞和壁炉的上方（见图 15-24）。波士顿任何公民都可在此等候借书时享受着学院派风格室内的动人场景。

图 15-24　波士顿公共图书馆室内

麦金、米德和怀特事务所为纽约宾夕法尼亚铁路公司在纽约设计的方块形火车站，是一座复杂庞大的建筑，大致上是以古罗马卡拉卡拉浴场为设计模式。威严的拱形车站主要大厅内布置着巨大的科林斯柱子和镶板拱顶，它是 20 世纪最壮观的室内空间之一（见图 15-25）。毗邻的火车站月台屋顶采用了玻璃和铁制成的结构，尽管它已经被新罗马古典主义所包围，但屋顶效果依然令人印象深刻。

图 15-25　宾夕法尼亚火车站室内

在主要城市中，高层建筑的重要性日渐明显，这是由于交易需要以及城市要素和商业噱头对高度的迫切渴望所导致的。对摩天楼的设计者来说，为找到一种恰当的风格所进行的长期努力导致了许多怪异，甚至是荒谬的尝试。1915 年，由韦尔斯·波斯沃思设计的美国电报电话公司纽约总部大楼就是一例，该建筑由 9 排罗马爱奥尼式柱列构成，柱子层层堆叠，每一柱列代表了建筑的三层高度。在建筑底层，公共门厅空间几乎成了百柱厅，成排布置着巨大的希腊多里克柱子，非常怪异，和建筑的功能与所属毫无关系。

多年来，世界最高建筑的头衔都非纽约沃尔华斯大厦莫属，这是卡斯·吉尔伯特的作品。卡斯·吉尔伯特是一位杰出的折衷主义设计师。其室内公共部分包括了宽敞的电梯厅，以及拱廊、楼梯和阳台，细部处理成奇特的，而且是哥特与拜占庭风格混合的效果（见图 15-26 和图 15-27）。大厅中有许多大理石和马赛克装饰。在公司高层办公室内陈列着各种令人惊讶的雕刻、挂毯和装饰性家具，可谓一种真正的折衷式融合。

折衷式建筑向室内设计专家提出了新要求，即他们应具有相关的知识和技能，以使布置的房间风格与容纳空间的建筑外观相契合。室内装饰专业的发展满足了这一要求。典型的装饰设计师经过训练知道各时期的风格，能非常娴熟地将用于室内的多种元素加以排列布置。

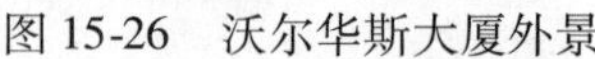

图 15-26　沃尔华斯大厦外景

图 15-27　沃尔华斯大厦室内

埃尔西·德·沃尔夫通常被认为是第一位成功的专业室内装饰师。在开始设计自家住宅室内以前，她的职业是演员，她热衷于在室内空间中，通过运用白漆、明亮的色彩，以及各种手法，将具有典型风格的复兴式房间布置成时尚的简洁样式。如，她为斯坦福·怀特设计的纽约侨民俱乐部（见图 15-28）。她的设计为那些贵客们所称道，于是，他们开始向她求助自己遇到的装饰问题。

鲁比·罗斯·伍德，起先是名记者，最终，她作为室内装饰师创办了自己的公司。在她自己的专著《诚实的住宅》中，她提倡简洁性“大众化”。其作品因采用英国传统家具成为其显著特征，华丽的墙纸与浓重的色彩是她惯用手法。

麦克米伦公司成立于 1924 年，由埃莉诺·麦克米伦创立。他倾向于在室内布置法国传统家具，房间中混合各种风格的细部，是一种名副其实的折衷样式。

在规模较大的公共官方及商业室内设计中，折衷主义成了范式。对一种特殊风格具有专门知识和技能的设计师开始闻名，并且受到公众景仰，这是因为他们有能力模仿出特定历史时期令人信服的仿制品。沙里宁在美国建筑和室内设计发展进程中发挥了巨大的影响作用。自 1952 年开始，他负责了一个在克兰布鲁克的设计师团体，使这些人的设计风格从折衷主义转向了一种现代语汇，但这种语汇又牢固植根于传统文化。克兰布鲁克男子学校、沙里宁自用住宅（见图 15-29）、克兰布鲁克科学研究所，以及克兰布鲁克艺术学院，这些建筑形成了一个从 20 世纪 20 年代北欧折衷主义到接近于现代主义手法的前进过程，所有这些建筑的室内都充满了情趣。

图 15-28　纽约侨民俱乐部室内

图 15-29　沙里宁自用住宅起居室

15.3.2　欧洲的折衷主义

在欧洲，尽管折衷主义的实践已尽人皆知，但却没有像美国那样得到普遍关注。可能真正历史性建筑和室内的出现导致了人们对仿制品兴趣的下降。

斯堪的纳维亚的折衷主义风格建立在斯堪的纳维亚民间传统基础上，从不做狭隘的模仿，因而从古典形式平稳过渡到了较简洁的形式，并逐渐成为现代设计的重要特征。在芬兰，逐渐形成的国家浪漫主义的发展引向一种独特品质的折衷主义。在室内，地毯、挂毯、金属制品，以及家具都是以手工传统为基础进行设计的精美实例。

英国最具创造性的折衷主义设计师是埃德温·勒琴斯爵士。在他的设计中，勒琴斯发展了自身国人的才华，向自己的委托人提供他们所要求的舒适条件，属于一种贵族传统的感觉，以及一种真正富有创造性的元素。

图 15-30　法国的海轮内景

在大型海轮室内，折衷式设计达到了他们的顶峰。室内装饰着折衷主义格调的轮船承载着殖民者到达了世界上不发达的地区，在那里，他们迫切渴望以折衷风格重建自己的家园（见图 15-30）。印度、澳大利亚，以及其他殖民地区的西化建筑均表现为罗马古典主义、哥特式和文艺复兴的主题。

15.4　各种建造新思潮的产生

工业革命的冲击，给城市与建筑空间带来了一系列新的问题。首先，大工业城市因生产集中而引起了人口的恶性膨胀，由于土地的私有制和房屋建设的无政府状态，造成了城市的混乱；其次，住宅问题严重，虽然资产阶级不断大量地建造房屋，但他们的目的是为了牟利，或是出于政治上的原因，广大的无产阶级仍只能居住在简陋的贫民窟中，这已成为资本主义世界对广大劳动人民的巨大威胁；第三，由于科学技术的进步，新的社会生活的需要，新建筑类型的出现，已对空间形式问题提出了新的要求。因此，空间设计方面产生了探求建筑中新技术与新形势的一种倾向。

15.4.1 工艺美术运动

工艺美术运动始于英格兰，并在19世纪后半叶得到发展，最终在美国发展成工匠运动。它们的影响可以追踪到德国和奥地利的后期风格。

工艺美术运动最为知名和最富影响力的人物是威廉·莫里斯，他结婚时请好友菲利普·韦布设计了位于伦敦近郊贝克斯利希斯的一幢住宅，就是著名的红屋。这是由韦布设计的体现莫里斯理想的一幢建筑。红色砖墙，红色瓦屋顶，无装饰。平面布局、外部形式，以及窗口和门的安排都严格遵守内部功能需要，洞口上的尖券是真实的砖券，烟囱服务于实际的壁炉，大窗户、小窗户与内部空间相关，草地上的井屋用于一口真实的水井，不规则的平面根据实际功能，而非哥特式奇想（见图15-31）。古典主义形式和哥特式画境一起被放弃，换来了功能上的简洁。最终，红屋被视作迈向现代设计观念的第一步。这间屋子里包含许多细部，白色粉刷的墙面，一个由莫里斯设计的大型书橱与长椅组合体，漆成白色，手工锻造的铁铰链漆成黑色。左边的楼梯用于爬上阁楼。莫里斯的设计带有简洁、高贵和极富生机的品质（见图15-32和图15-33）。同时，莫里斯的公司对室内设计也很热衷，他们运用工艺美术的相关主题，从事所有房间的统一处理。

图15-31　红屋的外观

图15-32　红屋室内壁炉

韦布设计的一些房子很大，但是他希望获得某种朴素的东西，这是取自英国乡土的建筑经验，其目标是他通过工艺美术运动的过程发展起来的。他的室内设计体现出极端的简洁和独创性。

在工艺美术风格的室内设计中常充满许多细部，特别是当顶棚低矮时，这些细部有助于产生开敞和轻快的感觉。墙面通常用铅板镶嵌成6~7ft高的墙裙，而檐壁或水平饰带是浅色调的，采用涂料或墙纸，同时引入水平元素，暗示开阔（见图15-34）。圆形的电灯和照明装置常常被方盒子状的形式替代，磨砂玻璃或彩色玻璃灯罩常被用来套在新型的电灯泡外面。

工艺美术运动的影响传至美国，得到进一步发展，并由此引发了美国的工匠运动。美国工匠运动的领袖人物是古斯塔夫·斯蒂克利。在世纪之交，那种维多利亚式的过分装饰设计风格开始失去市场，工匠运动显得越来越重要。

图 15-33　红屋室内楼梯

图 15-34　韦布设计的斯坦登住宅

亨利·霍布森·理查森是第一位有国际影响的美国建筑师。他的第一个杰作是位于波士顿的圣三一教堂。外部是粗琢的工艺，带有精致的细部，室内空间因使用彩色玻璃窗而使明亮的光线受到损失，有些玻璃的质量还不是很好。顶棚的形式在室内占据了主要地位，由木头和粉刷做成的三叶形拱顶带有铁质联系梁，外面包着木材（见图 15-35）。

在加利福尼亚，查尔斯·萨姆纳·格林和亨利·马瑟·格林兄弟的建筑实践是极具个人风格的，他们吸收了手工艺传统，并采用了适合单层别墅的地方语汇。这些房屋的室内设计，例如，位于加利福尼亚州帕萨迪纳的布莱克住宅和甘布尔住宅（见图15-36），与同一

图 15-35　波士顿圣三一教堂室内

图 15-36　甘布尔住宅室内

时期的加利福尼亚的其他作品迥然不同。精细、复杂的木工细部吸收了东方先例，并结合了手工艺制品的工艺美术品质。通常都有装饰，但非常节制，而彩色玻璃面板，如灯笼状的灯具，悬挂的采光装置，布满手工艺细部的简洁而优雅的家具被陈设在宽敞的入口大厅或其他开阔的室内空间里。木材的红棕色调是空间的主要颜色，当采用桃花心木、柚木、红木、黑檀木和枫树时，就涂上清漆，表达自然色泽。彩色玻璃和地毯则以红、蓝、绿色为主。

15.4.2 新艺术运动

在德国和斯堪的纳维亚国家，“新艺术运动”通常被称为德国青年风格派。在英格兰，新艺术运动最初被简单地看作是美学运动的一支。在西班牙、苏格兰和美国，一些受新艺术运动影响的作品同布鲁塞尔和巴黎的新艺术运动作品在表面上似乎并无直接的渊源关系，但本质却又有着一定的相似性。在维也纳出现了维也纳分离派，这可以看作是与新艺术运动相并行的流派，实际上也只是新艺术运动发展的分支。

图 15-37　蒙德里安的绘画作品

图 15-38　施罗德住宅外观

能够被称为新艺术的独特作品，其特征有：拒绝继承维多利亚式和历史复古主义或折衷主义组合的先例；要求采用现代材料、现代技术和一些新发明，例如电灯；与各种美术类型紧密联系，把绘画、浅浮雕，以及雕刻等艺术形式运用在建筑的室内外设计中；装饰主题来源于自然物，如花、葡萄藤、贝壳、鸟的羽毛、昆虫的翅膀等，并将这些自然物抽象成装饰构件的图像；以曲线形式为主题，体现在基本构件和装饰物中，将普通的曲线和自然形式的流线联系起来，产生的 S 形曲线上，称为“鞭绳曲线”。这种曲线形式被认为是新艺术运动最显著的基本主题纹样。

（1）德国——青年风格派　德国青年风格派主要关注绘画和雕刻艺术中的纯抽象概念。如蒙德里安的作品中，常将黑色条带布置在白色背景之上的规则网格中，同时，一些区域再用纯的原色填充（见图 15-37）。虽然作品属于绘画范畴，但蒙德里安的作品在室内设计和建筑领域注定会产生一种巨大的影响。

最著名的青年风格派作品由里特维尔德设计，是位于乌德勒支的施罗德住宅（见图15-38和图 15-39），该住宅最完整地体现了该运动的概念。这是一个由墙板、屋顶、阳台等复杂的相互穿插的板构成的直线形体块，实体之间空的部分由金属窗框镶嵌的玻璃填充，主要生活楼层由一个滑板系统分割。该滑板系统可重新布置以获得不同的开敞度。里特维尔德设计的嵌入式和可移动家具在概念上也都为几何形和抽象形式。建筑表面大部分呈现出白灰的总色调，其中间有原色和黑色。

青年风格派设计师奥古斯特·恩代尔在慕尼黑相对较少的设计作品中似乎集中体现了新艺术运动的特点。埃维拉照相馆是一幢小型的二层建筑，里面是一个照相馆。该建筑的立面上布置着一个门洞和一些不对称的小窗户。门窗奇形怪状，矩形洞口的上角设计成曲线状。该建筑没有参照任何历史的东西，具有压倒性统治地位的装饰就是一个巨大的、弯曲的、抽象的、象征着海浪或海洋生物的浅浮雕，占据了建筑物上部空白的墙面（见图15-40）。窗框也呈不规则的曲线状，类似葡萄藤的茎秆。入口门厅和楼梯也采用了类似的奇异的装饰主题。

图15-39 施罗德住宅室内

（2）比利时　作为比利时的建筑师、设计师维克托·霍尔塔设计了涉及领域广泛的作品。他于1892年在布鲁塞尔设计的塔塞尔住宅内部有一个复杂而且开敞的楼梯，楼梯上有曲线状的铁栏杆和支撑柱。同时还有带有曲线形式的灯具装在有图案的墙上和有装饰的顶棚上，在地面上还铺有马赛克花砖的图案（见图15-41）。

图15-40 埃维拉照相馆外立面

位于布鲁塞尔的霍尔塔的私宅以及与之相邻的事务所具有不对称的立面造型，在其立面中有扭曲的铁制阳台支撑和高大的玻璃窗，霍尔塔设计了每一处细节，包括家具、灯具、彩色玻璃嵌板、门框和窗框，甚至包括金属器具，以至每一处细部构建都成为新艺术运动的曲线造型以及与自然密切联系的装饰细部的表现。

（3）法国——现代风格　1903～1906年，欧仁·瓦林在南锡设计了马松住宅的室内，这座住宅的餐厅被认为是新艺术运动成就的典型，在其内部的木制品、顶棚线脚、墙面处理、地毯、灯具，以及家具中，每一处细部都由欧仁·瓦林设计。他创造出一种迷人的环境，这是一种非常协调的、新颖的、曲线状的、复杂的形式（见图15-42）。

在巴黎，最引人注目的设计师是赫克托·吉马尔德。吉马尔德是一位建筑师，但他的工作还包括他设计的建筑的室内设计、家具设计、小器物设计，除此之外，还包括其他一些装饰物，诸如地砖、门窗上的装饰物，以及壁炉台。吉马尔德在巴黎的住宅是一幢建于1909～1912年的四层建筑，它位于街道拐角的一个难以处理的三角形地块上。该建筑的两个沿街立面都用石块砌筑，并有富于装饰性的铁制阳台栏杆，立面上布满了非常不对称的、流线型的、曲线状的雕花形式。就像在那个时代的照片中展现的

图15-41 塔塞尔住宅的楼梯间

那样，这种类型的室内是由许多形态异常的房间组成，所有的家具和装饰细部都体现了吉马尔德高度个性化的设计风格。

吉马尔德在1900年前后还设计了巴黎地铁站入口处的亭子和一些装饰细部，不同入口的亭子尺寸和外形是不同的。其中一些设计成玻璃屋顶，大多数都设有固定招牌、灯光装置，并设立了一些平板用来张贴广告、招贴画或制成识别标志牌（见图15-43）。吉马尔德通过设计一系列标准化的细部：金属栏板、招牌、标准灯具，以及墙板来处理这项工程。这些构建都可大量预制，并可装配成不同形式以适应不同地铁车站的需要。其中一些较大的入口车站设计得非常独特，但是大多数还是采用这些典型的元素并以多种方式组合起来的。

图15-42　马松住宅的餐厅

图15-43　巴黎地铁站入口处的亭子

（4）西班牙——现代主义者　在西班牙巴塞罗那的代表人物就是安东尼·高迪，他与众不同之处在于创造了高度个性化的设计词汇，具有流动曲线状及不同寻常的装饰细部。他在1904～1906年间对旧建筑巴特洛公寓的改造中，设计了新颖复杂的类似骨架形式的新立面，和一条奇妙的屋脊线，以及一些出色的公寓室内。在板门上点缀着不规则形状的小镜子，顶棚上镶嵌着弯曲形状的灰泥装饰（见图15-44和图15-45）。

图15-44　巴特洛公寓外观

图15-45　巴特洛公寓的室内

1883 年，高迪成为巴塞罗那圣家族赎罪教堂的总建筑师，这是他最看重的，终身为之工作的一座建筑。新哥特式的有棱有角的形状却被自然形态的雕刻层层包裹起来，建造像钟乳石一样从地面生长起来，形成了一种奇异的效果（见图 15-46）。这种具有高度有机性的、雕塑般的建筑特色完全属于 20 世纪，标志着他的个人主义创造力的迸发。

在巴塞罗那附近的古尔移民区，高迪还设计了塞维罗教堂的地下室，就在这里，他进一步从新艺术走向原始主义和表现主义。室内外每一种建筑构件的形状都与自然界有某种联系，包括陈设和长条椅，同时采用了从砖、石到铁几乎所有材料。就装饰而言，不但是有机的，甚至是随机的，它不是根据事务所图纸作精确的施工，而是建筑师在现场的即兴创造（见图 15-47）。

图 15-46 巴塞罗那圣家族大教堂

（5）英国 在苏格兰，20 世纪 90 年代的一群建筑师和设计师，在地方传统的基础上也发展了一种与新艺术截然不同的风格，但却与新艺术同样激进，直指现代主义建筑的方向，他们的领袖人物是麦金托什。1896 年，麦金托什赢得了格拉斯哥艺术学院大楼的设计竞赛，这座建筑庄重典雅，他将巴洛克要素和当地城堡传统要素结合起来，两边是横向延展的明亮的工作室窗户，开阔的窗格子和大面积的玻璃，预示着 20 世纪的功能主义，里面点缀的纤细优美的铁制栏杆和托座，是新艺术装饰的一种简约形式，在体量和材质上与坚硬的石墙面形成生动的对比。而更重要的是，这座建筑体现了外形是由室内功能所决定的理念，麦金托什用实墙与隔屏等多种手法，对室内空间作了巧妙处理，图书馆内部大块的深色木结构以极其严肃的几何形式穿插连接，与外立面在风格上形成了高度的统一（见图 15-48）。这也预示着 20 世纪空间设计上的一种突破。

图 15-47 巴塞罗那塞维罗教堂室内

（6）奥地利——维也纳分离派 1897 年，一群艺术家和设计师从维也纳学院的展览会上退出，表示强烈抗议，原因是学院拒绝接受他们的现代主义设计作品。因此，维也纳分离派也就成为了他们的代名词。

约瑟夫·奥尔布里奇在维也纳设计的分离派美术馆成为分离派运动的展示空间和总部，该建筑采用对称的、直线形造型。同时，在建筑的檐口和其他细部上也暗示了古典主义风格，但此建筑仍然有装饰细部，这些细部以与自然相关的曲线形叶片为母题，并且还装饰有古希腊神话中美杜莎女怪的面部。在入口门厅的屋顶上，有

图 15-48 格拉斯哥艺术学院图书馆

一个中空的金属大穹顶，其外表面有镀金的叶片状（见图 15-49）。现在，此建筑的室内已经发生变化，但是从一些旧照片中仍然可以看到其最初开放式的景象：大的中央画厅带有拱形的顶棚、高窗，以及带有流动的新艺术运动图像的墙面装饰。

图 15-49　分离派美术馆外立面

奥托·瓦格纳原来的建筑生涯是从事于一种传统的复兴风格，在 1895 年出版了《现代建筑》一书，他提出了一种新的方向，呼吁抛弃那种当时流行的作为设计主流的历史复古主义。瓦格纳最著名的设计作品是奥地利邮政储蓄银行总部，该建筑的室内大厅、楼梯，以及走廊的金属构件、彩色玻璃都体现了分离派的装饰风格。作为银行主要空间的中央大厅，中间高大，两侧低矮。整个大厅覆盖着金属和玻璃，支撑的柱子都是钢的，带有暴露在外的铆钉头。这些金属都是白色的，光线透过框架下面的玻璃进入室内空间（见图 15-50）。电灯灯具、管状的通风口在发挥其使用功能的同时也充当着装饰角色。简洁的木制柜台和办公桌椅都体现出瓦格纳越来越简洁的设计风格，尽管这是一件维也纳分离派设计作品，但同时它也被看作是第一个真正的现代室内设计作品。

图 15-50　奥地利邮政储蓄银行总部大厅

约瑟夫·霍夫曼在其长期的建筑生涯中，从早期的分离派运动倾向逐渐扩展到 20 世纪的现代主义。位于维也纳附近的普克斯多夫疗养院是一处朴素的、对称体块造型的建筑，其墙面是白色的并且运用了最少的外部装饰。建筑的室内也比较简洁，地面砖采用了黑白方块相间的图案，经过特别设计的室内家具，包括餐厅简洁的椅子，已呈现出了在其后出现的现代主义朴素的风格。霍夫曼最著名的设计作品位于布鲁塞尔，这座大型的、奢侈的住宅是由比利时的阿道夫·斯托克莱特委托设计的，通常称之为斯托克莱特宫（见图 15-51 和图15-52）。这是一幢卓越的建筑，建筑体量是不对称的，并带有一个顶上有雕塑的巨大的塔楼。墙面贴着薄薄的片状大理石，石块接缝用窄窄的镀金金属装饰条镶边。在室内的众多房间中，有一处两层高的大厅，大厅中有可供远眺的阳台，还有一间小剧场，或称之为音乐室。所有的这些房间都显得非常规整，并运用豪华的材料以及严谨的几何形状的装饰物，餐厅墙壁上的马赛克图案是由古斯塔夫·克利姆特设计的。在建筑中有一间特别大的浴室，内部的浴缸、墙板和地面都是大理石材料的，霍夫曼甚至还设计了浴室化妆台隔板上布置的许多银质物品。

阿道夫·路斯作为建筑师和设计师，曾一度与分离派密切相关，但他逐渐不再着迷于与他曾经认为是至高无上的分离派运动相关的表面装饰。1908 年，路斯发表《装饰与罪恶》一文来抨击那种大量运用装饰的风格。他认为这种装饰是毫无用处的衰退的表现，而这正是现代文明应该最好排除的。他的建筑作品非常奇特，没有运用任何的装饰物。1907 年，他设计的位于维也纳的卡特勒酒吧，顶棚是矩形板状，地面瓷砖呈方形，家具用昂贵的木材、皮革来装饰。相对而言，路斯在 1910 年设计的斯坦住宅将朴素的程度发展到了接近粗野的程度，在白色的墙面上分散布置着窗户。室内装饰较少，仅有一些零乱的同时代的维也纳装饰品。

图 15-51 斯托克莱特宫起居室

图 15-52 斯托克莱特宫餐厅

15.4.3 芝加哥学派

19 世纪 70 年代，在美国兴起了芝加哥学派，它是现代建筑在美国的奠基者。南北战争以后，北部的芝加哥就取代了南部的圣路易斯城的位置，成为开发西部富源的前哨和东南航运与铁路的枢纽。随着城市人口的增加，特别是 1873 年的芝加哥大火，使得城市重建问题特别突出，为了在有限的市中心区内建造尽可能多的房屋，于是现代高层建筑便开始在芝加哥出现，“芝加哥学派” 应运而生。

芝加哥学派在 19 世纪建筑探新运动中起着一定的进步作用。首先，它突出了功能在建筑设计中的主要地位，明确了功能与形式的主从关系，力求摆脱这种主义的羁绊，为现代建筑摸索了道路。其次，它探讨了新技术在高层建筑中的应用，并取得了一定的成就，因此使芝加哥成了高层建筑的故乡。第三，它的建筑艺术反映了新技术的特点，简洁的立面符合于新时代工业化的精神。

芝加哥学派最兴盛时期是 1883 ~ 1893 年。它在工程技术上的重要贡献，是创造了高层金属框架结构和箱形基础。在建筑造型上趋向简洁与创造独特的风格。芝加哥学派的代表作品是荷拉伯特与罗许设计的马癸特大厦，这是一座 20 世纪 90 年代芝加哥典型的高层办公大楼，它的正立面是简洁的（见图 15-53）。内部空间是不加以固定隔断的，以便将来按需要自由划分，这也是框架结构的优点之一。从街上看，马癸特大厦的外表像一个整体，但在背面却看出它是 “E” 字形的平面。中间部分是电梯厅。

图 15-53 马癸特大厦外立面

沙利文常被看作是现代主义的先驱，他提出 “形式随从功能” 的口号，是美国最早的现代主义建筑师，沙利文并不反对使用装饰。他的大多数作品也是以自然形式为基础，因此沙利文也可以被看作是美国新艺术运动建筑和室内设计的成员之一。沙利文的主要贡献在于室内空间设计，他创造了十分美妙的作品。

在芝加哥大会堂的设计项目中，旅馆和大会堂部分的门厅、楼梯间、公共空间的设计都表现出了沙利文是一位善于空间组织装饰的卓越设计师。他设计的观众厅屋顶是横跨空间的拱券，上面排布着灯具，四周有沙利文设计的轮廓鲜明的镀金植物浮雕装饰，这些装饰细部正是沙利文对新艺术运动有关词汇的应用（见图15-54）。这些剧院的视线和音响设计非常理想，同时对于活动的顶棚也有很巧妙的处理，当演出不需要4200个座位时，顶棚可以放低后部以减少容量。沙利文设计的旅馆主餐厅位于屋顶层，是一个华丽的拱券形空间，透过窗户可以远眺阳光下的密歇根湖，室内的壁画和顶棚的镶边都运用了沙利文设计的精美装饰细部。

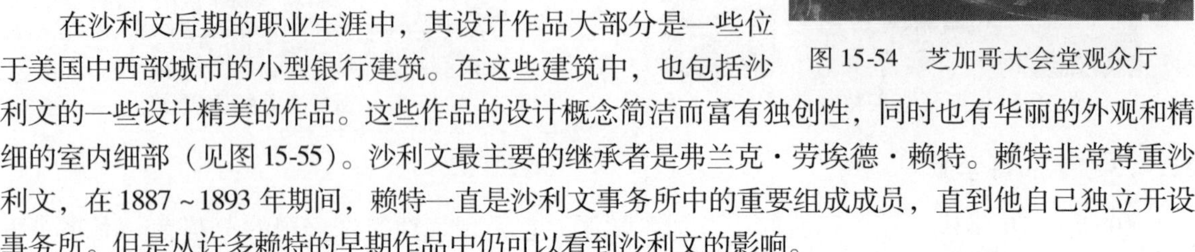

图15-54　芝加哥大会堂观众厅

在沙利文后期的职业生涯中，其设计作品大部分是一些位于美国中西部城市的小型银行建筑。在这些建筑中，也包括沙利文的一些设计精美的作品。这些作品的设计概念简洁而富有独创性，同时也有华丽的外观和精细的室内细部（见图15-55）。沙利文最主要的继承者是弗兰克·劳埃德·赖特。赖特非常尊重沙利文，在1887～1893年期间，赖特一直是沙利文事务所中的重要组成成员，直到他自己独立开设事务所。但是从许多赖特的早期作品中仍可以看到沙利文的影响。

1897年，路易斯·康福特·蒂法尼建立了名为路易斯·C. 蒂法尼艺术协会室内装饰公司，该公司设计并制造了许多装饰产品，这些产品运用到了诸如1879年纽约第七军械库的老兵住房，以及纽约许多富裕家庭的室内。这些房间原倾向于满布富丽精致的维多利亚式装饰风格，但后来蒂法尼渐渐开始有意识地用工艺美术运动的新标准来改造。1885年，蒂法尼重组了他的商业公司，命名为蒂法尼玻璃公司，表明他开始关注彩色玻璃艺术（见图15-56）。在住宅、俱乐部和其他相似的场所中都有他设计的风景、植物，以及半抽象的图案，这些都展示了在玻璃制品方面与法国新艺术运动有着不断增长的相似性。蒂法尼也设计马赛克图案、地毯，以及一些家具陈设。在第一次世界大战后，欣赏口味的变化导致蒂法尼大量的设计都不再那么受欢迎。但是，大多数近来对新艺术运动感兴趣的人都把蒂法尼看作这次运动中的主要人物。

图15-55　沙利文设计的装饰细部

图15-56　蒂法尼设计的彩色玻璃窗

第 16 章 20 世纪现代时期

20 世纪世界上重大的事件有：资本主义国家之间为争夺劳动力、生产资源和市场发动了第一次世界大战；俄国社会主义革命产生巨大影响，东方随之兴起；空前残酷的二次世界大战以及美苏霸权和冷战；工业和科技的发展给人类带来的福利以及由此造成的新问题；全面否定传统给人类文化带来的可能性和由此产生的严重危机；各种哲学和美学思潮活跃了人们的思维又带来了极大的混乱。在“革命”的旗号下美术创作空前活跃，同时也丧失了恒定的判断标准，现代主义在西方成为主流。

西方 20 世纪的现代建筑空间设计大致可以划分为两个阶段。第一个阶段是 20 世纪初至 1945 年二战结束；第二阶段是自 1945 年之后至今天。前一阶段为现代主义占主流地位，兼有其他传统的、学院的流派。第二阶段，从 20 世纪 50 年代起，出现一种与现代主义既有联系又有区别的艺术思潮和流派，人们将其称之为后现代主义，在这一阶段，现代主义仍然很活跃，而传统的、学院的，以及其他被现代主义排斥的非主流艺术，也有复苏的迹象。

16.1 现代主义的先驱者

20 世纪初设计领域最重要的发展是适应现代世界的一种设计语汇的出现，这种设计语汇实质同现代世界的先进技术和技术所带来的新的生活方式有关。设计领域有 4 位人物被认为是现代主义的先驱，他们清晰且肯定地指明了新的方向，因而被认为是“现代运动”的发起人。他们四位分别是欧洲的沃尔特·格罗皮乌斯、德维希·密斯·凡·德罗、勒·柯布西耶和美国的弗兰克·劳埃德·赖特。

第一次世界大战之后，建筑科学技术有很大的发展，特点是把 19 世纪以来出现的新材料、新技术加以完善并推广应用。钢筋混凝土结构的应用也更普遍了；铝材除了用于室内装饰外，还用作窗框和窗下墙的面层；不锈钢和搪瓷钢板也开始用作建筑饰面材料；玻璃产量增加迅速，质量改进，品种增多，玻璃砖也流行起来；塑料开始少量地用于楼梯扶手和桌面等部位；用橡胶和沥青材料制成的各种颜色的铺地砖逐渐推广；木材制品也有了很大的改进，1927 年，开始用蛋白胶粘结胶合板，产品质量显著改善；20 世纪 30 年代又用酚树脂生产出防水的胶合板，可以用作混凝土工程的模板。各种建筑设备的发展使房屋不再像过去那样只是一个空壳，建筑师不但要同结构工程师还要同各种设备工程师共同配合，才能设计出现代化的房屋建筑。建筑使用质量的提高是第一次世界大战后建筑发展的一个重要特点。

16.1.1 沃尔特·格罗皮乌斯和“包豪斯”

沃尔特·格罗皮乌斯（见图 16-1）生于 1883 年 5 月 18 日，卒于 1969 年 7 月 5 日。原籍德国，1907 ~ 1910 年在柏林建筑师 P. 贝伦斯的建筑事务所任职。1910 ~ 1914 年自己开业，同 A. 迈耶合作设计了他的两座成名作：法古斯鞋楦厂（见图 16-2）和 1914 年在科隆展览会展出的示范工厂和办公楼（见图 16-3）。1915 年开始在魏玛实用美术学校任教。1919 年任校长，将实用美术学校和魏玛美术学院合并成为专门培养建筑和工业日用品设计人才的学校，即公立包豪斯学校。

图 16-1　沃尔特・格罗皮乌斯

图 16-2　法古斯鞋楦厂外景

图 16-3　科隆展览会的示范工厂和办公楼

格罗皮乌斯在建筑历史上的重要地位和他的作品并无多大关系，而是更多取决于他在设计教育中所起的作用。第一次世界大战之后，格罗皮乌斯被任命为魏玛造型艺术与工艺美术两所学校的校长。他将两所学校合并，取名包豪斯。包豪斯发展了新的教学纲领，该纲领试图在正在形成的现代主义造型艺术与设计及工艺领域广阔范围之间建立联系。包括建筑、城市规划、广告和展览设计、舞台设计、摄影与电影，以及用木、金属、陶瓷和纺织品为材料的物品设计（见图 16-4 和图 16-5），即我们今天所说的工业设计。包豪斯校舍于 1926 年竣工，是一组令人印象深刻的建筑群，无论平面布局还是美观的表达都体现了包豪斯的理念（见图 16-6 和图 16-7）。包豪斯的室内非常简洁，并且功能如外观所示，格罗皮乌斯为校长办公室设计了引人注目的室内（见图 16-8），是以线性几何形式进行的探索。学生和指导教师设计的家具和灯具随处可见，对白色、灰色的运用，以及重点应用原色的格调可使人想起风格派运动的设计风格。

格罗皮乌斯在 1911 年与别人合作设计过一座工厂建筑——法古斯工厂，它是第一次世界大战以前欧洲最新颖的工业建筑之一。第一次世界大战结束时，格罗皮乌斯、勒・柯布西耶和德维希・密斯・凡・德罗都只有 30 多岁，他们立即站到了建筑革新运动的最前列。格罗皮乌斯领导的这所“包豪斯”学校立即成了西欧最激进的一个设计和建筑中心。

图 16-4 包豪斯的纺织品设计

图 16-5 包豪斯的家具设计

图 16-6 包豪斯校舍鸟瞰图

图 16-7 包豪斯校舍外景

图 16-8 包豪斯校长办公室室内

柯布西耶 1923 年出版《走向新建筑》，表明了新建筑运动高潮的到来。这些建筑师的设计思想并不完全一致，但是有一些共同的特点：第一，重视建筑物的使用功能并以此作为建筑设计的出发点，提高建筑设计的科学性，注重建筑使用时的方便和效率；第二，注重发挥新型建筑材料和建筑结构的性能特点，例如，框架结构中的墙是不承重的，在建筑设计中充分运用这个特点而绝不按传统承重墙的方式去对待它；第三，努力用最少的人力、物力、财力造出合用的房屋，把建筑的经济性提到重要的高度；第四，注重创造建筑新风格，坚决反对套用历史上的建筑样式。强调建筑形式与内容（功能、材料、结构、工艺）的一致性，主张灵活自由地处理建筑造型，突破传统的建筑构图格式；第五，认为建筑空间是建筑的主角，建筑空间比建筑平面或立面构图更重要。强调建筑艺术处理的重点应该从平面和立面构图转到空间和体量的总体构图方面，并且在处理立体构图时考虑到人观察建筑过程中的时间因素，产生了“空间——事件”的建筑构图理论；第六，废弃表面的外加装饰，认为美的基础在于建筑处理的合理性和逻辑性。这样一些设计观点被许多人称为建筑及室内的“功能主义”（Functionalism），有时也称作“理性主义”（Rationalism），近来又有人把它称为“现代主义”。

在抽象艺术的影响下，包豪斯的教师和学生在设计实用美术品和建筑的时候，摒弃了附加的装饰，注重发挥结构本身的形式美，讲求材料自身的质地和色彩的搭配效果，发展了灵活多样的非对称的结构手法。这些努力对于现代建筑的发展起到了有益的作用。实际的工艺训练，灵活的构图能力，再加上同工业生产的联系，这三者的结合在包豪斯产生了一种新的工艺美术风格和空间设计风格。其主要特点是：注重满足实用要求；发挥材料和新结构的技术性能和美学性能；造型整齐简洁，构图灵活多样。

16.1.2 勒·柯布西耶

勒·柯布西耶（见图 16-9）出生于瑞士西北靠近法国边界的小镇，父母从事钟表制造，少时曾在故乡的钟表技术学校学习，对美术感兴趣，1907 年先后到布达佩斯和巴黎学习建筑，在巴黎到以运用钢筋混凝土著名的建筑师奥古斯特·贝瑞处学习，后来又到德国贝伦斯事务所工作，彼得·贝伦斯事务所以尝试用新的建筑处理手法设计新颖的工业建筑而闻名，在那里他遇到了同时在那里工作的格罗皮乌斯和德维希·密斯·凡·德罗，他们受彼此影响，一起开创了现代建筑的思潮。

图 16-9　勒·柯布西耶

柯布西耶主张建筑走工业化的道路，甚至把住房比作机械，并且要求建筑师向工程师理性学习。但同时，又把建筑看作是纯粹精神的创造，一再说明建筑师是一种造型艺术家，并且把当时艺术界中正在兴起的立体主义流派的观点移植到建筑中来。

位于瑞士拉绍德封的施沃布住宅具有新古典主义对称、规整的感觉，但材料、开敞的布局、大窗，以及平屋顶均暗示着现代主义的倾向。施沃布住宅的美学设计来自一套几何控制系统，勒·柯布西耶称之为“规则线”——具有直角关系的交叉斜线按一套系统的方法控制着元素的布局，这套方法可使人想起文艺复兴时期大师们的实践。纵观他的职业生涯，勒·柯布西耶总在运用这样的几何系统，并将其发展得越来越完善。

1925 年，勒·柯布西耶由新精神杂志资助为巴黎的一次展览会设计了一座展览馆。该建筑被认为是一种样板式的公寓（见图 16-10），在大型的公寓建筑中可成为一种模式，这种大型公寓接下来将成为新规划城市的一个元素。该建筑有一个两层高的起居空间，空间上层有一个阳台。家具包括简单的、批量生产的由托内特设计的曲木椅，柯布西耶亲自设计模式化储藏柜，以及简洁的、不知名的无垫椅子。光滑的白色粉墙上悬挂着纯粹主义的绘画作品。小地毯使用本地工艺生产的柏柏尔式的纺织品，实验室的玻璃瓶用来作为花瓶，石头和贝壳是唯一的装饰物。最终的室内效果清晰地表明了 20 世纪 20 年代现代主义的种种设计观念。

图 16-10　巴黎展览馆样板公寓

柯布西耶最著名也最有影响力的作品之一是萨伏伊别墅（见图 16-11）。住宅的主体部分接近方形，抬高到第二层楼板处支撑在底层纤细的管状钢柱上。建筑的墙是白色的，开着连续的带形窗。地面层的空间布置着一条曲线形车道通向车库、一处门厅，以及几间服务用房。墙体从上层楼板处后退，并以玻璃建造或是漆上暗绿颜色，这样可以减弱墙体的视觉冲击力。一条坡道直通建筑主要生活楼层，坡道双折直抵空间中央（见图 16-12）。一间宽敞的起居就餐空间占据了建筑一层的一侧，上下贯通的玻璃面对着一座室内天井；室外带形长窗没安装玻璃的部分，为观赏周围的风景提供了视点。卧室、浴室均被布置在像方盒子一样的住宅体块中，创造了复杂、惊人并富有戏剧性的关系。当时的房间里是一套朴素的桌椅，几张设计独特的无法形容的带垫椅子，以及几块具有东方情调的小地毯装饰着空间。悬挂在顶棚上的一道连续的间接光源是空间中主要的人工光源。墙壁漆成明亮的蓝色或橙色；地面斜向铺砌着黄色方形地砖。主人浴室不经墙或门直接向毗邻的卧室开敞（见图 16-13），其卧室内也相当精彩：瓷砖表面，一道蓝灰色的瓷砖镶边勾勒出凹入的浴室以及一个嵌入式马车轮廓装饰的图案。

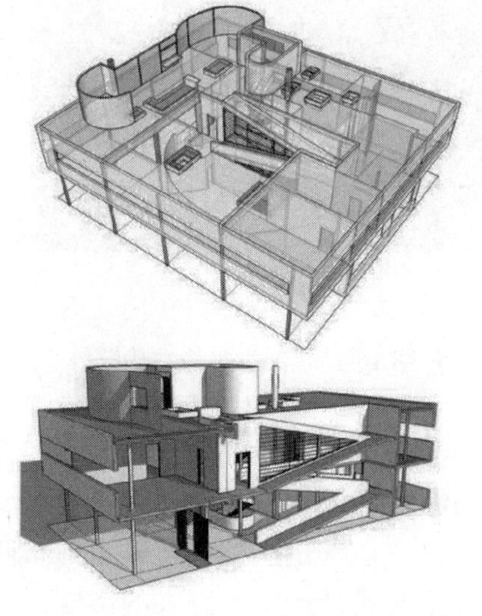

图 16-11　萨伏伊别墅模型解析

图 16-12　萨伏伊别墅中央坡道

战后时期，柯布西耶的建筑风格出现了明显的改变。在建筑艺术方面，鼓吹建筑与立体主义的美术潮流会合，宣扬简单几何形体的美学价值。在那个时期，他以理性主义的建筑思想和立体主义的建筑风格著称。在建筑形式问题上，他从爱好基本几何形体转而趋向复杂自由的塑形；从追求光洁平整的效果转向粗糙苍老的趣味。

朗香教堂能有力地说明柯布西耶建筑风格的转变（见图 16-14）。位于法国朗香地方的高山圣母教堂，曲线形混凝土墙体围蔽出一个不规则、晦暗的室内空间。建筑的屋顶是一个线性的钢筋混凝土结构，剖面中空，很像飞机的翼部，教堂有三个礼拜堂，两个低矮，一处略高，其顶部卷曲伸出屋顶。室内空间非常黑：光自顶部暗窗投射到礼拜堂内部，屋顶架在两堵墙上的小窄柱上，屋顶与墙之间留下一道玻璃填充的缝隙，这使屋顶看起来好像漂浮在空中。其中，一堵墙很厚实，上面开着长方形的漏斗状孔洞，孔洞内侧较大，但越向外越小，直至在墙外侧形成小小的窗户，窗户上镶嵌着色彩缤纷的玻璃，尽管墙面是白色的，但透过玻璃的光线却使室内呈现在多彩的光芒中。圣坛后面，墙体上点缀着许多小的玻璃窗，当参观者在教堂里走动时，透过的光线若隐若现（见图 16-15）。色彩斑斓的窗户，礼仪性的彩饰入口，座椅以及祭坛设施都由建筑师设计，以创造一个神秘流动的空间。从朗香教堂的设计我们可以看出柯布西耶在战后时期的建筑创作中出现了神秘主义的成分，他离开早期的理性主义方向越来越远了。同时，马赛公寓大楼也是这种转变的又一力证。

图 16-13　萨伏伊别墅主人浴室

图 16-14　朗香教堂外景

图 16-15　朗香教堂室内

在其职业生涯逐步走向晚期的时候，柯布西耶参加了印度旁遮普邦新首府的规划，即印度的昌迪加尔规划。城市的基本布局和许多建筑都由柯布西耶设计。较大型建筑粗犷、雕塑般的形式，以及建筑粗糙的混凝土表面和大胆的色彩，这一切都是这些建筑成为柯布西耶晚期作品中很有影响的代表。柯布西耶的作品确实对现代主义设计产生了巨大的影响，其作品的成功之处在于在美学价值和现代技术“机器时代”世界的现实之间建立了联系。

16.1.3 德维希·密斯·凡·德罗

图 16-16 德维希·密斯·凡·德罗

德维希·密斯·凡·德罗（见图 16-16）出生于德国亚琛，石匠家庭出身的背景使密斯很早就娴熟地掌握了工具的使用，并养成对材料的尊重，最初是石料，而后则是钢和玻璃这两种现代建筑材料。密斯 15 岁时被父亲认为有绘图才能而交给几位当地建筑师训练，后又去柏林进入当时一位著名家具设计师布鲁诺·保罗的事务所学习，并于 1907 年通过满师考试。以后的 5 年是密斯设计生涯中最关键的时期，这段时间他先在当时最领先时代的建筑先驱彼得·贝伦斯事务所工作了 3 年，后又去荷兰海牙学习荷兰的设计先驱汉德瑞克·彼图斯·伯拉吉的设计思想和手法，这期间他也了解了美国建筑师赖特的先进建筑设计观念，所有这些形成了密斯设计哲学的基础来源。1913 年，密斯在柏林创办了自己的事务所。第一次世界大战以后，他设计了许多外部带有整体玻璃幕墙的高层建筑方案。

20 世纪 20 年代末至 20 世纪 30 年代初，一些展览会为密斯提供了机会，使他可以阐明自己在室内设计方面的主张。室内简洁朴素的特征清楚地表明了密斯对自己的名言“少就是多”效力的信仰。在这些室内，色彩和各种材料的纹理是唯一的装饰。

1929 年巴塞罗那博览会中设计的德国展览馆，为密斯赢得了广泛的国际声誉（见图 16-17 ~ 图 16-19）。巴塞罗那展览馆布置在一块宽阔的大理石平板上，有两个明净的水池，结构简单，由 8 根钢柱组成，柱上支撑着一个平板屋顶。建筑没有封闭的墙体，但像隔屏一样

图 16-17 巴塞罗那展览馆外景

图 16-18 巴塞罗那展览馆庭院

图 16-19 巴塞罗那展览馆室内

的玻璃和大理石墙呈不规则的直线形，它布置成抽象形式，其中一部分墙体延伸到室外，参观者可在开敞的空间中散步，欣赏建筑富丽的材质、抽象的平板组合，以及其中的几件现代雕塑。色彩表现为钢柱上闪烁的镀铬光泽，浓艳的绿色和橙红色的大理石墙体，鲜红色的布面以及明亮的淡白色玻璃，这一切使展览馆本身成为一件抽象的艺术品，简洁的椅子，用镀铬钢架和皮革垫子构成的无靠背的凳子，以及配套的玻璃面桌子已成为现代的经典，直到现在仍在制造中。巴塞罗那展览馆似乎是第一座充分发挥钢和混凝土现代结构能力的建筑，这些结构使墙成为非限定的元素，它们不起支撑屋顶的作用，所以室内空间可以自由设计，没有分间墙，同时，室内可设计成任意开敞的形式，以满足一定特殊功能。

图 16-20　吐根哈特住宅室内

图 16-21　范思沃斯住宅外景

图 16-22　范思沃斯住宅的厨房

1930 年，密斯得到机会把他的建筑手法运用于一个捷克银行家的豪华住所吐根哈特住宅（见图 16-20）。它的起居室、餐室和书房部分之间只有一些钢柱子和两三片孤立的隔断，有一片外墙是活动的大玻璃，形成了和巴塞罗那展览馆类似的流通空间。

1937 年，密斯移居美国，成为芝加哥伊利诺伊理工美学院建筑系主任。他在美国的作品克朗楼为简洁的巨作，室内空间开敞，四面全是玻璃幕墙。由于屋顶由钢梁支撑，因而室内不设柱，钢梁突出屋面。室内分隔物为可移动的隔屏和储物柜，楼梯通向地下室，部分在地面之上（半地下室），此外完全是封闭的房间。从外观看，结构元素被漆成黑色，因此，在玻璃体中不引人注意。所谓的“极少主义者”常用此类设计方法，在这些建筑中，对建构简洁的细部表现出特别的关注，同时，比例的微妙感觉使建筑具有一种宁静、古典的韵味，如同古希腊建筑那样。

密斯最著名的晚期住宅设计是位于伊利诺伊州普兰诺镇的范思沃斯住宅。该住宅建在开阔的郊外，与外界隔绝，近邻福克斯河。室内地面高出地坪几英尺，在地板之下形成开敞的空间（见图 16-21）。同样，这幢住宅也有 8 根钢柱支撑着屋面，柱子的尺寸和形状完全相同。屋顶与地面之间约 2/3 的空间都被四面环绕的玻璃围合，剩下的 1/3 空间是一处室外阳台，通过 5 级宽敞的踏步可到达，踏步起自一处宽敞的平台，这一平台也与下面的踏步相连，柱子和地面、屋顶、平台的钢筋都漆成白色。这座开敞的玻璃盒子的内部空间仅被一个封闭的“岛”形成空间分割，这个岛内是浴室和其他一些设备，与此同时，这个岛还形成一面靠背，以便为开放性厨房进行设备布置（见图16-22和图 16-23）。

图 16-23 范思沃斯住宅的卧室

16.1.4 弗兰克·劳埃德·赖特和他的有机建筑论

1867 年 6 月 8 日，弗兰克·劳埃德·赖特（见图 16-24）出生于美国威斯康星州的里奇兰中心。赖特的母亲是当地的一位乡村教师，她从小生活在威斯康星峡谷的自然环境之中，那里的壮丽山林给她以强烈的感染，这种对自然的爱和崇敬也给赖特造成了决定性的影响。赖特童年的很长一段时间是在他舅舅的农场中度过的，那里是一种日出而起、日落而歇的庄园耕作生活，这样的生活基础正是他有机建筑思想的育婴床。

图 16-24 赖特

赖特把自己的建筑称作有机的建筑，也就是“自然的建筑”（a natural architecture）。他说自然界是有机的，建筑师应该从自然中得到启示，房屋应当像植物一样，是“地面上一个基本的和谐的要素，从属于自然环境，从地里长出来，迎着太阳”。在建筑艺术范围内，赖特有其独到的方面，他比别人更早地突破了盒子式的建筑。它的建筑空间灵活多样，既有内外空间的交融流通，同时又具有幽静隐蔽的特色。它既运用新材料和新结构，又始终重视和发挥传统建筑材料的优点，并善于把两者结合起来。同自然环境的紧密配合则是他建筑作品的最大特点。

1886 年，年轻的赖特进入威斯康星大学，在大学读过 3 年后，眼看着可以得到令人羡慕的大学文凭，但赖特却越来越不满他在这所大学的学习，于是放弃学业，只身一人去芝加哥从一名普通绘图员做起。年轻的赖特深得芝加哥学派创始人沙利文的赏识，在他的教诲与提拔下成长迅速，1893 年赖特开办了自己的第一个设计事务所。

1893 年，赖特在森林河畔设计的温斯洛住宅可说是其向创造性设计迈进的重要一步（见图 16-25 和图 16-26）。建筑平面极为复杂，由各种空间组合而成，各种房间环绕一个中央烟囱布置。门厅处有一连拱廊凹室，门厅内壁炉两侧有座位。中央烟囱另一侧是餐厅，建筑后部以半圆形温室形式向外延伸出去。建筑中的一些细部，包括镶嵌在一些窗户上的彩色玻璃都可使人想起沙利文的设计语汇，但这些细部却转向一种更几何化的途径，赖特将这种途径作为自己职业生涯前进的方向而逐渐加以发展了。

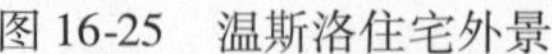

图 16-25　温斯洛住宅外景

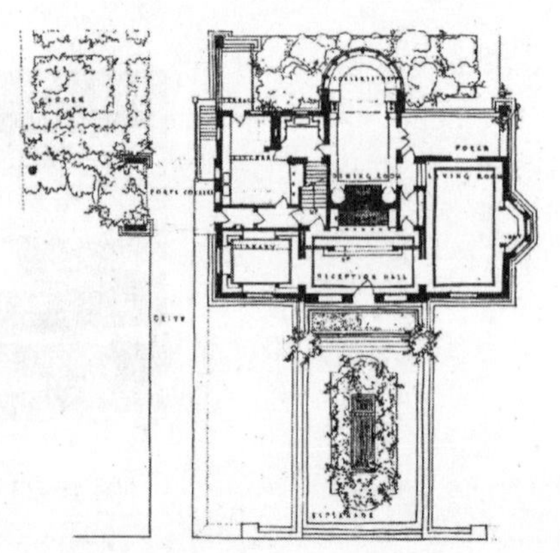

图 16-26　温斯洛住宅平面图

位于伊利诺伊州橡树园的联合教堂是赖特设计的第一座钢筋混凝土建筑，它由两个体块连接而成，一部分是宗教区，一部分是相关的教区住宅，入口布置在两者的相联处。教堂大厅墙壁顶端的条形窗上有突出的屋顶板，教堂室内有突出的挑台，带有方格形的采光天棚，沿白墙布置的木制线性装饰带，悬挂的灯具，以及几何图案的彩色玻璃窗，这一切创造了一种抽象而复杂的室内空间形态，预示出数年之后欧洲艺术设计将要发展的方向。

位于芝加哥南部为弗雷德里克·罗比设计的大型住宅是赖特设计的所有住宅中最为成功的一个。低矮围墙环绕的花园、平台和四坡屋顶围绕着起居空间互相贯穿的布置。主起居室和餐厅是一条连续的空间，它们的窗户沿房间主街形成一条连续的带形窗。壁炉和烟囱背靠一部开敞的楼梯，不用墙或门就把室内划分成两个空间。窗户上的彩色玻璃、顶棚上交叉形的木条及嵌入式的木制构件和灯具使室内具有一种统一和谐的特征。最初，家具、地毯和纺织品都是由赖特设计的。高背餐椅试图使那些围桌而坐的人产生一种围合的感觉，餐桌本身非常低矮，以角部的立柱支撑。

在 20 世纪 20 代和 20 世纪 30 年代，赖特的建筑风格经常出现变化。他一度喜欢用许多图案来装饰建筑物，随后又用得很有节制。房屋的体形时而极其复杂，时而又很简单，木和砖石是他常用的材料。1936 年为考夫曼家庭而建的流水别墅，位于宾夕尼亚的熊跑林地，其混凝土阳台伸于溪流瀑布之上，它是所有现代建筑形式中最浪漫的例子之一（见图 16-27）。未装饰的挑台和有薄金属框的带形窗暗示了对欧洲国际式现代主义的认识。室内部分的自然石块、原木家具，以及其他家具和物品的混杂，形成了周围户外环境景观的联系，具有迷人的魅力。其空间全部敞向周围的树木景色，并且包围在有私密用途和流线的范围之内（见图 16-28 和图 16-29）。

图 16-27　流水别墅外景

图 16-28　流水别墅起居室

S. C. 约翰逊制蜡公司 1939 年完工后，成了赖特设计的最有名的非居住建筑工程之一。建筑大部分用于单独的“大房间”作为普通办公空间。结构为一组“蘑菇”状混凝土柱，由细杆自下而上逐渐扩大直到顶部变成大圆盘，圆盘顶部之间的空间用玻璃管填充，做成天窗使日光可以射入内部空间（见图 16-30）。周围使用红棕色的砖，墙上不开天窗，但玻璃在墙顶和柱顶边之间形成一条玻璃带。围绕主要空间有一个包厢夹层，某些私人办公室和相关空间在顶楼房间里。赖特为该建筑设计了独特的家具，他采用圆形主题设计了椅座和椅背，以及桌面和书架的端部，甚至还有不能抽出但可绕轴翻出的书桌抽屉，这些都属于赖特最成功的家具设计。

图 16-29 流水别墅室内壁炉

16. 1. 5 阿尔托

阿尔托（见图 16-31）是芬兰著名的建筑设计大师，同时也是一位饮誉世界的建筑设计师，他从 1921 年开始涉足建筑设计直至 1976 年，设计生涯历经 55 年。这期间，他设计了近 100 座独立的一家一户式的住房，其中一半以上的设计方案被采用。

图 16-30 约翰逊制蜡公司室内

图 16-31 阿尔托

阿尔托的国际声望是通过一所大型医院建筑确立起来的，这就是帕米欧结核病疗养院（见图 16-32），建于 1930 ~ 1933 年，这座建筑长向的部分用作病房，所有的房间朝南以接受日照，另外是较短的一部分，带有室外长廊，一个中央入口门厅以及用作公共餐厅和服务用房的建筑单元。内部空间开敞、简洁，并具逻辑性，但细部却格外精致。接待办公室、楼梯、电梯，以及一些小的元素，如照明设施和时钟都经过精确细致的特别设计。

位于诺尔马库的玛丽亚别墅是为古利申家庭而建的，这座建筑非常成功，它审慎地将国际式风格的思想逻辑和秩序融合在一起，几乎是浪漫地运用了自然材料和比较自由的形式。

柱廊、工作室，以及休闲空间采用随意和流动的方式布置，这样使用起来比较灵活，并且空间看起来也不单调。

1939 年的纽约世界博览会上的芬兰展览馆像盒子一样的室内空间设计得相当有趣，这是因为采用了流动的、自由行驶的墙体（见图 16-33）。一道木板条墙体向上倾斜在主要展示空间中，从而在上面一层隔出一个附加的展示空间。一座平台餐厅结束了展馆，该餐厅还用于放映电影。波浪形木条构成的倾斜墙体以及挑台构成一处令人兴奋的空间，其中可见在精彩的布置中陈列着芬兰的工业产品。尽管尺寸很小，在博览会中的位置也不显著，但阿尔托的设计却赢得了高度的评价。

图 16-32　帕米欧结核病疗养院

图 16-33　纽约世界博览会上的芬兰展览馆

位于伊马特拉的武奥克森尼斯卡教堂创造了一个宽敞的室内空间，该空间可被曲线形滑动墙体分割，以满足不同规模组团的使用要求。日光流淌进空间，空间主色为白色，而地板和家具呈现出原木的本色。阿尔托同样设计了圣坛设施、大窗户上彩色玻璃的细小嵌入物，以及侧边挑台上大型管风琴的陈列布置。

16. 2　现代主义家具和艺术装饰

现代主义的风尚深刻影响了室内设计的面貌，这一点不仅反映在一种统一、整体的空间概念里，同时还由于家具和室内陈设都受到这一潮流的冲击而面貌大变。

16. 2. 1　现代主义家具

一些我们所熟知的现代主义大师，他们的思想和实践常常不仅体现在建筑设计和室内设计上，而且还活跃于家具和装饰物的设计领域，对室内装饰物和其他装饰元素表现出具有 20 世纪现代主义的特征。

柯布西耶的才华主要在建筑上得到了淋漓尽致的发挥，在家具设计上数量并不多，但每一件都有其独创的设计思想。

被柯布西耶称为“豪华舒适”的沙发椅典型地体现了他追求家具设计以人为本的倾向（见图 16-34）。这件沙发椅被看作是对法国古典沙发所进行的现代诠释：以新材料、新结构来设计新的沙发椅；简化与暴露结构最直接地表现了现代设计的作法，几块立方体皮垫依次嵌入钢管框中，直截了当而又便于清洁换洗。

为了使室内桌椅避免太重，而更适用于普通办公或居家室内。柯布西耶又设计出“巴斯库兰椅”，它在视觉上和实际上都很轻便，成为普通休闲场所很受欢迎的家具（见图 16-35）。这件椅子的上下两部分：即支承部分和主体部分是融为一体的。主体构架的材料是钢管，用焊接方式形成主体构架，这使这件设计更像机器形象，这正是柯布西耶一贯的倡导，尤其是用作扶手的皮带完全类似于机器上的传送带，而靠背悬固在一根横轴上更增加了一种机器上的运动感。

图 16-34　柯布西耶设计的沙发椅

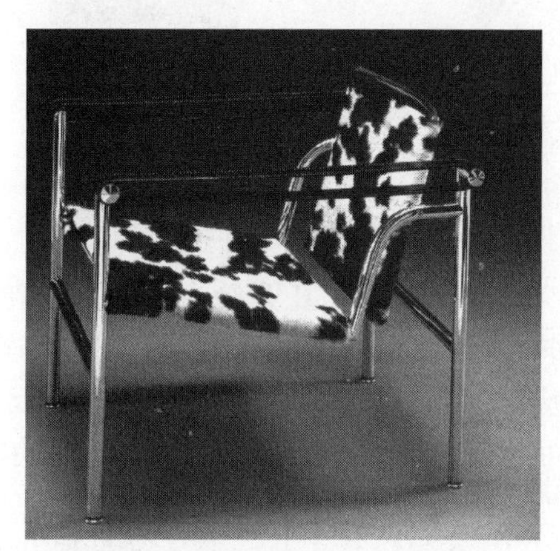

图 16-35　巴斯库兰椅

尽管密斯基本上被看作是一位建筑大师，但其充满创新意识和设计活力的家具设计也使他成为第一代现代家具设计大师之一。其家具设计精美的比例，精心推敲的细部工艺，材料的纯净与完整，以及设计观念的直截了当，最典型地体现了现代设计的观念。

1927 年，在密斯自己设计的 4 层公寓中，他首次布置了刚完成的“先生椅”(MR)，这件以弯曲钢管制成的悬挑椅显然受到一两年前布劳耶和斯坦作品的启发，但却以弧形表现了对材料弹性的利用（见图 16-36）。这件“先生椅”后来又被密斯以同样的构图手法直截了当地加上扶手，显得天衣无缝，更加高雅。

著名的“巴塞罗那椅”是现代家具设计的经典之作，为多家博物馆收藏，是密斯为 1929 年巴塞罗那博览会中德国馆设计的（见图 16-37）。同著名的德国馆相协调，这件体量超大的椅子也明确显示出高贵而庄重的身份。椅子的不锈钢构架成弧形交叉状，非常优美又功能化，只是这些构件都很昂贵地用手工磨制而成。两块长方形皮垫组成坐面及靠背。

阿尔托也涉足家具和其他室内元素的设计，这些设计后来成为工厂的产品，其中一些至今仍在生产。阿尔托的第一件重要的家具设计“帕米奥椅”是为他早期的成名建筑作品“帕米奥疗养院”设计的(见图 16-38)，这件简洁、轻

图 16-36　密斯设计的“先生椅”

便又充满雕塑美的家具，使用的材料全部是阿尔托3年多来研制的层压胶合板，在充分考虑功能、方便使用的前提下其整体造型非常优美。其成为最明显特征的圆弧形转折并非出于装饰，而完全是结构和使用功能的需要；靠背上部的三条开口也不是装饰，而是为使用者提供通气口。这件杰出的家具已明显表露出北欧学派对过于冷漠的“国际式”的修正，开始让人们感到“国际式”也可以产生温暖的感觉。

图 16-37　密斯设计的“巴塞罗那椅”

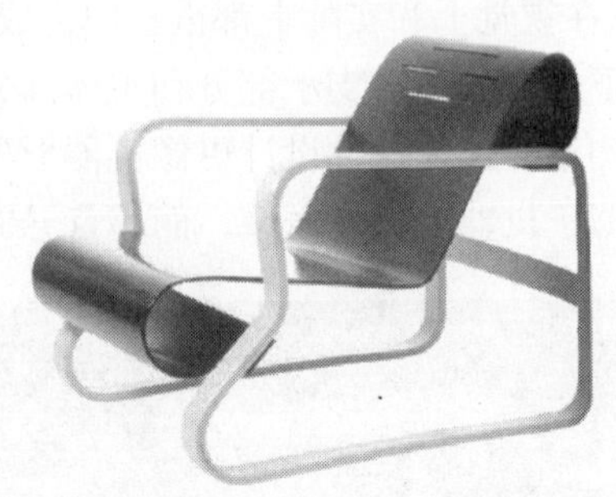

图 16-38　阿尔托设计的帕米奥椅

1930年起，阿尔托开始为维堡图书馆设计一种叠摞式圆凳，其最惊人的特点就是后来被称作“阿尔托凳腿”的面板与承足的连接，这种以层压板条在顶部弯曲后用螺钉固定于坐面板上的结合方法非常干净利落，面板与承足的连接本是一个古老的难题，却被阿尔托如此轻而易举地解决了（见图16-39）。阿尔托为此于1935年获得专利。

阿尔托为20世纪家具设计的另一杰出贡献是用层压胶合板设计出悬挑椅（见图16-40）。1929年，经反复实验，阿尔托开始确信层压板亦有足够的强度用作悬挑椅。他另开新路，并于1933年获得成功，制成全木制悬挑椅，并首次用在帕米奥疗养院。阿尔托对这种结构兴趣很大，在以后许多年都在这种结构基础上不断翻新设计，而后阿尔托又用不同色彩、不同材料给各种设计以多姿多彩的面貌。

图 16-39　阿尔托设计的叠摞式圆凳

图 16-40　用层压胶合板制成的悬挑椅

16.2.2　艺术装饰的兴起

艺术装饰并不强烈关注功能和技术。他起初是一种流行风格，人们希望它在过去历史风

格的延续中拥有自己的位置。鲁·施皮茨设计的一件巴黎艺术装饰家的客厅集中表现了艺术装饰设计的特点（见图 16-41）。地毯图案表现了立体派艺术的意识；折叠的屏风带有源于非洲部落艺术的图案；家具的阶梯形式暗示了摩天楼；而大镜子和突出的照明灯具引起了人们对现代材料和电灯照明的关注。整体效果与过去完全不同，而且也和国际式的室内功能毫无关系，它只是流行的和强烈的装饰。

艺术装饰的家具广泛地运用了镶嵌有象牙、龟壳和皮革的马卡萨乌木与斑马木之类的名贵材料。很多设计中出现了光亮的金属、玻璃和镜面。

尽管还有很多部分一致，但艺术装饰设计相对于现代建筑开始日益热衷于国际式风格的典范，装饰设计开始被叫作“摩登式”，即所谓的表面装饰，只是一种流行的古怪式样的表达，而“现代”一词则留给了有理论支持的比较清晰的作品。比如，1933 ~ 1934 年的芝加哥博览会建筑，是一组艺术装饰建筑，其中很多建筑的外部色彩明快，而内部和陈设却带有艺术装饰风格的特征。

艺术装饰在英国有限范围内兴起，常常是剧院、旅馆和餐厅室内的表面。欧文·威廉与艾丽斯、克拉克的事务所共同设计了伦敦《每日快报》大厦，这座大厦是艺术装饰设计的绝佳实例。由 R. 阿特金森设计的该大厦的入口大厅，是在英国出现的艺术装饰风格的早期例子（见图 16-42），黑色玻璃、镀络的装饰风格壁饰和引人注目的顶棚灯具，形成了 20 世纪 30 年代期间的场景。

图 16-41　巴黎艺术装饰家的客厅

图 16-42　《每日快报》大厦入口大厅

纺织品和地毯制造公司为满足艺术装饰设计的需要而生产各种式样，有些制造公司使用领先的设计师，其他公司只是单纯地要求他们的室内设计是发展新风格图案。由无名设计师用色彩装饰的立体主义主题、曲折形、条纹和格子图案，开始被广泛利用。随着对这种风格的了解更为大众化，艺术装饰室内设计开始应用于餐厅、宾馆以及在 20 世纪 20 年代和 20 世纪 30 年代的大海轮内部（见图 16-43）。

图 16-43　诺曼底号轮船的大厅

由于工业设计与艺术装饰有密切的关系，以及它对流线的喜爱，因此工业设计者首先通过厨房和浴室而不是正规的起居空间进入了20世纪中产阶级的家庭（见图16-44），而最终导致在其他方面仍富有情感地重复着历史模式的住宅也不得不采用现代厨房和浴室。

油和煤气照明向电力照明的转变，给照明设计带来了新生。20世纪30年代出现的艺术装饰特点的灯具和照明设备声称具有“保护视力”的优点。间接照明，即光源隐藏在凹处或房间其他地方，通过顶棚反射照明，也就是我们今天常说的“光槽”，逐渐得到了广泛的应用（见图16-45）。20世纪30年代，又出现了管状光源，它最初为白炽灯，然后，随着荧光灯的发展，管状灯成为公共、商业和传统室内的标准灯。最初只用作招牌的霓虹灯也逐渐成为装饰照明效果的特殊光源。

图16-44 保罗·纳什设计的卫生间

图16-45 光槽在纽约无线电城音乐厅的应用

16.3 第二次世界大战后的设计思潮

第二次世界大战从世界范围来说始于1939年，结束于1945年，即从德国入侵波兰起到德国和日本投降为止。在此30余年中，各国政治与经济条件的不同，思潮和文化传统的不统一和对于建筑目的性的不同看法，使各地建筑发展极不平衡，建造活动和建造思潮也极不一致。其中，西欧继续为建筑现代化做着新贡献，美国有时会在某些方面领先，日本在现代建筑中的崛起和第三世界国家建筑趋于现代化，均为建筑和室内设计的历史提供了新篇章。

16.3.1 第二次世界大战后设计思潮的主要特点

第二次世界大战后建筑和室内设计思潮的主要特点是“现代主义”设计原则的普及，建筑形式的五花八门和美国改变了他在两次世界大战之间的被动地位，成为设计思潮发展的主要阵地之一。

“现代主义”的设计原则虽然个人在说法上不完全一样，但概括地可以归结为下列几点：第一，要创时代之新，空间要有新功能、新技术，特别是新形式；第二，在理论上承认建筑与空间具有艺术与技术的双重性，提倡两者结合；第三，认为建筑空间是建筑的实质，建筑设计是空间的设计及其表现；第四，提倡建筑设计的表里一致；第五，在美学上反对外加装饰，提倡美应当和适用以及建造手段（如材料与结构）结合。

战后的思潮不妨把它概括为三个阶段：第一阶段是 20 世纪 40 年代末至 20 世纪 50 年代下半叶。这是欧洲的“理性主义”在新形势下的普及、成长与充实时期，也是其中某些方面的片面突出与片面发展时期。第二阶段是 20 世纪 50 年代末至 20 世纪 60 年代末。这是“现代建筑”进入形式上的五花八门时期。第三阶段是 20 世纪 60 年代末至今，形式各异和各有千秋的“现代建筑”仍然占主导地位。

16. 3. 2 各种新的设计倾向

（1）理性主义 理性主义是指形成于两次世界大战之间的以格罗皮乌斯和他的包豪斯派及以勒·柯布西耶等人为代表的欧洲的“现代建筑”。它因讲究功能而有“功能主义”之称；它因不论在何处均以一色的方盒子、平屋顶、白粉墙、横向长窗的形式出现，而又被称为“国际式”。讲求技术精美的倾向是战后第一个阶段（20 世纪 40 年代末至 20 世纪 50 年代下半期）占主导地位的设计倾向。它最先流行于美国，在设计方法上属于比较“重理性”的，人们常把以密斯为代表的纯净、透明与施工精确的钢和玻璃方盒子作为这一倾向的代表。二战后，这种风格依然具有一定的主流地位。

（2）粗野主义 粗野主义（Brutalism，有译野性主义）是 20 世纪 50 年代下半期到 20 世纪 60 年代中期喧噪一时的建筑设计倾向，其美学根源是战前现代建筑中对材料与结构的“真实”表现，主要特征在于追求材质本身粗糙狂野的趣味性。

粗野主义最主要的代表是二战后风格特征有所转型的柯布西耶，马赛公寓可被看作是这种 风格的一典型案例（见图16-46和图16-47）。1952年，柯布西耶理想中的“联合公寓”

图 16-46 马赛公寓外观

图 16-47 马赛公寓室内

落成，这是一座长165m、宽24m、高56m的18层大型钢筋混凝土建筑体，可容337户1600名工人居住。它完全按照“新建筑五要点”和“不动产别墅”的精神建造。它的底部高高架起，可用于停车。屋顶是空中花园，还设有幼儿园、托儿所、儿童游戏场、游泳池、健身房和一条300m长的环形跑道。第8、9层还有商店、餐馆、邮局等公共服务设施。20世纪30年代后，柯布西耶逐渐调整了追求机器般简洁、精致的纯粹主义设计观，日益增强感情在设计中的应用。这座大楼的外观直接将带有模板印迹的混凝土粗犷表面暴露在外，许多地方还凿毛处理，这是粗野主义美学观在建筑领域最早的体现。

图16-48　新德里的美国大使馆

图16-49　纽约世界贸易中心底层

（3）典雅主义　典雅主义主要表现在美国。致力于运用传统的美学法则来使现代的材料与结构产生规整、端庄与典雅的庄严感。它的代表人物主要为美国的约翰逊、斯东和雅马萨基等一些第二代的建筑师。可能他们的作品使人联想到古典主义或古代的建筑形式，所以“典雅主义”又称“新古典主义”、“新帕拉蒂奥主义”或“新复古主义”。

由斯东设计的美国在新德里的大使馆庄严、雄伟，豪华而辉煌，同时又采用了新材料和新技术，集中体现出了斯东“需要创造一种华丽、茂盛而又非常纯洁与新颖的建筑”的观念。这个长方形的建筑建在一个大平台上，前面是一个圆形水池，平台下面是车库，水池上方悬挂着铝制的网片用以遮阳。这个外观端庄典雅的建筑成功地体现了当时美国想在国际上造成的既富有又技术先进的形象（见图16-48）。

美籍日裔建筑师雅马萨基主张创造“亲切与文雅”的建筑，他受到日本建筑的启发，又结合美国的现实情况为美国韦恩州立大学设计了麦格拉格纪念会议中心，该建筑的外廊采用了与折板结构一致的尖券，形式典雅，尺度宜人。至此，雅马萨基在创造“典雅主义”风格中开始特别倾向于尖券，1973年建造的纽约世界贸易中心的底层处理也是尖券（见图16-49）。

雅典主义倾向在某些方面很像讲究技术精美的倾向，但它更关注于追求钢筋混凝土梁柱在形式上的精美。20世纪60年代下半期，典雅主义的潮流开始降温，但它毕竟是比较容易被接受的，所以至今仍有出现。

（4）工业主义　工业主义是指设计具有高度工业技术的倾向，指那些不仅在建筑中坚持采用新技术，而且在美学上极力鼓吹表现新技术的倾向。广义来说，它包括战后“现代建筑”在设计方法中所有“重理”的方面，特别是以德维希·密斯·凡·德·罗为代表的讲求技术精美的倾向和以勒·柯布西耶为代表的“粗野主义”倾向；较确切地是指在20世纪50年代末才活跃起来的，把注意力集中在创新地采用与表现预制的装配化标准构件方面的倾向。

1970 年在大阪世界博览会里展出的一幢称为 Takara Beautilion 的实验性房屋中（设计人黑川纪章 Kisho Noriaki Kurokawa，生于 1934 年）（见图 16-50）。整幢房屋的结构是由一种构件重复地使用了 200 次构成的，这是一根按常规弧度弯成的钢管，每 12 根组成一个单元，它的末端还可以继续接受新的构件与新的单元，因而，这个结构事实上是可以无限延伸的。在单元中可以插入由工厂预制的不同功能的可供居住、生产或工作用的座舱，或插入交通系统、机械设备，等等。这幢房屋的装配只用了一个星期，把它拆除也只需要那么多的时间。

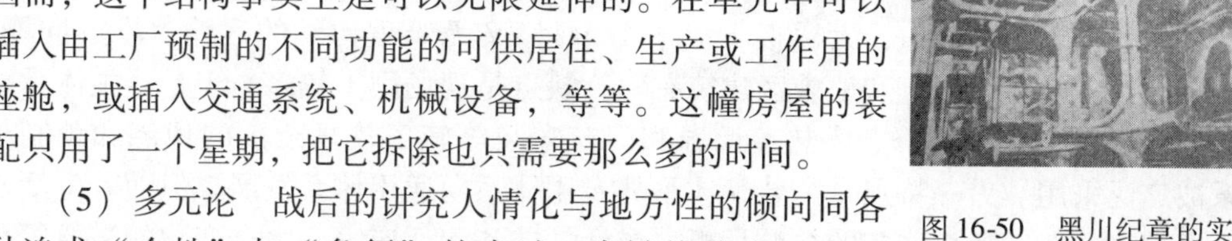

图 16-50 黑川纪章的实验性房屋

（5）多元论 战后的讲究人情化与地方性的倾向同各种追求“个性”与“象征”的尝试，常被统称为“有机的”建筑或“多元论”建筑。其设计方法是战后现代建筑中比较“偏情”的一面。这是一种既要讲技术又要讲形式，而在形式上又强调自己特点的倾向。它们开始活跃于 20 世纪 50 年代末，到 20 世纪 60 年代盛行。其动机和人性化与地方性一样，是对两次世界大战之间的现代建筑在建筑风格上只允许千篇一律的、客观的共性的一种反抗。讲求“象征”的倾向是要使每一房屋与每一场地都要具有不同于他人的个性和特征，其标准是要使人一见之后难以忘记。

芬兰的阿尔托被认为是北欧“人情化”和地方性的代表。他有时用砖、木等传统建筑材料，有时用新材料和新结构。但在采用新材料、新结构和机械化施工时，总是尽量把它们处理得“柔和些”和“多样些”，就像阿尔托在战前曾为了消除钢筋混凝土的冰凉感，在上面缠上藤条，或为了使机器生产的门把手不致有生硬感，而将其造成像人手捏出来的样子那样。在建筑造型上，他不限于直线和直角，还喜欢用曲线和波浪形；在空间布局上，他主张不要一目了然，而是多层次、有变化，让人在进入的过程中逐步发现；在房屋体量上，他强调人体尺度，反对“不合人情的庞大体积”。珊纳特塞罗市政厅的主楼就是体现阿尔托在这些方面的代表作（见图 16-51 和图 16-52）。

图 16-51 珊纳特塞罗市政厅外景

图 16-52 珊纳特塞罗市政厅室内

美国的有机建筑也因它浪漫主义的情调、丰富的功能与能为业主增加生活兴趣与威望的超凡出众的形式，而受到了广泛注意。

16.4 20世纪晚期的设计

20世纪70年代，欧美建筑工业化进入了一个新阶段。特点之一是现浇和预制相结合的体系取得了发展，特别是大模板广泛应用于兴建多层住宅，如1975年巴黎地区82%的新建住宅采用了大模板。大模板现浇工艺的模板投资仅为大型制板厂的1/8，适应性大，对起重设备要求低（大板构件重达10t，大模板不大于1.5t），又无笨重构件的运输、堆放问题，而且结构整体性好，对高层建筑和地震区建筑有利；缺点是现场用工较多。于是，主体承重结构现浇，外墙预制（由于装修、隔热、保温和门窗安装等施工较复杂）的现浇和预制相结合的体系被广泛采用。另一特点是全装配体系从专用体系向通用体系发展。但随着生活水平的提高，人们对一般工业化住宅的单调呆板、灵活性差和不适应家庭组合变化的需要等引起了不满。英法等西欧国家及北欧和日、美等都在酝酿如何向建筑工业化第二代过渡。

16.4.1 未来主义设计

未来主义者认为，20世纪的工业、科学、交通的发展突飞猛进，使人类世界的精神面貌发生了根本性的变化，机器和技术、速度和竞争已成为时代的主要特征。因此，他们宣称追求未来，主张和过去截然分开，否定以往的一切文化成果和文学传统，鼓吹在主题、风格等方面采取新形式，以符合机器和技术、速度和竞争的时代精神。未来主义者强调自我，非理性、杂乱无章和混乱是其设计风格的基本特征（见图16-53）。

图16-53 巴拉作品《未来城市构图》

国际主义的两个例子有助于这一观点。路易斯·I.康是一位国际知名且受人尊敬的人物。西萨·佩利是在南北半球均有作品的活跃实践家。他们的作品中都有独特的室内空间，但两人有时也很难被归类于某种特定的风格方向。

康1947年开始在耶鲁大学任教，在设计行业内，他作为一名突出的理论哲学家，比起他实现的作品更为出名。他的第一个重要建筑是耶鲁大学美术馆（见图16-54和图16-55），美术馆楼面都是开敞的空间，顶棚做得很特殊，它是用混凝土结构板做成的三角形格子状，四层楼有一个封闭体内的电梯和楼梯进行连接。从中我们可以看到康深深地关注着材料的表现和光的展示形式以及创造室内空间自然状态的方法。

图16-54 耶鲁大学美术馆外景

图16-55 耶鲁大学美术馆室内

另一案例是纽约州罗切斯特的唯一神教教堂，一组多用途房间围绕着教堂中央圣殿，光线从圣殿顶部突出的高窗射进（见图 16-56）。从教堂内多数位置都看不见窗，光线仿佛是从神秘的不可见的地方进入，空间是朴素的，带有简单灰色的石墙，但因有杰克·尼诺·拉尔森用明亮色彩编织的挂毯而令人感到愉快，与有限色彩相关的光创造了强烈运动的气氛。

图 16-56 纽约唯一神教教堂室内

西萨·佩利是一位世界级人物、大工程的创造者，其中室内似乎是大建筑物的副产品。1972 年，他设计了东京的美国大使馆，这是一座用镜面玻璃和铝外包的长方体建筑。1984 年，他作为纽约现代艺术博物馆的建筑师，增加了一个相邻的公寓塔楼，采用玻璃围合的中庭空间形式，里面用自动扶梯联系各展览层。在纽约巴特里公园城的世界金融中心（见图 16-57），佩利也设计了一组相似的塔式建筑。而“冬季花园”的内部则暗示了著名的 1851 年的水晶宫。

16.4.2 高技派

高技派设计师声称，所有现代工程 50% 以上的费用都应是由供电、电话、管道和空气质量服务系统产生的，若加上基本结构和机械运输（电梯、自动扶梯和活动人行道），技术可以被看作所有建筑和室内的支配部分，使这些系统在视觉上明显和最大限度扩大它们影响的决策，导致了高技派设计的特殊质量。

虽然富勒的每一个方案都能引起人们的兴趣，但没有一个能得到他所设想的那样大量生产。不管怎样，他对几何概念的发展，使三角形单元构成的短线穹顶进一步建成半球穹顶结构建筑成为可能，这种想法后来被证明对于很多不同材料和不同尺度来说都是切实可行的。1967年蒙特利尔世界博览会的美国展览馆建成(见图16-58)，巨大的穹顶结构(超过半

图 16-57 巴特里公园“冬季花园”

图 16-58 美国展览馆的巨大穹顶

球）由塑料板封闭，允许光线透入，并由机械控制其明暗。室内展览设在通过自动梯可以到达的平台上，而围合的结构形成为一个独立的薄膜位于建筑上空，最终室内被普遍认为是既具有戏剧性又具有美观性的。

最著名和最容易接近的高技派工程是巴黎的蓬皮杜中心（见图16-59、图16-60），它由意大利人伦佐·皮亚诺和英国人理查德·罗杰斯的班子合作设计。这座巨大的多层建筑在外部暴露并展示了其结构、机械系统和垂直交通（自动梯），西边暗示了正在施工的建筑脚手架，而东边暗示了炼油厂或化工厂的管道。内部空间同样坦率地显示了头顶的设备管道、照明设备和通风管道系统，而这些设备管道过去都是习惯于隐藏在结构中的。

图16-59 巴黎蓬皮杜中心外景

图16-60 巴黎蓬皮杜中心室内

福特斯特后来因完成了英国诺里奇东安吉拉大学的赛恩斯伯里中心而广为人知（见图16-61）。该建筑拥有着由管状桁架结构和每边设置并于头顶交叉的一系列框架产生的畅通的内部空间，矩形室内每端的玻璃墙上均开有通向室外的大门，边墙和屋顶由氯丁（二烯）橡胶衬垫固定的方形波纹铝板构成，某些玻璃墙板和门板是作为划分统一的外表皮而出现的，所有的板块都易于更换，主要的底层室内空间为展厅，而第二层是在美术学院宿舍区的上部用作休息室和研究区的，建筑尽端远离展厅的开阔空间则是一间餐馆。

詹姆斯·斯特林可以被认为是高技派倾向的英国建筑师。剑桥大学历史系大楼是他的作品（见图16-62），该楼大部分面积用作图书馆，里面容纳有一个大型的回廊式中庭，顶部设玻璃天窗。这里机械的结构表现再次衬托了巨大感人的室内空间特征。这幢主要用作图书馆的建筑，有几层能俯瞰开敞的中庭，外墙用玻璃围合，突出的封闭窗能让人向下看到展厅空间。

图16-61 赛恩斯伯里中心室内

图16-62 剑桥大学历史系大楼中庭

16.4.3 后现代主义

后现代主义是 20 世纪 50 年代以来欧美各国（主要是美国）继现代主义之后前卫美术思潮的总称，其概念最早出现在建筑领域。后现代主义在当前实际上是现代主义连续发展的一个特别新近的方向。

罗伯特·文丘里在《建筑的复杂性和矛盾性》一书中发展了后现代主义的理论基础。书中指出现代主义运动所热衷的简单与逻辑是后现代运动的基石，也是一种限制，它将导致最后的乏味与令人厌倦。文丘里 1964 年为母亲范娜·文丘里在费城郊区的栗子山设计的住宅是第一个具有后现代主义特征构想的重要证明（见图 16-63 和图 16-64），其基本的对称布局被突然的不对称所改变；室内空间有着出人意料的各种夹角形，打乱了常规方形的转角形式；家具是传统的和难以形容的，而非意料中的现代派经典。费城老人住宅基尔德公寓和康涅狄格州格林威治城 1970 年建的布兰特住宅，也都体现了类似的复杂性。

图 16-63 范娜·文丘里住宅外景

图 16-64 范娜·文丘里住宅室内

随着他职业的进展，文丘里开始接受重大建筑工程的任务，在其中，他的室内设计普遍显示出后现代主义古怪和矛盾的特征。宾夕法尼亚州立大学的一个教工餐厅，有着带装饰孔的幕墙，在室内挑台上有缩短了的拱券形的洞，以及一盏有装饰的灯具俯瞰着平静的餐室和传统设计的椅子。

图 16-65 桑纳家具公司陈列室

迈克尔·格雷夫斯后期也转向了较为后现代的方向，主张装饰细部、强烈的色彩，以及显得随心所欲的，甚至是古怪的形式。格雷夫斯的室内设计出现在 1979 年桑纳家具公司设计的几个陈列室中（见图 16-65），一组有着不寻常形式和带有柔和色彩与强烈色彩的房间为家具提供了背景，其中也包括格雷夫斯自己设计的家具在内。格雷夫斯使用了一些预料不到的因素，诸如双柱支撑着方形的柱头，上面支撑着间接采光窗，并且应用了强烈的辅助色彩，表明后现代主义室内的这种观点，桑纳家具公司陈列室为参观者提供视觉愉悦的同时，也展示了梅西莫·维格里尼和格雷夫斯自己设计的家具。

摩尔是最知名的美国后现代主义设计大师之一，他的代表作品是 1977～1978 年与佩里

图 16-66　新奥尔良广场

兹合作为路易斯安娜州新奥尔良市的意大利移民而建的意大利广场（见图 16-66），这是一个像从周围建筑中琢刻出来的圆形广场，一股清泉从“阿尔卑斯山”流下，浸湿了“意大利半岛”的长靴，流入到“地中海”，而移民们的故乡“西西里岛”位于广场的正中心，一系列环状图案由中心向四周发散，寓意鲜明。广场周围有色泽鲜明的柱廊，用不锈钢，甚至是水喷的方式形成造型，虚虚实实。《纽约时报》曾评论其是“打在古典派脸上的一记庸俗的耳光”，是“一种欢欣，几乎是对古典传统歇斯底里般高兴的拥抱”。

后现代主义决心避免逻辑和秩序，可能是反映现代世界中的逻辑似乎已在 20 世纪 80 年代和 20 世纪 90 年代消失在富裕的无节制之中，怪癖和乏味已成为设计的工具，过分装饰和平庸被视为合法的工作交流手段。

16.4.4　晚期现代主义

在新近的设计中另一种主题是拒绝后现代主义特征而继续忠于早期现代主义观念，即晚期现代主义。晚期现代主义描述的作品并不模仿现代先驱，而是以发展的方式前进。

贝聿铭的作品可以被认为是晚期现代主义的典型案例。华盛顿特区国家美术馆东馆建筑以控制主要中庭空间的三角形为基础，天窗屋顶由三角形格子结构形成，几层挑台俯瞰着主要的开敞空间，并为七层的画廊和其他次要空间提供通道，一个由亚历山大·考尔德设计的巨大活动雕塑将鲜艳的红色引入由大理石面形成的无色彩的空间中（见图 16-67）。

查尔斯·格瓦思米和理查德·迈耶都倾向于在设计的作品中坚持现代主题中的简洁性、几何形式和整体上不用装饰细部。迈耶的工程项目逐渐国际化，德国乌尔姆的市政厅（见图 16-68），是组织在旧城空间内的一所综合性建筑，它位于一个广场上，其弧形和白色形

图 16-67　国家美术馆东馆中庭

图 16-68　德国乌尔姆市政厅中庭

式与对面的中世纪大教堂塔楼产生明显的对比，开敞空间穿过建筑中央，为办公室和公共空间，包括顶层展廊空间提供了通道。室内充满了从三角形山墙天窗上射入的光线，透过窗子可看见大教堂塔楼，从而保持了古典建筑和现代建筑之间的联系。

16.4.5 解构主义

解构主义，即把完整的现代主义，结构主义建筑整体破碎处理，然后重新组合，形成破碎的空间和形态。它重视结构的基本部件，认为基本部件本身就具有表现的特征，完整性不在于建筑本身总体风格的统一，而在于部件的充分表达。在解构主义的空间作品中，典型的是断裂、松散、撕开后混乱地重新组合起来的形象。

埃森曼根据复杂的解构主义几何学发展了他的设计作品。他设计的一系列住宅，使用了格子形布局法，有些格子是重叠的，室内外都保持白色。康涅狄格州莱克维尔的米勒住宅（见图 16-69），有两个互成 45°角的冲突交叉和叠合的立方体形成，结果，室内空间成为全白色的直线形雕塑的抽象形体，外加一些简单的家具可适应居民的生活需要。

埃森曼的一个完整室内方案是叫作“人工挖掘的城市”作品展，有加拿大建筑中心组织，布置在加拿大蒙特利尔现有的展览馆中，展品布置在传统老建筑的新展廊中，该展廊是在重叠希腊十字形基础上进行设计的，四壁采用强烈的色彩以确定方案中分离的主题。绿色代表加利福尼亚长滩，玫瑰色代表柏林，蓝色代表巴黎，金色代表威尼斯，复杂的形式和强烈的色彩使这一布置成为展览中最重要的部分（见图 16-70）。

图 16-69　米勒住宅室内

图 16-70　“人工挖掘的城市”作品展

瑞士建筑家屈米 1982 年设计的巴黎拉维莱特公园是解构主义风格的代表作之一（见图 16-71）。点、线、面三套独立体系并列、交叉、重叠是设计的主要构想。最引人注目的是“点”。屈米将一系列红色建筑间距 120m 排成规则的矩形阵列，不考虑功能。

图 16-71　拉维莱特公园展览馆

美国建筑大师盖里是解构主义建筑家中最突出的一位。其解构主义成名作是 1978 年建成的位于加利福尼亚州圣莫尼卡的自用住宅（见图 16-72）。他有意将构成房屋的一些元素分散，再随意重组。比如门口的台阶，一级级踏步都被仔细区分开，再漫不经心却恰到好处地堆在门口，最上一块还“不小心”插进了大门。这座标新立异的建筑确立了盖里的风格，“将一个工程尽可能多地拆散成分离的部分”，这是解构主义建筑共有的基本特征。

图 16-72　盖里自用住宅一角

第17章 其他国家和地区的室内空间

虽然在世界范围内建筑和室内空间的主导以欧洲国家为主，但世界各地的许多其他国家所表现出来的独特的民族特征和丰富的形式元素，也极大地拓展了我们的设计概念，并进一步在当今信息全球化的大趋势下影响了我们的整个审美观念。

17.1 亚洲诸国建筑与室内空间

17.1.1 波斯王朝

公元前6世纪中叶，波斯人居鲁士大王（前559—前530）开创了阿赫美尼德王朝（Achaemenes Dynasty）。曾将最初的首都巴萨尔嘎塔迁移至波塞颇里斯，经历了自大流士（前522—前486）始三代大王的营造，这里成为集聚世界许多建筑精粹的大都城，其后虽经亚历山大彻底的破坏，在留存至今的废墟遗物中仍有强有力的浮雕、优美的柱头雕刻和建筑样式（见图17-1）。出土遗物如纯金装身具、银盘、拉皮兹拉茨里壶、雪化石膏器皿、希腊妇人像等，从中可以了解到当时各国的工艺品。同时，还留有当时的夏都艾克巴塔那王宫和冬都斯萨王宫等遗址。

图17-1 大流士与薛西斯觐见厅遗址

公元226年，波斯创立了萨珊王朝。因为在伊朗高原缺乏木材和适当的石材，主要建筑材料采用风晒干燥的砖瓦，其建筑技术也要求与其特殊的建筑材料谐合一致。在方形的屋基上建筑半圆形屋顶。近于半圆球形的屋顶连接的方法，适应于大建筑的屋顶构造，曾给予西欧建筑以巨大的影响。

17.1.2 古代印度

印度文明最早繁荣在印度河两岸，被称为印度河文明。这个地区现地处巴基斯坦西部，以印度河中游地区的莫亨觉·达（Mohenjo—daro）与哈拉帕（Harappa）两大遗迹为代表（见图17-2）。该遗迹留下了公元前3000年左右的金石并用时代修筑的砖瓦建筑物，如圆形水井、排水沟、公共浴场等。

公元8世纪中叶，由哥帕拉（Gopala）建立了帕拉王朝（Pala Dynasty），帕拉王朝历代王热心保护佛教，使佛教在东印尔、奔嘎尔等地区得以延续发展近400年，使印度佛教美术展现了最后的光辉，并给予尼泊尔、中国西藏、东南亚诸地区佛教美术以重大影响。

中世纪后期印度教建筑达到全盛，产生了北型、南型、南北中间型三大建筑样式，建筑了一些结构复杂的寺庙和神殿。如中印度卡纠拉合（Khajuraho）以康达利雅·玛哈德维（Kandariya-ma-hadeva）寺院为中心的二十几座寺院，东印度位于峨里萨（Orissa）的捧着太阳神苏里亚（Surya）的苏里亚寺院，以及同样位于峨里萨的诸寺院（公元8~13世纪），等等。在四方形的伽兰上修造的高塔，塔的各个侧面松散地描绘着纹样的建筑样式被称为北型。南型寺院的特点是修筑有浴池，围绕着方形寺域设有回廊以及高大门栏。这些门栏也和神殿一样在壁面上布满了复杂的雕刻。作为南型古寺一例的艾洛拉（Ellora）的凯拉萨那塔（Kailasan-atha）寺院（公元8世纪）的整个门栏、神殿、回廊等都是用一座山岩切削而成的（见图17-3）。中间型寺院神殿呈较低的星形配置，神殿的左、右、后三方设内殿，并使用比南型更为繁复纤细的透雕石板做窗，南印度的雕刻以优美柔和细腻的手法见长，这种风格在公元12~13世纪建于南印度迈素尔（My-sore）地方的南北中间型诸寺院中，表现得最为明显。

图17-2　莫亨觉·达遗址

图17-3　凯拉萨那塔寺院

公元前185年统治北方的孔雀王朝最后被补沙罗笈多的翼伽王朝所代替，在这段漫长的历史过程中阿育王所提倡的佛教一直向繁荣阶段发展，佛教艺术在这时也取得了很高的成就，其中最引人注目的是佛教艺术和著名的犍陀罗洞窟艺术。

图17-4　山奇大塔全景

佛教建筑艺术以萃堵波（佛塔）、毗河罗（寺庙）建筑中的支题（窟殿）为主。而以佛塔最为典型。体现的是佛教寂灭无为的理想，但强烈的世俗式爱好和对自然生活的天真感受，仍见其优秀的民族特色。早期最著名的是佛教建筑山奇大塔（见图17-4和图17-5）。山奇大塔位于印度山奇，是佛教著名的建筑物，它是用来掩埋佛陀或圣徒骨骸的建筑。大约建于公元前250年，高12.8m，立在4.3m高的圆形台基上，台基的直径是36.6m，顶上有一圈石栏杆，围着一座托名佛邸的亭子，冠戴着三层华盖。它的四周有一圈石栏杆，每面正中设有一个牌坊门。栏杆仿木结构，在立柱之间用插榫的方法横排着 3 根石料，断面呈橄榄形。立柱顶上用条石连成一个环。这样的栏杆是印度建筑中特有的。壁面覆满了深浮雕，题材大多是佛本生故事，门楼也是仿木结构，比例匀称，形式轻快。

图 17-5　山奇大塔北门石雕

17.1.3　古代东南亚

公元前 3 世纪，印度佛教开始向东南亚传播，其后逐渐成为东南亚各国的重要宗教。在柬埔寨、缅甸、泰国都遗留下一些举世闻名的佛教建筑。佛教建筑也与其他宗教建筑一样，利用立体造型的艺术语言，创造一种与宗教哲学观念紧密相连的活动空间。佛教建筑体现着肃穆、神秘、深沉、自在内省的佛陀精神，建筑与雕塑融合为一个整体，并与周围环境和谐统一。

（1）缅甸　在缅甸，佛塔叫帕哥达，有两种形式，一种是由印度的覆钵塔变形而来的钟形塔，底部为多层重叠，顶上呈圆锥形，以阿巴雅塔那为代表；另一种以方形平面为基坛，连续重叠若干，上面承载圆锥形，以阿楠达塔为代表（见图 17-6）。阿楠达塔把佛教塔形与印度教寺院的希喀接型高塔组合在一起，是缅甸民族风格审美意识的再创造。塔高 56m，在龛室内有高达 10m 以上的 4 座佛像和石雕佛传及佛本生图。另外，公元 18 世纪重修的修维达贡塔，高约 113m，镀黄金，以美观称世。

图 17-6　阿楠达塔全景

缅甸大金塔是著名的佛教建筑，位于首都仰光茵雅湖附近。大塔像一个巨形的大喇叭矗立在佛塔林立的海洋之中，成为群塔之首。这座塔高近百米，塔身贴满金箔，在阳光的照射下闪闪发光，塔顶瘦长为黄金铸成，装有 5440 颗钻石和 1431 颗宝石。四周悬挂着 1065 个金铃和 420 个银铃，微风吹拂，铃声清脆悦耳。塔身四面有门，并有石狮镇守，塔的台座高约数十米，上面为大理石铺成的平台，有四条长廊式的阶梯相通，其整体形象崇高雄伟（见图 17-7）。

（2）柬埔寨　洞里萨湖是柬埔寨丰饶的农耕地域，公元 1 世纪左右印度文化开始传入这一地区，孕育了这里的克美尔族文化。

处于中国与印度两大文明影响下，柬埔寨的美术造型活动开展较早并有较高的水平。公元 6 ~ 8 世纪印度—克美尔美术被称为蒲列 · 吴哥时代的创作活动，代表遗址有杭戚祠堂、阿斯拉姆 · 玛哈洛塞、蒲罗姆 · 巴扬等，建筑样式都属南印度风格。

公元 9 世纪末，亚宿维尔曼一世王选择洞里萨西北隅的土地建设了安哥尔托姆，即吴哥大王城。吴哥城围城边长 14.4km，为正方形布局。四边各有大门，正东为胜利门。城中心

图 17-7　缅甸大金塔外景

图 17-8　吴哥窟建筑群全景

有巴俑寺院，城内除王宫之外尚有一些其他建筑。

12 世纪初的斯尔亚维尔曼二世王建立吴哥寺之际，是克美尔建筑发展的顶峰。柬埔寨吴哥寺又称吴哥窟，是柬埔寨佛教艺术的最大宝库（见图 17-8 和图 17-9）。建于 12 世纪前期吴哥王朝都城南门外 1km 处，是国王耶跋摩二世的陵墓，陵墓周长约 5.5km，墙外有 190m 宽，8m 深的人工河，建筑群的中心是一座金刚宝座塔，金刚宝座塔在 2 层宽大的平台上，每层平台的边沿有一圈副廊，角上有亭，第 2 层角层的顶子高耸如塔，每边有门，这些门串联成纵横 2 根轴线。平台很高，角亭和大门之间都有长长的台阶。连接 2 个平台门的廊子，分段升高，在正门形成叠叠重重的山墙。高高台基上的宝塔圈一圈廊子，它们和 4 个长方形的过厅以及中央的方形神堂又组成一个田字形的布局，把 5 座塔连接起来，中央神堂上的塔高约 25m，连台基和两层平台一起高 65m。4 角上的塔比中央的只略小一点，相距比较远，构图较舒展。吴哥寺的主体金刚宝座塔，基本上是集中式垂直构图，基本构思是着重外部形体，两部分既有鲜明的对比，又有相互的渗透和转化，和谐统一。

公元 13 世纪初，贾雅维尔曼七世兴建了佛教寺院巴俑（见图 17-10）。建筑整体颇为神秘，在二层回廊的每个转折处以及与第一层回廊门楼相对处均建有四面塔，共计 28 座，作为本堂（僧堂）的高塔在第三层的中央，

图 17-9　吴哥窟近景

图 17-10　巴俑寺近景

是一座由 16 座四面塔簇拥着的 45m 高的主塔，其周围还有 9 座四面塔，呈复杂的金字塔式的立体结构，特别是高塔的一面雕刻着大眼鼻、厚嘴唇、浮着妖气般微笑的人头面，让人们对其构思感到吃惊。在其回廊壁上有以湿婆（Shiva）神传说等为题的浮雕，更臻其美。

（3）岛屿国家　由于印度海上交通贸易的发展，从笈多王朝到帕拉王朝，南印度发达的建筑艺术波及到爪哇、婆罗洲、苏接威西等岛屿。公元 7 世纪在苏门答腊建立的修里维贾亚王国和公元 8 世纪支配爪哇岛的相林托拉王朝都吸收了印度文化，使当地的美术创造活动非常活跃。不过其主要建筑物和雕刻大部分只存留在爪哇。在中部爪哇的蒂恩高原，建立了一些最古老的湿婆派寺院，其建筑和雕刻摹仿南印度的为多，当然也随着时代发展渗入了一些爪哇土著的特点。

图 17-11　婆罗浮屠全景

图 17-12　婆罗浮屠近景

公元 8 世纪相林托拉王朝在印度尼西亚建造了婆罗浮屠（见图 17-11 和图 17-12），婆罗浮屠也是著名的佛教名塔，建筑和雕刻摹仿南印度的为多，当然也随着时代发展渗入了一些爪哇土著的特点。婆罗浮屠在底边长 111.5m 的方形地上建二层基坛，上建五层方形塔基，再上建三层圆形塔基，顶上矗立着吊钟形塔顶，为一总高达 31.5m 的巨大石构佛教建筑。五层方形塔基在复杂的弯曲中环绕着许多障壁和佛龛，主壁及四面回廊装饰着浮雕或图案，在各圆形塔基上建造圆形莲花座，各莲花座上有吊钟形塔，在回廊、基坛的四方及各塔内均安置着一尊尊佛坐像。整个外观让人感到是一种精心布置的非常和谐的几何形构造。方形塔层的装饰非常漂亮，在四周的回廊两侧壁面有各种故事浮雕，其中尤以佛传、本生、譬喻、散财童子游历图等引人注目。总计约有 1400 面浮雕，长达 6km，本生故事和譬喻故事尚待解释的有 460 面左右。众多的浮雕面及佛龛的佛像布局，使整个建筑物构成了一个立体曼陀罗的说法图。

17.1.4　古代日本和朝鲜

日本的建筑艺术是亚洲建筑艺术的重要组成部分。就日本的发展状况而言，可以将日本艺术分成三个大的阶段，即先史时代、佛教时代及世俗时代。

日本的佛教时代是指公元 538 年由百济传入日本的金铜像始，直到公元 12 世纪左右的数百年间。公元 593 年圣德太子摄政临朝，他倡导佛教，广修寺院，此后，1000 多年来修筑了许多佛教建筑。这些建筑形制庄严，结构精巧，布局合理，不仅能充分与佛教精神相吻合，而且显示了日本人民的高度智慧。代表性作品有唐招提寺金堂、东大寺大佛殿、当麻寺三重塔、室生寺五重塔等。其中唐招提寺金堂正面七柱七开间，雄大的七圆柱并列，撑出三端向上的斗拱，加强了深邃沉着之感，显示出独特之美，堂内架设着巨大横梁，宏大壮丽的屋顶和屋脊两端构筑着鸥尾等，其均衡、稳重的作风堪称当时之代表性建筑（见图 17-13）。

日本在佛教时代的建筑，无论是寺院、神社，或者官厅、民舍大都是以木结构的各种穿榫组架为主。它们的屋脊结构，以其不同特点，被称为所谓“切妻造”、“入母屋造”、“宝形造”等各种类型。不过，无论哪种屋脊结构都是以大屋顶、大斜度为其特点的。公元1053年建筑在宇治河畔的平等院凤凰堂（见图17-14），中有头驱，侧有两翼，似凤凰展翅之势，因此而得名，是日本美术史上富于变化、独具匠心的建筑范例。

图17-13　唐招提寺金堂正立面

图17-14　京都平等院凤凰堂

从公元13世纪一直到现代。世俗时代的产生是与佛教美术时代的末尾交错进行的。这个时代的日本艺术表现的内容由纯粹的宗教性质渐渐转向人类的世俗社会。建筑方面，从民间到诸侯、将军都展现了其自身的理性和感觉的追求，而逐步完成了一些民族性格鲜明的建筑样式。木结构仍然是日本民房的主要形式，其特点是整个建筑底部离开地面，柱梁相互接榫，使整栋房屋成为一个整体，再以桧树皮、茅草、炼瓦等材料覆盖。整个房屋的内部结构是席地拉门，如果将若干拉门拆除即为一大整间，也可隔开为数间。

图17-15　京都龙安寺庭园枯山水

主要建造于寺院或宫廷的日本庭院式建筑内容也很丰富，其主要特点是山水草木听其自然，囊括园外之景于其中，谓借景。京都西芳寺庭园、大仙院庭园、限阁寺庭园等是各具特点的代表性构筑。在公元14世纪和15世纪之后，渐渐流行枯山水，即以白砂铺地，整洁地、概念化和象征化地表现某些自然景象，京都龙安寺庭园为这一类庭园之典型（见图17-15）。茶室建筑是民间、庭园、宗教多种建筑相结合的一种小型茅舍，体现人们对静谧、和谐、回归自然等的一种理念追求。

古代朝鲜有悠久的历史文明，由于它地处亚洲大陆东端，也就是将大陆文化传递到日本的跳板。因而形成它介于大陆文化与日本文化中间的文化性质。

公元4世纪左右，佛教由中国传入朝鲜，由北而南在极短的时间内普及了朝鲜半岛全域。当时正值高勾丽、百济、新罗三国鼎立时代。高勾丽于公元393年在平壤建立九寺。即使在佛教被承认最晚的新罗国都，在短时间内也形成了所谓“寺寺星张、塔塔雁行”的景象。朝鲜的佛教建筑还包括安置舍利的石塔建筑。如日本之广造木塔一样，朝鲜被称为“石塔之国”，在朝鲜的广大原野上散布着1000多座石塔，这些石塔代表了古代朝鲜建筑的高度水平。

17.1.5 伊斯兰教建筑

伊斯兰教是由“先知”穆罕默得（570—632）创始的。穆罕默得生于阿拉伯半岛的麦加城。以麦加为传教中心，《古兰经》是伊斯兰教最高法典。伊斯兰建筑以其优雅含蓄的艺术风格赢得了世人的赞誉，在世界建筑史上写下了光辉的篇章。

清真寺是成就最为突出的伊斯兰建筑之一。一般来说，清真寺以连续的外墙构成封闭的内院，四角立高塔，院墙中设有载着饱满穹顶的殿堂，殿堂面朝麦加方向为正堂。堂外立一面高高的矩形墙体，开着一个门，两门穹隆上密布钟乳体的装饰，呈繁丽而清雅的艺术效果。清真寺的院内、外景色都很壮观，一座座圆浑而又尖起的穹顶在众多的高入云端的尖塔簇拥下交相辉映，形成一种跃跃欲起的升腾之势。清真寺的装饰在世界建筑装饰中独树一帜，它的繁丽而清雅的艺术效果令世人倾倒。

早期的伊斯兰建筑主要采用不同色泽的砖作横、竖、斜向或凹凸的花纹砌成装饰，在局部嵌入石刻浮雕；盛期逐渐发展为以彩色琉璃或小镜片来作镶嵌，并发展到“铺天盖地”，由穹顶到墙面，由门院到塔楼无一处不做装饰。其图案依照伊斯兰教规，只用植物纹、几何纹或文字纹，这些图案生动活泼，千变万化，绚丽多彩，幻妙无穷，并具有一定的抽象意味，形成了独特的伊斯兰——阿拉伯纹样。

图 17-16 圆顶清真寺外立面

图 17-17 圆顶清真寺大厅

早期伊斯兰清真寺较有代表性的建筑是公元 7 世纪的圆顶清真寺（见图 17-16 ~ 图 17-18），它坐落在宗教圣地耶路撒冷，是全世界清真寺中最杰出的建筑，也是宗教圣地耶路撒冷的地标。其平面呈八边形，每边 21m 长，大圆顶高 54m，直径 21m。其平面布局以一个正方形在另一个正方形上的 45°旋转为基础，形成八角形的八个顶点，确定在三组结构体系中，起支撑圆顶鼓座作用。1994 年，约旦国王侯赛因出资 650 万美元为圆顶表面覆上了 24kg 纯金箔，使它彻底扬名天下。

图 17-18 圆顶清真寺穹顶装饰

伊朗的伊斯法罕国王清真寺是 17 世纪伊斯兰清真寺中最成熟的建筑，也是伊斯兰最具有代表性的建筑之一（见图 17-19 ~ 图 17-21）。这座清真寺以它华美绚丽的外表和高达 45m 尖起的穹顶，昂然突出于众建筑群之上。主厅的大门作直立矩形外墙体，门洞上有多层带尖的券，增加向上的趋势。门洞通向大厅内部的门窄而矮，两座门之间的穹隆，因做工考究而显得格外雅致，它是中晚期伊斯兰建筑的一种特有装饰形式。伊斯法罕国王清真寺的外观有极其精美繁丽的装饰，整个建筑全部用琉璃贴满，无一空白，犹如一件用绚丽多彩的花布裹起来的巨大器物。其装饰纹样均为抽象的植物纹、几何纹或《古兰经》文字纹，看上去如万花筒一般变幻万千，令人难以捉摸。特别是那巨大湛蓝基调的穹顶，在浩瀚无垠的大漠世界里，显得无比圣洁、端庄，却又如同海市蜃楼一般使人感到飘渺而孤寂。

图 17-19　伊斯法罕国王清真寺外景

图 17-20　伊斯法罕国王清真寺立面

图 17-21　伊斯法罕国王清真寺装饰细部

清真寺作为伊斯兰特有的建筑形式，其特征有两方面：第一是构造上的特征，即从建筑的角度讲，它具有简朴、轻便、合理的特点，它的有效空间很大，几乎没有什么多余的东西。马蹄形的尖拱门是伊斯兰建筑特有的样子，它合理地分散了上部结构的压力，中央教堂的圆顶是向拜占庭建筑学来的，但清真寺的圆顶多以木构架做骨骼，以减轻顶部的重量；第二是艺术上的特征，清真寺内多是变形的图案装饰，绝大部分是几何形的花草图案，色调大部分是冷调，明朗清净，与炎热的沙漠景观形成强烈的对照。

拜占庭帝国消亡后，圣索菲亚大教堂的旁边，修建了著名的“蓝色清真寺”，是伊斯兰世界最奢华的建筑之一。清真寺的圆顶直径 27.5m，另有 4 个小圆顶立在旁边，6 根尖塔高 43m，比一般 5 根尖塔的清真寺多了 1 根。2 万多片蓝瓷砖与朝贡而来的珍贵地毯及寺内 260 个小窗引进的和煦阳光，融入淡黄、圆形排列的玻璃灯光中，幻光明舞，虚拟了一个广阔的小宇宙。淡蓝色马赛克瓷砖将拱状寺内缀饰得圣洁、神秘。

在伊斯兰建筑艺术中陵墓的成就也是巨大而显著的。它以变化多端而富于节奏的形制和精制繁美的装饰效果将伊斯兰建筑推向了一个新奇而神秘的境界。建在中亚撒马亚罕的帖木尔墓，是伊斯兰有名的墓室建筑，墓室外轮廓作八角形。正面正中作高大的凹廊。鼓座底部的内层穹顶顶点高约 20m，外层高在 35m 以上。外层穹顶近似葱头形，外表最大直径略大于鼓座，由两层薄的钟乳体同鼓座分开，因此显得格外饱满。穹顶表面由密密的圆形棱线组成，更加充分地表现了弯顶的饱满视觉。鼓座大约 8m 高，把穹顶举起在八角形体积之上。

陵墓是一座完整的纪念碑建筑，整体造型显示了宏伟庄严的效果。通体灿烂的琉璃砖贴面又赋予了它华丽的外观，建筑性格鲜明而热烈。

公元 16 世纪，由巴布尔王（Babur）兴起的蒙兀儿王朝（Mughal Dynasty）是一个彻底否定偶像的伊斯兰教王朝。在建筑上有大的城廊、伊斯兰教寺院、伊斯兰教陵墓等。装饰这些建筑的图案、细密画，以及大量使用金银宝石的工艺美术品等成为这一时代的重要遗物。由阿克巴（Akbar）王（1556—1605）在德里建造的胡玛俑 Humayun 王（1530—1556）陵墓采用白大理石和赤红瓦形成极其美丽的外观，对后世的建筑有很大的影响。

在众多精美的陵墓建筑中最为显著的是印度的泰姬·玛哈陵（见图 17-22 和图 17-23）。整个陵园建筑群，四周由墙垣围合成一块宽 293m，进深 576m 的矩形平面，由圆门入内，先为一进深 123m 的前院，有一道由穹顶和塔构成的二道门，再前进即为一片草地，它的中央建有呈十字形的水渠及水池。主体建筑，泰姬·玛哈陵为了显示其圣洁的意味，通体洁白明丽。其两侧建有水池，再向两侧靠围墙处又有对称的赭红色的建筑物。洁白的陵体建筑端庄地坐落在白色大理石的石基上，无比静穆素雅。台基上建筑是呈四方形而抹去四角的八面体。四个立面保持一致，作对称处理。中央开带尖券的大门，其余两侧各开两层的尖券门洞。墓门名贵的石料上，镂空透雕着植物图案，玲珑剔透，纤巧雅致。陵体上，中央顶起饱满的穹顶，由八角形的亭子支撑，空透灵巧，别有情趣，具有虚实相应的韵律。建筑整体清澈明朗，安宁肃静。

图 17-22 印度泰姬·玛哈陵外景

图 17-23 印度泰姬·玛哈陵室内

17.2 非洲、拉丁美洲诸国的建筑与室内空间

17.2.1 古代非洲

土地广袤、自然资源丰富的非洲具有悠久的历史和光辉的艺术。从 19 世纪中期起，考古学家在非洲各地发现了大量的史前岩刻和岩画，这些作品主要分布在撒哈拉地区和南部非洲。

17.2.2 古代拉丁美洲

美洲印第安文明有其悠久的历史，通常认为，距今一万多年以前在中美洲就有了较高的石器文化。但真正的造型艺术的出现是在公元前 2000 年左右，这时在中美洲的原始村落开始出现陶罐和陶土小人像。从纪元初到哥伦布到达美洲的 16 世纪这 1500 多年间，美洲印第安人的建造艺术进入繁荣时期，出现了以墨西哥、玛雅、安地斯为代表的三大文化中心。

公元1~7世纪，在墨西哥中部的谷地兴起了美洲古代最早的城市提奥蒂华坎。这是一座整体设计井然有序的城市，它的分布像一个规整的棋盘，中心大道作为城市的中轴，纵横的道路把城市分成方形的网格。这里也是古典时期中美洲的宗教中心，大小金字塔群分布在城市中，其中最大的是太阳金字塔（见图17-24）。它是美洲古代最大的金字塔，高65m，每边长219m。由5个重叠的、逐渐往上缩小的砖砌台基组成，顶部原来有神庙，金字塔仅仅是作为提高神庙位置的基座。

玛雅美术最突出的成就就是建筑，但在不同的地区，玛雅建筑又呈现出不同的特点。墨西哥的帕伦克是玛雅人的重要城邦，帕伦克城的核心是宫殿和神庙，最有名的是“碑铭神庙”的金字塔形建筑（见图17-25和图17-26）。金字塔形神庙的基座不是原来人们认为的实心，在神庙地板下藏有一条秘密通道，通到25m的地下深处。通道尽头是一间陈列石棺的墓室。这些表明美洲金字塔形神庙也具有陵墓的作用。在碑铭神庙旁还有几座神庙和一座宫殿，宫殿建在100m×80m×10m的阶梯形土台上，由柱廊围合的四个庭院组成，其中一个上还建有“天体观测塔”。每年冬至落日时分，在此可看见太阳恰好从碑铭神庙顶部落下，与神庙内埋葬的国王合为一体。

图17-24　提奥蒂华坎的太阳金字塔

图17-25　碑铭神庙金字塔外景

图17-26　碑铭神庙金字塔内部

墨西哥的尤卡坦半岛北部的奇琴·伊察城是玛雅文明的重要遗物，保存有许多著名的建筑遗址。城中最重要的建筑是库库尔坎金字塔神庙（见图17-27）。底边长55.5m，高30m，台座分9层，每面正中有台阶91级，加上塔顶神庙刚好365级，为玛雅历法中太阳历的一年。

阿兹特克帝国的盛期，其首都铁诺支第特兰扩展成为一个占地45km^{2}的大都市。城市建筑在湖中各岛上，岛屿之间是堤坝相连。都市有完整的供水系统，巨大的建筑物上涂以石膏，白光耀眼，瑰丽壮观。城市的主要建筑是祭祀城市守护神休兹拉波特利和雨神特莱洛克的大神庙（见图17-28），大神庙由高大的金字塔台基和顶上的双神庙组成。这种双神庙在阿兹特克神庙建筑中常出现，成为阿兹特克建筑一大特色。金字塔阶梯的顶端还装饰着巨大的羽蛇头，神庙顶上装饰着榫接的骷髅石刻。

图 17-27　库库尔坎金字塔外景

图 17-28　铁诺支第特兰大神庙模型解析图

印加帝国是安地斯地区最庞大的帝国，西班牙人到达时，正处在极盛时期，统治范围达到整个南部美洲。印加美术最独特的成就是巨石建筑，他们用巨大的岩石砌成房子，不带任何装饰，异常简洁有力。这些巨石建筑与自然环境结合紧密，据险而建，显得宏伟坚固。如马丘比丘城（见图 17-29），它建在群山环抱的峰顶，山脊的两边是深约 500m 的山谷，建筑物仿佛是从石头里长出来的，成为山的一部分。城市后面有千仞峭壁作为天然屏障。这座城市既是祭祀太阳神的圣地，又是险要的堡垒，成为印加帝国风格建筑的杰出代表。

图 17-29　马丘比丘城全貌

参考文献

[1] 中央美术学院美术史系．外国美术简史［M］．北京：高等教育出版社，1990.
[2] 王其钧，谈一评．民间住宅［M］．北京：中国水利水电出版社，2005.
[3] 梁思成．中国建筑史［M］．天津：百花文艺出版社，2005.
[4] 约翰·派尔．世界室内设计史［M］．刘先觉，等译．北京：中国建筑工业出版社，2003.
[5] 张道森．中外美术对比发展史［M］．沈阳：辽宁美术出版社，2005.
[6] 刘先觉，武云霞．历史·建筑·历史［M］．北京：中国矿业大学出版社，1994.
[7] 陈平．外国建筑史［M］．南京：东南大学出版社，2006.
[8] 陈志华．外国建筑史［M］．北京：中国建筑工业出版社，1979.
[9] 陈文婕．世界建筑艺术史［M］．长沙：湖南美术出版社，2004.
[10] 李龙生．中外设计史［M］．合肥：安徽美术出版社，2005.
[11] 张绮曼，郑署阳．室内设计经典集［M］．北京：中国建筑工业出版社，1994.
[12] 赵农．中国艺术设计史［M］．西安：陕西人民美术出版社，2004.
[13] 霍维国，霍关．中国室内设计史［M］．北京：中国建筑工业出版社，2003.
[14] 中国建筑史编写组．中国建筑史［M］．北京：中国建筑工业出版社，1993.
[15] 同济大学，清华大学，等．外国近现代建筑史［M］．北京：中国建筑工业出版社，1982.
[16] 殷智贤．我们如何居住［M］．北京：中国人民大学出版社，2006.
[17] 高祥生．室内陈设设计［M］．南京：江苏科学技术出版社，2004.
[18] 查尔斯·詹克斯．后现代建筑语言［M］．李大夏，摘译．北京：中国建筑工业出版社，1986.
[19] 戈德伯格．后现代时期的建筑设计［M］．黄新范，曾昭范，译．天津：天津科学技术出版社，1987.
[20] 詹和平．后现代主义设计［M］．南京：江苏美术出版社，2001.
[21] 王受之．世界现代建筑史［M］．北京：中国建筑工业出版社，1999.
[22] 市川政宪，等．后现代建筑佳作图集［M］．胡惠琴，译．天津：天津大学出版社，1990.
[23] 刘敦桢．中国古代建筑史［M］．北京：中国建筑工业出版社，1984.
[24] 李泽厚．美的历程［M］．天津：天津社会科学院出版社，2001.
[25] 张绮曼，郑曙阳．室内设计资料集［G］．北京：中国建筑工业出版社，1996.
[26] 楼庆西．中国古代建筑［M］．北京：商务印书馆，1997.
[27] 陈从周．说园［M］．上海：同济大学出版社，1984.
[28] 陈志华．外国造园艺术［M］．郑州：河南科学技术出版社，2001.
[29] 萨莫森．建筑的古典语言［M］．张欣玮，译．杭州：中国美术学院出版社，1994.
[30] 吴焕加．20世纪西方建筑名作［M］．郑州：河南科学技术出版社，1996.